高等学校教材

# 计算思维与信息素养

主　编　时贵英　王莉利

副主编　李瑞芳　吴雅娟

U0352027

高等教育出版社·北京

内容简介

本书根据新工科对人才培养的要求,重新定位大学计算机基础的教学目标,将计算思维培养作为计算机基础教学的核心任务,并按此组织内容,侧重培养学生综合运用计算机技术解决问题的能力。本书主要介绍计算机基础知识、信息的表示与运算、计算模型与计算原理、数据的组织与管理、算法基础、数据结构、程序设计基础、计算机网络知识、当前比较热门的计算机前沿技术等。

本书适合作为高等学校非计算机专业的计算机基础课程教材,也适合作为计算机入门教育的参考书。

**图书在版编目(CIP)数据**

计算思维与信息素养 / 时贵英,王莉利主编 . --北京:高等教育出版社,2019.8(2021.8重印)
ISBN 978-7-04-052575-5

Ⅰ.①计… Ⅱ.①时… ②王… Ⅲ.①电子计算机-高等学校-教材 Ⅳ.①TP3

中国版本图书馆 CIP 数据核字(2019)第 177417 号

| | | | | | | | |
|---|---|---|---|---|---|---|---|
| 策划编辑 | 唐德凯 | 责任编辑 | 唐德凯 | 特约编辑 | 薛秋丕 | 封面设计 | 王 鹏 |
| 版式设计 | 童 丹 | 插图绘制 | 于 博 | 责任校对 | 刁丽丽 | 责任印制 | 赵 振 |

| | | | |
|---|---|---|---|
| 出版发行 | 高等教育出版社 | 网 址 | http://www.hep.edu.cn |
| 社 址 | 北京市西城区德外大街 4 号 | | http://www.hep.com.cn |
| 邮政编码 | 100120 | 网上订购 | http://www.hepmall.com.cn |
| 印 刷 | 天津嘉恒印务有限公司 | | http://www.hepmall.com |
| 开 本 | 787 mm×1092 mm 1/16 | | http://www.hepmall.cn |
| 印 张 | 16 | | |
| 字 数 | 390 千字 | 版 次 | 2019 年 8 月第 1 版 |
| 购书热线 | 010-58581118 | 印 次 | 2021 年 8 月第 2 次印刷 |
| 咨询电话 | 400-810-0598 | 定 价 | 30.00 元 |

本书如有缺页、倒页、脱页等质量问题,请到所购图书销售部门联系调换
版权所有 侵权必究
物 料 号 52575-00

# 计算思维
# 与信息素养

时贵英

王莉利

1 计算机访问 http://abook.hep.com.cn/1875783，或手机扫描二维码、下载并安装 Abook 应用。

2 注册并登录，进入"我的课程"。

3 输入封底数字课程账号（20 位密码，刮开涂层可见），或通过 Abook 应用扫描封底数字课程账号二维码，完成课程绑定。

4 单击"进入课程"按钮，开始本数字课程的学习。

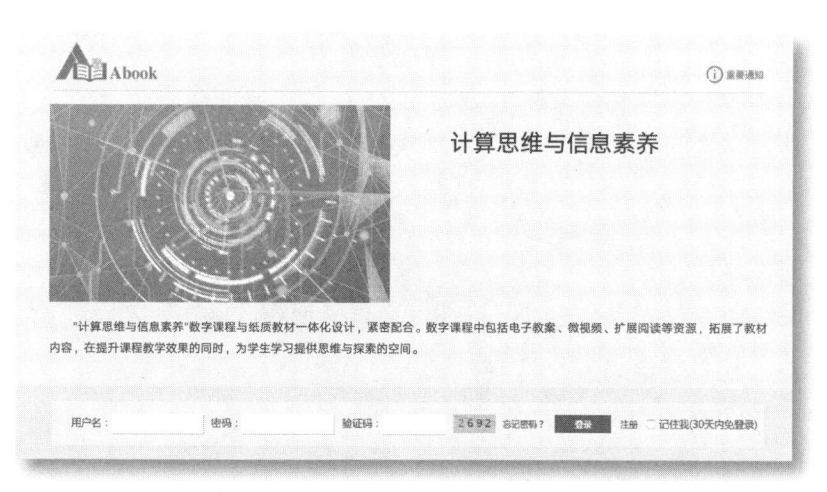

课程绑定后一年为数字课程使用有效期。受硬件限制，部分内容无法在手机端显示，请按提示通过计算机访问学习。

如有使用问题，请发邮件至 abook@hep.com.cn。

扫描二维码
下载 Abook 应用

## http://abook.hep.com.cn/1875783

# ○ 前　言

高等学校作为培养科技人才的主要基地，多年来一直在探索计算机基础教育的模式，并形成了"四个层次""五门课程、三个层次""立体化模式"等多种行之有效的教学方案。为了强化大学生的计算机实际操作能力，各高校都开设了"大学计算机基础"等课程，这对增强大学生的计算机文化修养起到了积极的作用。但是随着中小学信息技术教育的普及，目前新入学大学生的计算机水平逐年提高，因此，对于大学生的第一门计算机基础课程，如何设计课程内容就是一件非常重要的事情。十几年来本书编写组从编写《计算机文化基础》开始，到后来的《实用计算机基础教程》《大学计算机基础》等，对于大学第一门计算机基础课程的内容建设一直在进行不断的探索，也进行了系统的研究，对大学计算机基础课程的内容体系有了比较成熟的构思。本书突出培养学生的计算思维能力，注重发掘学生的内在潜能，培养学生综合运用计算机技术解决问题的能力。

本书内容丰富，图文并茂，问题讲解深入浅出，围绕最能体现计算机学科特点的计算机基础知识对教学内容进行了全新的系统化组织，构建了清晰的计算思维与信息素养知识脉络，形成了独具特色的大学计算机基础教学内容。各章节内容既相互独立，又密切联系。第1~3章由计算工具的产生和发展，讲到计算机的产生以及培养计算思维的重要性；由不同类型的信息在计算机中的存储形式，讲到计算模型和计算原理；由计算机的组成结构讲到操作系统的功能和分类。第4章由文件对数据的组织和管理，讲到关系数据库系统及新型的数据库系统。第5~7章由计算的效率讲到算法和数据结构，再由算法的实现讲到程序设计。第8章由信息共享讲到计算机网络及网络安全。第9章介绍物联网、云计算、大数据、人工智能和区块链等计算机前沿知识及热门技术，激发学生对掌握计算机技术能力的向往。

为了帮助读者学习，还编写了与本书配套的《计算思维与信息素养实验指导》。本书既可作为高等学校非计算机专业的计算机基础课程教材，也可作为计算机入门教育的参考书。使用本书授课时，建议在大学一年级开设，理论16~32学时，实验16~32学时。

本书由时贵英、王莉利、李瑞芳、吴雅娟编写，其中吴雅娟编写了第1~3章，王莉利编写了第4章，时贵英编写了第5~7章，李瑞芳编写了第8、9章。全书由时贵英统稿。

在本书的编写过程中，参考了部分文献，得到了东北石油大学计算机基础教育系教师的指导与帮助，他们的教学资料和经验对本书的完善起到了很大的作用，在此致以诚挚的谢意。

限于编者水平，加之时间仓促，书中难免有不当之处，恳请广大读者批评指正，并提出宝贵建议。

编　者

2019 年 6 月

# ○ 目 录

## 第 1 章　计算机概述

## 第 2 章　信息的表示与运算

## 第 3 章　计算模型与计算原理

# 第4章 数据的组织与管理

# 第5章 算法基础

# 第6章 数据结构

# 第1章
# 计算机概述

第 1 章电子教案
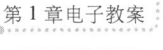

　　电子计算机是一种能对信息自动高速存储和连续自动处理的电子设备。它的处理对象是信息，处理结果也是信息。计算机能自动地存储程序和接收信息，并按约定的程序对信息进行处理，然后输出处理结果。

# 1.1  计算工具发展简史

自古以来，人类就在不断地发明和改进计算工具，从古老的结绳记事，到算盘、计算尺、差分机，直到电子计算机诞生，计算工具经历了从简单到复杂、从低级到高级、从手动到自动的发展过程，而且还在不断发展。计算工具的演变历史，反映了人类认识世界、改造世界的艰辛历史和广阔前景。

## 1.1.1  手动式计算工具

人类最初用手指进行计算。人有两只手，十个手指头，所以自然而然地习惯用手指计数并采用十进制计数法。用手指进行计算虽然很方便，但计算范围有限，计算结果也无法存储。于是人们用绳子、石子等作为工具来延长手指的计算能力，如中国古书中记载的"上古结绳而治"，拉丁文中"Calculus"的本意是用于计算的小石子。

### 1. 算筹

最原始的人造计算工具是算筹，我国古代劳动人民最先创造和使用了这种简单的计算工具。算筹最早出现在何时，现在已经无法考证，但在春秋战国时期，算筹已经普遍使用了。根据史书的记载，算筹是一根根同样长短和粗细的小棍子，一般长为 13~14 cm，径粗 0.2~0.3 cm，多用竹子制成，也有用木头、兽骨、象牙、金属等材料制成的，如图 1-1 所示。算筹采用十进制计数法，有纵式和横式两种摆法，这两种摆法都可以表示 1、2、3、4、5、6、7、8、9 九个数字，数字 0 用空位表示，如图 1-2 所示。算筹的计数方法为，个位用纵式，十位用横式，百位用纵式，千位用横式，……，这样从右到左，纵横相间，就可以表示任意大的自然数了。

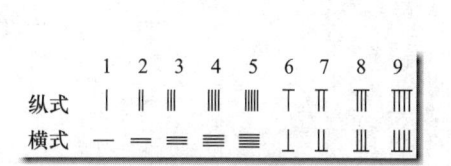

图 1-1  算筹　　　　　　　　　　　图 1-2  算筹的摆法

祖冲之（429—500 年）借助算筹将圆周率计算到了小数点后第 7 位。

### 2. 算盘

计算工具发展史上的第一次重大改革是算盘，古今中外算盘类型包括沙盘类、算板类、穿珠类等。图 1-3 是穿珠类算盘。算盘由算筹演变而来，并且和算筹并存竞争了一个时期，终于在元代后期取代了算筹。算盘轻巧灵活、携带方便，应用极为广泛，先后流传到日本、朝鲜和东南亚等国家和地区，后来又传入西方。算盘采用十进制计数法并有一整套计算口诀，这是最早的体系化算法。算盘能够进行基本的算术运算，是公认的最早使用的计算工具。

图 1-3　算盘

### 3. 纳皮尔算筹

1617 年，英国数学家约翰·纳皮尔（John Napier）发明了纳皮尔乘除器，也称纳皮尔算筹，如图 1-4 所示。纳皮尔算筹由 10 根长条状的木棍或骨棒组成，每根木棍的表面雕刻着一位数字的乘法表，右边第一根木棍是固定的，其余木棍可以根据计算的需要进行拼合和调换位置。纳皮尔算筹可以用加法和一位数乘法代替多位数乘法，也可以用除数为一位数的除法和减法代替多位数除法，从而大大简化了数值计算过程。图 1-5 所示为纳皮尔算筹的运算过程。

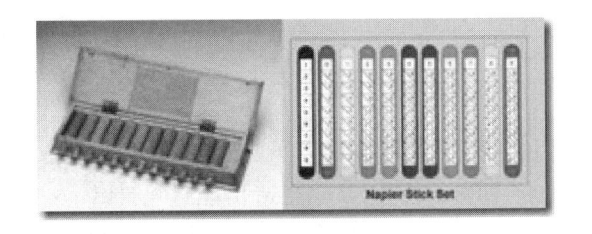

图 1-4　纳皮尔算筹

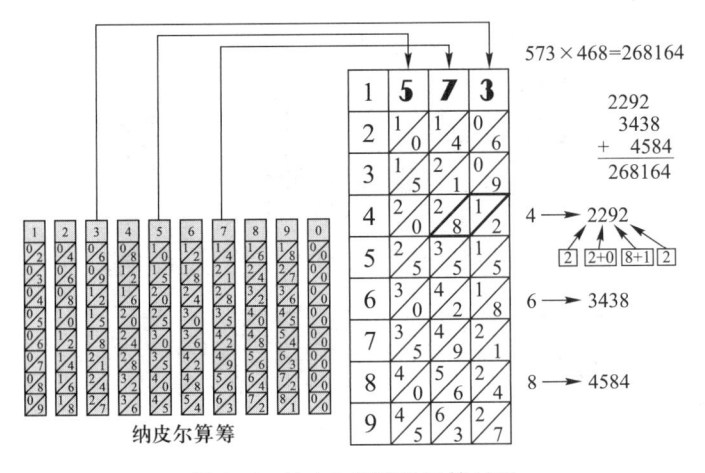

图 1-5　纳皮尔算筹的运算过程

### 4. 计算尺

1621 年，英国数学家威廉·奥特雷德（William Oughtred）根据对数原理发明了圆形计算尺，也称对数计算尺。对数计算尺在两个圆盘的边缘标注对数刻度，然后让它们相对转动，就可以基于对数原理用加减运算来实现乘除运算。17 世纪中期，对数计算尺改进为尺座和在尺座内部移动的滑尺。18 世纪末，发明蒸汽机的瓦特独具匠心，在尺座上添置了一个滑标，用来存储计算的中间结果，如图 1-6 所示。对数计算尺不仅能进行加、减、乘、除、乘方、开方运算，甚至可以计算三角函数、指数函数和对数函数，它一直被使用到袖珍电子计算器面世。即使在 20 世纪 60 年代，对数计算尺仍然是理工科大学生必须掌握的基本功，是工程师身份的一种象征。

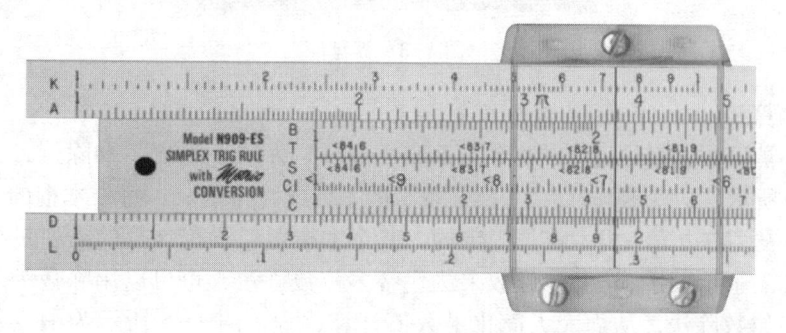

图 1-6 对数计算尺

## 1.1.2 机械式计算工具

### 1. 帕斯卡加法器

17 世纪，欧洲出现了利用齿轮技术的计算工具。1642 年，法国数学家布莱斯·帕斯卡（Blaise Pascal）制造出能进行十进制运算的"加法器"。如图 1-7 所示，帕斯卡加法器由齿轮组成，以发条为动力，通过转动齿轮来实现加减运算，用连杆实现进位。

图 1-7 帕斯卡加法器

帕斯卡的加法器开始只能做 6 位加法和减法。然而，即使只做加法，也有个"逢十进一"的进位问题。聪明的帕斯卡采用了一种小爪子式的棘轮装置。当定位齿轮朝 9 转动时，棘爪便逐渐升高；一旦齿轮转到 0，棘爪就"咔嚓"一声跌落下来，推动十位数的齿轮前进一挡。帕斯卡加法器的发明证明了以前认为需要人类思维的计算过程完全能由机器自动化实现，远远超过了机器本身的使用价值。

### 2. 莱布尼兹步进计算器

步进计算器是德国数学家戈特弗里德·威廉·莱布尼兹发明的数字机械计算器，大约从 1672 年开始到 1694 年完成，是第一台能进行全部"加减乘除"4 种算术运算的计算器，如图 1-8 所示。

图 1-8　莱布尼兹步进计算器

步进计算器有点像汽车的里程表，不断累加里程数，它有一连串可以转动的齿轮，每个齿轮有 10 个齿，代表 0~9 的 10 个数字，每当一个齿轮转过 9，它会转回 0，同时让旁边的齿轮前进 1 个齿，如图 1-9 所示，相当于进位。做减法时，机器会反向运作。利用一些巧妙的机械结构，步进计算器也能做乘法和除法，乘法和除法实际上只是多做一些加法和减法，比如 13 除以 4，只要减 4，减 4，再减 4，直到不够再减 4，就知道了 13 = 4×3+1，步进计算器可以自动完成这种操作，它的设计非常成功，以至于沿用了近 3 个世纪。

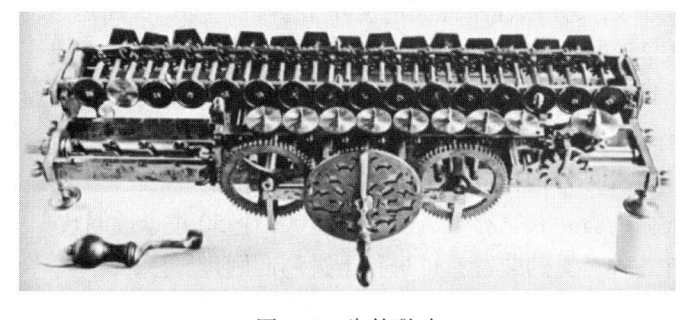

图 1-9　齿轮联动

当用机械计算器解决复杂问题时，可能需要几小时甚至几天的计算时间，而且这些手工制作的机器非常昂贵，不能普及。大部分人需要计算时，会用预先算好的计算表，这些计算表由人工编撰，比如需要求 23 456 的平方根，直接查表即可，不必使用手摇计算器去算一整天。

### 3. 巴贝奇自动计算机器

速度和准确性在战场上尤为重要，因此军队很早就开始用计算器解决复杂问题。如何精确瞄准炮弹是一个很难的问题。19世纪炮弹的射程可以超过1km以上，同时受风力、温度、大气压力等因素的影响，想射中船一样大的物体也非常困难，于是出现了射程表，炮手可以根据环境条件和射击目标的距离查表，然后知道如何设置射击角度，这些射程表在二战中被广泛应用。但也存在着一些问题，如果修改了大炮或炮弹的设计，就要重新算一张新表，这样很耗时而且会出错。同时，政府、工商、航海及科学领域都对各种函数表格，例如对数表、平方根表、三角函数表等有着迫切的需要，组织人力完成这样的表格更是一个浩大的工程。

巴贝奇在1822年针对这个问题，提出了一种叫作"差分机"的新型机械装置，专门用于航海和天文计算，这个复杂的机器，能计算特定多项式的函数值。巴贝奇在1823年开始建造差分机，并在接下来的20年里，试图制作和组装25000个零件，总重接近15吨，不幸的是最终放弃了这个项目。但在1991年，历史学家根据巴贝奇的草稿做了一个差分机模型，如图1-10所示。

图1-10　巴贝奇差分机模型

1837年，巴贝奇开始设计由程序控制的通用分析机。设计目标是自动计算有100个变量的计算问题，每个数25位，每秒运算一次。它可以做很多事情，不只是一种特定运算，甚至可以给它数据，然后按顺序执行一系列操作，它有内存，甚至有一个很原始的打印机，就像差分机。

巴贝奇设计的分析机具备现代计算机的如下基本特征。

存储器：保存数据的齿轮式寄存器，可存储1000个50位十进制数。

运算装置：进行各种运算的装置，可进行十进制四则运算。

程序控制：对操作进行程序控制，可运行"条件"、"循环"等语句。

输入输出：用穿孔卡片作为程序输入设备，有数据输出装置。

巴贝奇的分析机是可编程计算机的设计蓝图，实际上，人们今天使用的每一台计算机都遵循着巴贝奇的基本设计方案。但由于巴贝奇的先进设计思想超越了当时的客观现实，即当时的机械加工技术还达不到所要求的精度，使得这部以齿轮为元件、以蒸汽为动力的分析机一直到巴贝奇去世也没有完成。

但是，这种"自动计算机"的概念——计算机可以自动完成一系列操作，是个跨时代的概念，预示着计算机程序的诞生。

**4. 爱达与程序设计**

英国数学家爱达（Ada）给分析机写了假想的程序，她说"未来会诞生一门全新的、强大的、专为分析所用的语言"，因此爱达被认为是世界上第一位程序员。可以说，分析机激励了第一代计算机科学家，这些计算机科学家把很多巴贝奇的想法融入到了他们的机器，所以巴贝奇经常被认为是"计算之父"。

## 1.1.3　机电式计算机

到了 19 世纪末，科学和工程领域的特定任务会用上计算设备，但公司、政府、家庭中很少见到计算设备。然而，美国政府在 1890 年的人口普查中面临着严重的问题，只有计算机能提供所需的效率。美国宪法要求每 10 年进行一次人口普查，到 1880 年，美国人口因为移民迅速增长，手工编制人口普查报告需要 7 年时间，而等普查做完数据都过时了。

**1. 穿孔卡片机**

1804 年，法国机械师约瑟夫·雅各（Joseph Jacquard）发明了可编程织布机，通过读取穿孔卡片上的编码信息来自动控制织布机的编织图案，引起法国纺织工业革命。雅各织布机虽然不是计算工具，但是它第一次使用了穿孔卡片这种输入方式。

1886 年，美国统计学家赫尔曼·霍勒瑞斯（Herman Hollerith）借鉴了雅各织布机的穿孔卡原理，用穿孔卡片存储数据，采用机电技术取代了纯机械装置，制造了第一台可以自动进行加减乘除四则运算、累计存档、制作报表的制表机。这台制表机参与了美国 1890 年的人口普查工作，使预计需要 10 年的统计工作仅用 1 年零 7 个月就完成了。这是人类历史上第一次利用计算机进行大规模的数据处理。

打孔卡片制表机是电动机械的，用传统机械来计数，结构类似莱布尼兹的乘法器，但用电动结构连接其他组件，霍勒瑞斯的机器用打孔卡，一种上边有网格的纸卡，用打孔来表示数据。例如，有一连串孔代表婚姻状况，如果你结婚了，就在"结婚"的位置打孔，当卡插入机器时，小金属针会压到卡片上，如果有个地方打孔了，针会穿过孔，泡入一小瓶汞，使连通电路，电路就会驱动电机，然后转动齿轮加 1，已婚的总数相应加 1。霍勒瑞斯的机器速度是手动的 10 倍左右，使人口普查提前完成，给人口普查办公室省了上百万美元。

企业（如会计、保险评估和库存管理等行业）开始意识到计算机的价值——可以提升劳动力以及数据密集型任务的效率，从而提升利润。为了满足这一需求，霍勒瑞斯于 1896 年创建了制表机公司 TMC 公司。1911 年，TMC 公司与另外两家公司合并，成立了 CTR 公司。1924 年，CTR 公司改名为国际商业机器公司（International Business Machines Corporation），这就是赫赫有名的 IBM 公司。这些电子机械的"商业机器"取得了巨大成功，改变了商业和政府。到了 20 世纪中叶，世界人口的爆炸性增长和全球贸易的兴起，要求更快、更灵活的工具来处理数据，这就为电子计算机的发展奠定了基础。

**2. 机电计算机 Mark-Ⅰ**

1936 年，美国哈佛大学应用数学教授霍华德·艾肯（Howard Aiken）在读过巴贝奇和爱达的笔记后，发现了巴贝奇的设计，并被巴贝奇的远见卓识所震惊。艾肯提出用机电的方法，而不是纯机械的方法来实现巴贝奇的分析机。在 IBM 公司的资助下，1944 年艾肯成功研制了机电式计算机 Mark-Ⅰ。Mark-Ⅰ长 15.5 m，高 2.4 m，由 75 万多个零部件组成，使用了大量的继电器作为开关元件，存储容量为 72 个 23 位十进制数，并采用穿孔纸带进行程序控制。它的计算速度很慢，执行一次加法操作需要 0.3 s，并且噪声很大。尽管它的可靠性不高，仍然在哈佛大学使用了 15 年。Mark-Ⅰ只是部分使用了继电器，1947 年研制成功的计算机 Mark-Ⅱ全部使用继电器。

### 3. 继电器

艾肯等人制造的机电式计算机，其典型部件都是普通的电磁继电器。

电磁继电器一般是由铁心、线圈、衔铁、触点簧片等组成的，只要在线圈两端加上一定的电压，线圈中就会流过一定的电流，从而产生电磁效应，衔铁就会在电磁力吸引的作用下克服返回弹簧的拉力吸向铁心，从而带动衔铁的动触点与静触点（常开触点）吸合。当线圈断电后，电磁的吸力也随之消失，衔铁就会在弹簧的反作用力下返回原来的位置，使动触点与原来的静触点（常闭触点）释放。这样吸合、释放，从而达到了在电路中导通、切断的目的。对于继电器的"常开、常闭"触点，可以这样来区分：继电器线圈未通电时处于断开状态的静触点称为"常开触点"；处于接通状态的静触点称为"常闭触点"。继电器一般有两股电路：低压控制电路和高压工作电路。图 1-11 所示为电路连通和断开的两种情况。

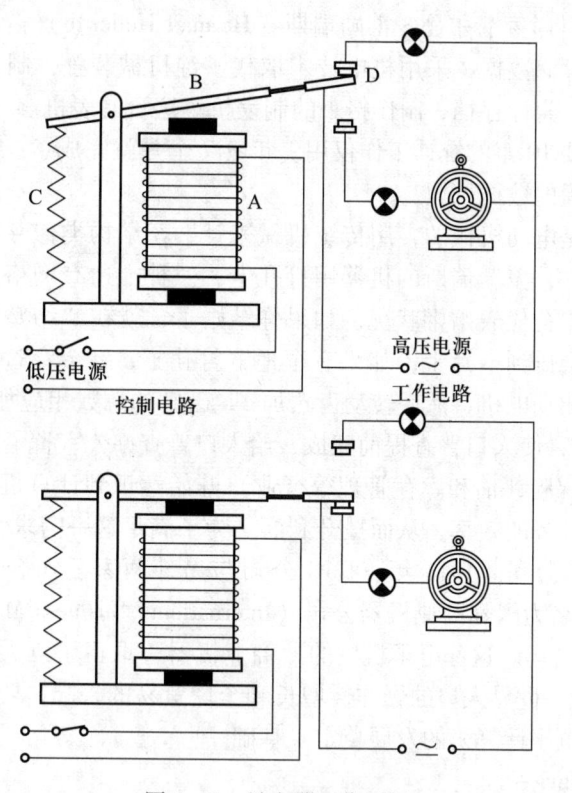

图 1-11　继电器工作原理

由于衔铁是有重量的，它并不能在连通和切断的状态中快速切换，19 世纪 40 年代较好的继电器可以在 1 s 内完成 50 次的开关切换，这在当时看起来很快，但还没有快到可以解决复杂问题的程度，这使得机电式计算机的运算速度受到了限制。除了慢以外，继电器的机械磨损也是个大问题。随着继电器数量的增加，故障率也在增加，Mark-Ⅰ大约有 3 500 个继电器，即使假设一个继电器的运行寿命为 10 年，平均也要每天更换一个故障继电器。显然，当需要运行一个几天才能完成的重要计算时，这就成为一个大问题。

因此，如果想要进一步提高计算能力，就需要用一种更快、更可靠的东西来替代继电器，而这个替代品就是电子管。

#### 4. 电子管

1904 年，英国物理学家约翰·安不列斯·弗莱明开发了一种新的电子组件，叫"热电子管"，把两个电极装在一个真空的玻璃灯泡里，因此电子管也称为真空管，这是世界上第一个真空管，其中一个电极可以加热，从而发射电子，这叫"热电子发射"。另一个电极会吸引电子，形成电流。但只能带正电荷，如果带负电荷或者中性电荷，电子就不能被吸引，也就没有电流。这种电流只能单向流动的电子部件叫"二极管"，但还需要一个能开关电流的东西。

1906 年，美国发明家李·德福雷斯特在弗莱明设计的两个电极之间加入了第三个控制电极，向控制电极施加正电荷，它会允许电子流动，但如果施加负电荷，它会阻止电子流动。因此，通过控制线路，可以打开或关闭电路，这就是"三极真空管"。真空管内没有会动的组件，这样就没有磨损，更重要的是每秒可以开关数千次。三极管成为无线电、长途电话以及其他电子设备的基础。

真空管也不是完美的，它会像灯泡一样烧坏，但比起机电继电器，依然是一个很大的进步。到了 19 世纪 40 年代，它的成本和可靠性得到改进，可以用在计算机中，至少政府可以承担得起，这标志着计算机从机电计算机转向电子计算机。

### 1.1.4　电子计算机

#### 1. 第一台现代电子数字计算机 ABC

1939 年，美国艾奥瓦州大学数学物理学教授约翰·阿塔纳索夫（John Atanasoff）和他的研究生贝利（Clifford Berry）一起研制了一台称为 ABC（Atanasoff　Berry Computer）的电子计算机。在阿塔纳索夫的设计方案中，第一次提出采用电子技术来提高计算机的运算速度。这是世界上第一台具有现代计算机雏形的计算机，但并没有真正投入使用。

ABC 计算机的结构采用二进制电路进行运算；存储系统采用电容器，具有数据记忆功能；输入系统采用 IBM 公司的穿孔卡片；输出系统采用高压电弧烧孔卡片。

第一台大规模使用真空管的计算机是"巨人 1 号"，由工程师 Tommy Flowers 设计，1943 年 12 月完成，在英国的布莱切利庄园用于破解纳粹的通信密码。巨人 1 号有 1 600 个真空管，被认为是第一个可编程的电子计算机，编程的方法是把几百根电线插入插板，虽然可编程，但需要人工进行配置。

#### 2. 第一台通用、可编程的计算机 ENIAC

1946 年 2 月，第二次世界大战中，美国宾夕法尼亚大学物理学教授莫克利（John Mauchly）和他的研究生埃克特（Presper Eckert）研制成功 ENIAC（Electronic Numerical Integrator and Computer）计算机，标志着电子计算机时代的到来，这是世界上第一台真正通用的、可编程的电子计算机。

ENIAC 共使用了 18 000 多个电子管、1 500 多个继电器、10 000 多个电容和 7 000 多个电阻，占地近 170 m²，重达 30 吨。ENIAC 每秒能完成 5 000 次十位数的加法，300 多次乘法，运算速度是当时最快计算工具的 1 000 多倍。ENIAC 是世界上第一台能真正运转的大型电子计算机，它运行了 10 年，完成的计算量比全人类加起来还多。

因为 ENIAC 的电子管很多，所以故障很常见。ENIAC 每运行半天左右就会出现一次故障。到了 20 世纪 50 年代，电子管计算机逐渐开始被体积更小、成本更低、可靠性更高和运算速度更快的晶体管计算机所取代。

**3. 晶体管**

1947 年贝尔实验室的 3 名科学家 John Bardeen、Walter Brattain 和 William Shockley 发明了晶体管，一个全新的计算机时代诞生了。

晶体管和之前的继电器及电子管一样，是一种可以由控制线路来控制的开关。晶体管有两个电极，电极之间有一种材料隔开它们。这种材料有时候导电，有时候不导电，因此称为半导体。控制线连到一个"门"电极，通过改变门的电荷，可以控制半导体材料的导电性。

贝尔实验室的第一个晶体管就展示了巨大的潜力，它可以每秒开关 10 000 次，而且晶体管是固态的，体积远远小于继电器或电子管，导致可以生产更小更便宜的计算机。例如，1957 年发布的 IBM 608，是第一台完全采用晶体管，普通消费者可以买得起的计算机。它有 3 000 个晶体管，每秒执行 4 500 次加法，80 次左右的乘除法。IBM 很快把所有产品都转向了晶体管，把晶体管计算机带入办公室，最终进入家庭。

现在计算机中的晶体管小于 50 nm，作为对比，一张纸的厚度大约为 10 万 nm。晶体管体积小，速度快，每秒可以切换上百万次，并有几十年的使用寿命。在晶体管发明后，很快就出现了基于半导体的集成电路的构想，后来很快就发明了集成电路。

很多晶体管和半导体的开发在"圣克拉拉谷"，而生产半导体最常见的材料是硅，所以这个地区被称为"硅谷"。1955 年，William Shockley 在那里创立了肖克利半导体实验室。后来，从肖克利半导体实验室辞职的 8 位青年科学家，在硅谷成立了"仙童半导体公司"。1968 年，8 位青年科学家中的诺依斯和摩尔，脱离仙童公司自立门户，成立了英特尔（Intel）公司，也就是当今世界上最大的计算机芯片制造商。

1945 年 6 月，普林斯顿大学数学教授冯·诺依曼（von Neumann）发表了 EDVAC（Electronic Discrete Variable Computer，离散变量自动电子计算机）方案，提出了现代计算机五大结构和存储程序的思想。提出计算机应具有运算器、控制器、存储器、输入设备和输出设备等 5 个基本组成部分，描述了这五大部分的功能和相互关系，并提出"采用二进制"和"存储程序"这两个重要的基本思想。迄今为止，大部分计算机仍基本上遵循冯·诺依曼结构。

冯·诺依曼结构的计算机采用的基本元器件经历了电子管、晶体管、集成电路和超大规模集成电路 4 个发展阶段。

# 1.2　计算机发展简史

从第一台计算机诞生至今的 70 多年来，计算机经历了电子管、晶体管、集成电路、大规模和超大规模集成电路 4 个时代。

第一代计算机为电子管计算机（1946—1957 年）。其标志性产品就是 ENIAC，它用了 18 000 个电子管，7 000 个电阻，10 000 只电容，1 500 只继电器，重 30 t（吨），体积 84.9 m³，占地 170 m²，功率为 150 kW，时钟频率是 100 kHz，运算速度为 5 000 次/s。ENIAC 最初只用于计算火炮弹道轨迹，也就是用于科学计算。

第二代计算机为晶体管计算机（1958—1963 年）。其运算速度提高到每秒几万次到几十万次，外部设备增加到了几十种，随着高级语言、编译系统的问世，操作系统也得到了快速的发展，计算机开始在卫星、宇宙飞船、火箭制导等方面发挥重要作用。

第三代计算机为集成电路计算机（1964—1971 年）。其运算速度已达每秒几百万次到几千万次，计算机的软件配置得到了进一步完善，出现了微程序、多道程序及并行处理等新技术，操作系统趋于成熟，出现了会话式语言、文件系统等。

第四代计算机为大规模集成电路（LSI）和超大规模集成电路（VLSI）计算机（1972 年至今）。大规模集成电路的出现使计算机发生了巨大的变化，内存储器已由磁芯存储器过渡到半导体存储器，而且集成度越来越高；同时出现了微处理器，从而推出了微型计算机。微型计算机的出现与发展是计算机历史上的重大事件，使得计算机在容量、运算速度、可靠性和性价比等方面都比上一代计算机有了更大突破。各种系统软件、支撑软件、应用软件大量推出，充分发挥了计算机的硬件功能，使计算机几乎可以应用到所有领域，成为人类社会活动中不可缺少的工具。目前，计算机技术正在向巨型化、微型化、网络化和智能化方向发展。

以上各代计算机都是冯·诺依曼型计算机，也就是所谓的“存储程序”计算机。这类计算机目前仍然是市场的主体。

现在，新型的计算机也在不断地研制，出现了量子计算机、超导计算机、生物计算机和光子计算机等。

我国于 1956 年开始研制计算机，并于 1958 年成功制造第一台电子管计算机，1965 年成功研制第一台晶体管计算机，1970 年首次研制出集成电路计算机。我国从 20 世纪 80 年代开始研制可以体现科技制造水平的巨型机，在不同年代，银河、曙光、深腾等型号都具有划时代的意义。我国计算机研究虽然起步较晚，但已赶超世界先进水平。自 2013 年以来，我国就开始占据着世界超级计算机排名第一的位置。全球超算大会（ISC）公布的 2017 年全球超级计算机 500 强榜单显示，中国的“神威·太湖之光”超级计算机以每秒 12.5 亿亿次的峰值计算能力以及每秒 9.3 亿亿次的持续计算能力，再次蝉联第一名，实现了三连冠，“天河二号”位居第二名。“神威·太湖之光”如图 1-12 所示，它还拥有整机效率高，功耗低、体积小、性能功耗比高等一系列优点。直到 2018 年 6 月，美国推出名为 Summit 的超级计算机，其计算能力才超过了当时排名第一的中国神威·太湖之光。

图 1-12  中国超级计算机神威·太湖之光

# 1.3  计算机的分类

电子计算机从原理上可分为数字式、模拟式和混合式三大类。数字式计算机是指以数字量（也称不连续量）作为运算对象进行运算的计算机。这种计算机中的数据采用二进制表示，参与运算的数是离散的量。除特殊声明之外，人们所谈的计算机一般都是指电子数字计算机。

随着计算机技术的发展和应用的推动，计算机的类型越来越多样化。计算机根据运算速度和性能等指标来划分，主要有高性能计算机、微型机、服务器、工作站、嵌入式计算机等。这种分类标准是相对的，只能针对当前一个时期。

计算机的分类、分代、分型等划分方法，既有各自的划分体系，也有相互的联系。计算机科学的发展及电子技术的日新月异，使得计算机的分型及年代的划分等概念在某些方面变得比较模糊，甚至有的专家不提倡使用按年代划分的方法，应从发展的角度看待这些概念。

**1. 高性能计算机**

高性能计算机在过去被称为巨型机，是指目前速度最快、处理能力最强的计算机。高性能计算机数量不多，却有特别重要的用途。高性能计算机在军事上的应用包括战略防御系统、航天测控系统等，在民用方面的应用包括大型科学计算和模拟系统、大区域的中长期天气预报等。目前最快的高性能计算机能进行每秒 2 亿亿次以上浮点运算。中国是少数几个拥有超级计算机的国家。

**2. 微型计算机**

微型计算机又称个人计算机、微型机或微机，是由微处理器、存储器、输入/输出接口和系统总线等组成的计算机。微处理器又称微处理机，它用大规模集成电路或超大规模集成电路制成，存储器由随机存取存储器（存放程序和数据）和只读存储器（用于存储不变的程序等）组成。由于微机内有许多输入/输出接口，用户可根据需要配置相应的输入/输出设备，再配上适当的系统软件，就构成了一个完整的微型计算机系统。

微型机具有体积小、价格低、可靠性高、运行环境限制较少等优点，其应用领域迅速扩展到工厂、商店、学校及普通家庭。微机中最重要的一类是 IBM 公司生产的 IBM-PC 系列机。2004 年 12 月，我国的联想集团收购了 IBM 在全球的 PC（个人计算机）业务，使得新联想成为全球第三大 PC 厂商。

微型机的种类很多，包括台式计算机（desktop computer）、笔记本电脑（notebook computer）、平板计算机（tablet PC）、超便携个人计算机（ultra mobile PC）等。

### 3. 工作站

工作站是一种介于微型机和小型机之间的高档微机系统，是专门处理某类特殊事务的一种独立的计算机类型，工作站通常配有高分辨率的大屏幕显示器和大容量的存储器（包括内存和外存），具有较强的数据处理能力和高性能的图形功能。

### 4. 服务器

服务器是一种在网络环境中对外提供服务的计算机系统。通常服务器专指通过网络对外提供服务的高性能计算机。事实上，一台安装了网络操作系统、网络协议和各种服务软件的微型机，也可以充当服务器。根据提供的服务内容，服务器可以分为 Web 服务器、FTP 服务器、文件服务器和数据库服务器等。

# 1.4　计算机新技术

计算机技术的发展日新月异，许多技术昨天还是新技术，今天就已被广泛应用，如多媒体技术。近几年快速发展并有重要影响的技术有嵌入式计算机、云计算、移动互联网和物联网等。

### 1. 嵌入式计算机

嵌入式计算机（embedded computer）指作为一个信息处理部件，嵌入到应用系统中的计算机，它将系统和功能软件集成于计算机硬件系统中，即把系统的应用软件与硬件一体化。

嵌入式系统主要由嵌入式处理器、外围硬件设备、嵌入式操作系统以及特定的应用程序等 4 部分组成，是集硬件、软件于一体的可独立工作的部件，可用于对其他设备进行控制、监视和管理等。

嵌入式计算机包括智能手机、工业控制计算机以及单片机等，在社会生活中具有广泛的应用。

### 2. 云计算

云计算（cloud computing）是基于互联网的相关服务的增加、使用和交付模式，通常涉及通过互联网来提供动态易扩展且经常是虚拟化的资源。

云计算将网络中分布的计算、存储、服务设备、网络软件等资源以虚拟化的方式为用户提供方便快捷的服务。云计算是一种基于因特网的超级计算模式，在远程数据中心，几万台服务器和网络设备连接在一起，各种计算资源共同组成了若干庞大的数据中心。

在云计算模式中，用户通过终端接入网络，向"云"提出需求；"云"接受请求后组织资源，通过网络为用户提供服务。用户终端的功能可以大大简化，复杂的计算与处理过程都将转移到"云"去完成。用户处理的数据也无须存储在本地，而是保存在因特网上的数据中心，保证为用户提供足够强大的计算能力和足够大的存储空间。

### 3. 物联网

物联网（the Internet of things）就是物物相连的互联网，通过视频识别信息、传感设备，按约定的协议，把任何物品与互联网相连接，进行信息交换和通信，以实现智能化识别、定位、跟踪、监控和管理的一种网络。

物联网的主要特征包括 3 个，第一是互联网特征，即联网的物品能够实现互联互通；第二是识别和通信特征，即纳入物联网的"物"具备自动识别与物物通信的功能；第三是智能化特征，即网络系统应该具有自动化、自我反馈与智能控制的特点。

物联网的核心技术包括二维码识读设备、射频识别（RFID）装置、传感器、全球定位系统、云计算、WiFi、短距离无线通信、M2M 等。

### 4. 大数据

对于大数据（big data），研究机构 Gartner 给出了这样的定义："大数据"是需要新处理模式才能具有更强的决策力、洞察发现力和流程优化能力来适应海量、高增长率和多样化的信息资产。

麦肯锡全球研究所给出的定义是，大数据是一种规模大到在获取、存储、管理、分析方面大大超出了传统数据库软件工具能力范围的数据集合，大数据具有海量的数据规模、快速的数据流转、多样的数据类型和价值密度低四大特征。

大数据是一个体量规模巨大、数据类型特别多的数据集，并且无法通过目前主流软件工具，在合理时间内被提取、管理、处理而成为有用的信息。必须采用分布式架构，依托云计算的分布式处理、分布式数据库和云存储、虚拟化技术对海量数据进行分布式数据挖掘。

大数据需要特殊的技术，在可容忍的时间内有效地处理大量的数据。适用于大数据的技术包括大规模并行处理（MPP）数据库、数据挖掘、分布式文件系统、分布式数据库、云计算平台、互联网和可扩展的存储系统等。

大数据处理的基本原则是要全体不要抽样、要效率不要绝对精确、要相关不要因果。主要的处理流程是数据采集、数据导入和预处理、数据统计和分析以及数据挖掘等。

# 1.5 计算机在信息社会中的应用

计算机在科学技术、国民经济、家庭生活等方面都有广泛的应用。通常，其应用范围可概括成如下 7 个方面。

### 1. 科学计算

科学计算也称数值计算。数值计算是计算机最早应用的领域，早期的计算机也主要用于数值计算，因此才命名为"计算机"。在科学技术和工程设计中，存在大量的各类数值计算问题，其计算量大且复杂，又需要快速、准确的计算，如工程设计、天气预报、地震预测、卫星轨道计算等。

**2. 数据/信息处理**

数据/信息处理也称为非数值计算，指对大量数据进行收集、归纳、分类、整理、存储、检索、统计、分析、列表、绘图等，例如企业管理、库存管理、报表统计、账目统计、情报资料检索等。目前，计算机在信息处理方面的应用已远远超过了在科学计算方面的应用。

**3. 自动控制**

自动控制又称过程控制，指的是在工业生产过程中，对受控对象进行自动控制和自动调节。用计算机进行自动控制可以降低能耗，提高生产效率和产品质量等。目前，自动控制在城市交通管理、航天领域以及工业生产中有广泛应用。

**4. 多媒体应用**

多媒体一般包括文本、图形、图像、音频、视频、动画等多种信息媒介。多媒体技术是指人和计算机交互地进行上述多种媒介信息的捕捉、传输、转换、存储和管理等。多媒体技术拓宽了计算机的应用领域，多媒体技术与人工智能技术的有机结合，同时促进了虚拟现实技术的发展，使人们可以在计算机模拟的环境中，感受真实的场景。

**5. 人工智能**

人工智能是利用计算机来模拟人类的某些智能活动与行为，是计算机应用最前沿的科学，人工智能致力于赋予计算机更多人的智能，如自动翻译、模式识别、密码分析、智能机器人等，这是计算机最有市场的发展领域之一。

**6. 网络通信**

计算机技术和数字通信技术的结合产生了计算机网络。计算机网络使分布在世界各地的计算机系统联系在一起，通过网络人们可以工作、购物和交流信息等。计算机网络的发展和应用正在深刻地改变着人们的工作和生活方式。

**7. 计算机辅助技术**

计算机辅助技术包括计算机辅助设计（CAD）、计算机辅助制造（CAM）、计算机辅助工程（CAE）、计算机辅助教学（CAI）等，统称为计算机辅助技术（CAX）。

# 1.6　计算思维概述

在计算机普及的信息时代，计算机学科对社会运转和各学科研究的支持作用已经变得不可或缺，社会运转的各种沟通交流都建立在高度发展的信息技术平台之上。计算机学科所体现出来的思维方法已经超越了本学科领域，成为从事其他科学研究的重要支撑。

目前国际上广泛使用的计算思维（computational thinking，CT）的概念，是由美国卡内基·梅隆大学周以真教授提出的。她指出计算思维是计算机科学家用计算机技术解决问题时所形成的特有思维方式和解决方法。计算思维是运用计算机科学的基础概念去求解问题、设计系统和理解人类行为的涵盖了计算机科学之广度的一系列思维活动。

### 1.6.1　科学思维的分类

科学理论、科学实验与科学计算被认为是当今科学研究的三大支柱，在科学方法论中三足鼎立。这三种科学对应着三种思维，即理论思维、实验思维和计算思维。

理论思维又称逻辑思维，是指通过抽象概括，建立描述事物本质的概念，应用科学的方法探寻概念之间联系的一种思维方法。它以推理和演绎为特征，以数学学科为代表，公理化方法是其最重要的理论思维方法。理论思维结论要符合以下原则。

（1）有作为推理基础的公理集合。

（2）有一个可靠和协调的推演系统。

（3）结论只能从公理集合出发，从推演系统的合法推理得到。

实验思维又称实证思维，是通过观察和实验获取自然规律法则的一种思维方法。它以观察和总结自然规律为特征，以物理学科为代表。实证思维结论要符合以下原则。

（1）可以解释以往的实验现象。

（2）逻辑上自洽。

（3）能够预见新的现象。

计算思维又称构造思维，是指从具体的算法设计规范入手，通过算法过程的构造与实施来解决给定问题的一种思维方法。它以设计和构造为特征，以计算机学科为代表。计算思维的主要特征是抽象和自动化。随着计算机科学与技术的飞速发展，几乎所有学科都走向定量化和精确化，从而产生了大量的计算问题，科学计算在很多学科领域起着越来越重要的作用。计算机的出现强化了计算思维的意义和作用，例如原来在理论上可以实现的过程变成了实际上可以真正实现的过程；实现了从想法到产品整个过程的自动化、精确化和可控化；实现了自然现象与人类社会的行为模拟；实现了海量信息处理分析、复杂装置与系统设计、大型工程组织等，大大拓展了人类认知世界和解决问题的能力和范围。

### 1.6.2　计算思维的具体内容

计算思维是通过约简、嵌入、转化和仿真等方法，把一个看来困难的问题重新阐释成一个人们知道怎样解决的问题。

计算思维是一种递归思维，是一种并行处理，能把代码译成数据又能把数据译成代码，是一种多维分析推广的类型检查方法。

计算思维是一种采用抽象和分解来控制庞杂的任务或进行巨大复杂系统设计的方法，是一种基于关注点分离的方法。

计算思维是一种选择合适的方式去陈述一个问题，或对一个问题的相关方面建模并使其易于处理的思维方法。

计算思维是按照预防、保护及通过冗余、容错和纠错方式，从最坏情况进行系统恢复的一种思维方法。

　　计算思维是利用启发式推理寻求解答，即在不确定情况下的规划、学习和调度的思维方法。

　　计算思维是利用海量数据来加快计算，在时间和空间之间，在处理能力和存储容量之间进行折中的思维方法。

　　计算思维是用计算机解决问题和分析问题的能力，是可以在实践中学习和训练的，计算思维是人人都要掌握的解决问题的能力，培养计算思维能力是大学计算机基础教学的核心任务。

# 第 2 章
# 信息的表示与运算

第 1 章讲的早期计算机器有些是十进制的，例如帕斯卡加法器，用齿轮的个数代表 10 个数字，但到晶体管时，只用开或关两种状态表示信息。例如，电路连通表示"真"，电路断开表示"假"。这两种状态可以用 1 和 0 来表示，这就是计算机中使用的二进制。所有数据信息在计算机内部都是用二进制来表示的。数据信息包括数值、字符、图像、音频和视频等。本章主要介绍各类数据信息在计算机内部的表示方法。

# 2.1 布尔代数

计算机中采用二进制不仅是因为硬件实现的方便，也是因为已经存在一个完整的数学分支，专门处理"真"和"假"的运算，这就是布尔代数。1854 年，英国数学家乔治·布尔发表的《思维规律》描述了布尔代数，普通代数的运算对象为数字，操作符为加减乘除，布尔代数的运算对象为"真"（True）和"假"（False），常用的基本操作符有 3 个：NOT、AND 和 OR。

## 2.1.1 NOT 操作符及其实现

NOT 操作符为取反运算，即把 True 变成 False，把 False 变成 True。NOT 操作的真值表如表 2-1 所示。

表 2-1 NOT 的真值表

| 输　入 | 输　出 |
| --- | --- |
| True | False |
| False | True |

可以使用晶体管轻松实现这个逻辑。晶体管是由电控制的开关，共有 3 根线，两个电极和一根控制线。当控制线通电时，电流就可以从一个电极流到另一个电极。一个晶体管有一个输入和一个输出，可以把控制线当作输入（input），底部的电极当作输出（output），如图 2-1 所示。

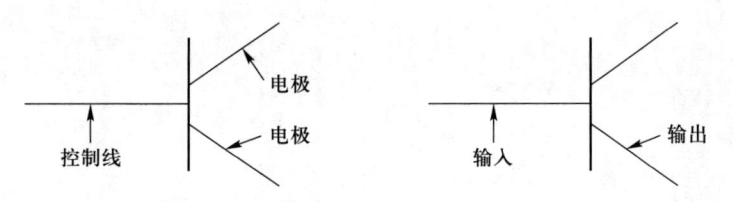

图 2-1 晶体管电路

如果打开输入（input on），输出也会打开（output on），因为电流可以流过；如果关闭输入（input off），输出也会关闭（output off），因为电流无法通过。用布尔术语表示的真值表如表 2-2 所示。输入什么同样输出什么，不做任何改变。但可以稍加修改，实现 NOT 操作。

表 2-2 一个继电器的真值表

| 输　入 | 输　出 |
| --- | --- |
| True | True |
| False | False |

将输出由底部改到上部，如果打开输入，电流可以流过然后"接地"，输出就没有电流，所以输出是 off；当输入是 off，电流没法接地，就流过了输出，所以输出是 on，如图 2-2 所示。这和 NOT 的真值表一样，成功地实现了 NOT 的电路，所以叫它"非（NOT）门"。

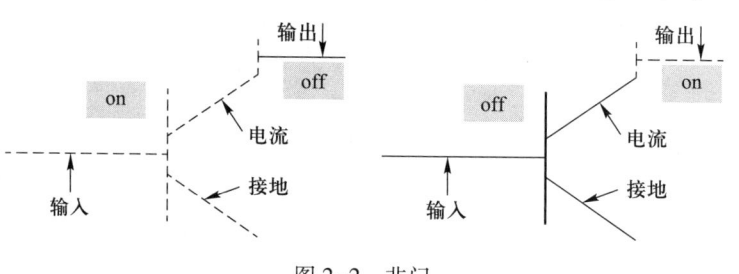

图 2-2　非门

## 2.1.2　AND 操作符及其实现

AND 操作符为"并"运算符，它有两个输入，一个输出，如果两个输入都是 True，输出才是 True，其他情况输出都为 False，相当于"并且"的意思，只有两个条件都为真，结果才为真，如表 2-3 所示。

表 2-3　AND 的真值表

| 输　入　A | 输　入　B | 输　　出 |
| --- | --- | --- |
| True | True | True |
| True | False | False |
| False | True | False |
| False | False | False |

为了实现"与（AND）门"，需要将两个晶体管连在一起，就像电路的串联一样。两个输入，一个输出，如果只打开 A，不打开 B，电流无法流到输出，所以输出是 False；同样，如果关闭 A，打开 B，电流还是无法流到输出，所以输出还是 False。只有 A 和 B 都打开了，输出才有电流，如图 2-3 所示。

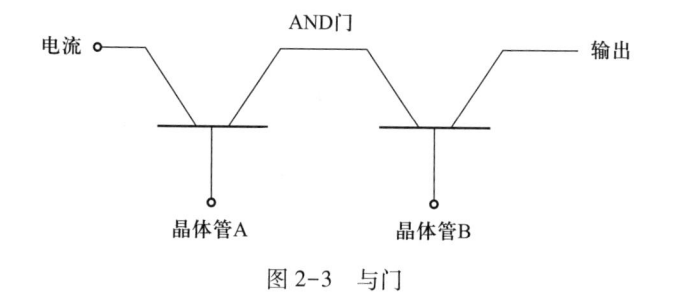

图 2-3　与门

## 2.1.3　OR 操作符及其实现

OR 操作符为"或"运算符，它有两个输入，一个输出。OR 即或者，只要两个输入中有一个为 True，输出就为 True；只有当两个输入都为 False 时，输出才为 False。OR 的真值表如表 2-4 所示。

**表 2-4 OR 的真值表**

| 输 入 A | 输 入 B | 输 出 |
|---------|---------|-------|
| True | True | True |
| True | False | True |
| False | True | True |
| False | False | False |

实现"或（OR）门"除了两个晶体管外，还需要额外的线，将两个晶体管并联在一起，如图 2-4 所示，左边的线有电流输入，如果 A 和 B 都是 off，电流无法通过，所以输出是 off；如果打开 A，电流可以通过，输出是 on；同样，如果打开 B，电流也会通过，只要 A 和 B 中有一个是 on，输出就是 on。A 和 B 都是 on 时，结果也是 on。这样就完成了"或（OR）门"。

目前，已经完成了基本的"非门"、"与门"和"或门"的介绍，将它们抽象为符号如图 2-5 所示。

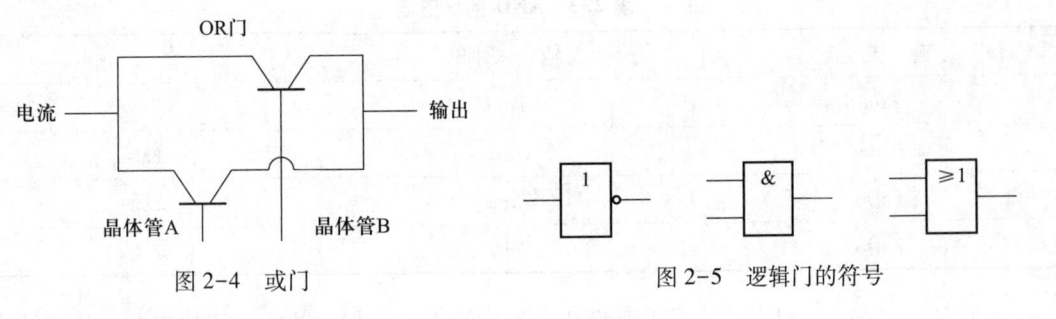

图 2-4　或门　　　　　　　　　　图 2-5　逻辑门的符号

### 2.1.4　XOR 操作符及其实现

XOR 操作符称为"异或"运算符，它有两个输入，一个输出。当两个输入相同，即都为 True 或者都为 False 时，结果为 False；当两个输入不一样，即一个为 True，另一个为 False 时，结果为 True。真值表如表 2-5 所示。

**表 2-5 XOR 的真值表**

| 输 入 A | 输 入 B | 输 出 |
|---------|---------|-------|
| True | True | False |
| True | False | True |
| False | True | True |
| False | False | False |

可以用前面的 3 个基本的逻辑门构造"异或（XOR）门"，从真值表可以看出 XOR 和 OR

很像，只有当两个输入都是 True 时，XOR 的运算结果为 False，而 OR 的运算结果为 True，其他的输入组合两个运算符的输出结果都是一样的，这样可以先使用一个或门，然后再用与门和非门，最后再连接一个与门，如图 2-6 所示。这样当两个输入都为 True 时，输出为 False。同样可以验证其他 3 种输入组合，得到的输出结果符合 XOR 的真值表。

XOR 可以作为独立电路来使用，符号如图 2-7 所示，不用再考虑电路是如何连接的，使用了几个逻辑门以及电流是如何流过的。同样的思路，还可以构造其他的逻辑门，例如 NAND、NOR、XNOR 等，用这些逻辑门可以构造出更复杂的电路作为控件使用，以完成更复杂的运算。即使是专业的程序员也不用考虑逻辑是怎样在物理层面实现的。

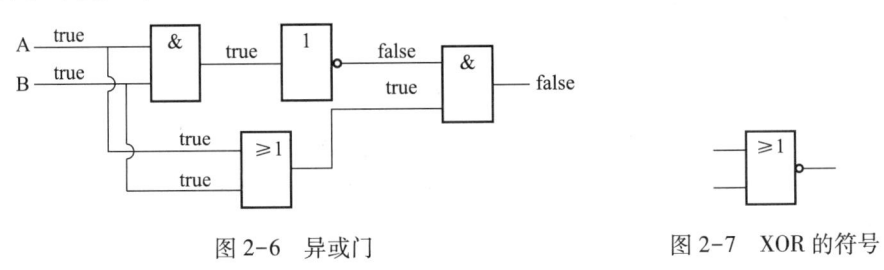

图 2-6　异或门　　　　　　　　　　　　　　图 2-7　XOR 的符号

当用 1 和 0 表示逻辑运算中的 True 和 False 时，就可以进行二进制运算了。

# 2.2　数制与运算

在日常生活中，人们习惯用十进制来表示数据，但在计算机内部是以二进制形式来进行数据表示和运算的。然而，用二进制表示的数据序列比较长，不易于书写和记忆，所以通常又把二进制数以八进制或十六进制的形式来表示。本节介绍十进制、二进制、八进制和十六进制的表示方法和各种进制之间的数据转换。

## 2.2.1　进位计数制

### 1. 十进制数

日常生活中，人们习惯于使用十进制计数法，即逢十进一。十进制数由 0、1、2、3、4、5、6、7、8、9 这 10 个数字组成，10 称为十进制数的基数。在表示数据时，用括号外加下角标 10，或者在数字后面加字母 D 表示十进制。

【例 2-1】　十进制数 256.73 代表的值是什么？

$(256.73)_{10} = 2 \times 10^2 + 5 \times 10^1 + 6 \times 10^0 + 7 \times 10^{-1} + 3 \times 10^{-2} = 200 + 50 + 6 + 0.7 + 0.03 = 256.73$

从以上例子可以看出，十进制数具有以下特点。

（1）数字的个数等于基数 10，即每个十进制数由 0、1、……、9 这 10 个数字表示。

（2）最大的数字比基数小 1，即为 9，采用逢十进一。

（3）每个数字符号在数中的位置代表不同的权值，十进制数的"权"是 10 的幂次，

"权"的大小与该数字离小数点的位数及方向有关。

一般而言，对于任意正十进制数 $S$，可以写成以下形式：

$$(S)_{10} = a_n a_{n-1} \cdots a_1 a_0. a_{-1} a_{-2} \ldots a_{-m}$$
$$= a_n \times 10^n + a_{n-1} \times 10^{n-1} + \cdots + a_1 \times 10^1 + a_0 \times 10^0 + a_{-1} \times 10^{-1} + a_{-2} \times 10^{-2} + \cdots + a_{-m} \times 10^{-m}$$
$$= \sum_{k=-m}^{n} a_k \times 10^k$$

其中，$a_k(-m \leqslant k \leqslant n)$ 可以是 0、1、……、9 这 10 个数字之一；$m$ 和 $n$ 均为正整数。

一般而言，对于 $P$（$P$ 是大于 1 的整数）进制，其基数为 $P$。若 $S$ 是 $P$ 进制的正数，它可以用如下通用公式表示：

$$(S)_p = \sum_{k=-m}^{n} a_k \times p^k$$

其中，$a_k$ 是 $0 \sim (P-1)$ 中任意一个数字；$m$ 和 $n$ 均为正整数。

若 $P = 2$、8、10、16 时，则 $S$ 分别是二进制、八进制、十进制或十六进制数。

**2. 二进制数**

在自然界和人们的日常生活中存在着大量的对立的现象，例如高和低、开和关、有和无、通和断等，它们对应着二进制。在计算机中使用二进制源于电子元器件的物质基础，它易于构成或实现两种不同的物理状态。

二进制数 11010. 101 可以表示为

$$(11010. 101)_2 = 1 \times 2^4 + 1 \times 2^3 + 0 \times 2^2 + 1 \times 2^1 + 0 \times 2^0 + 1 \times 2^{-1} + 0 \times 2^{-2} + 1 \times 2^{-3}$$

任意一个二进制数 $S$ 可以写成一般形式：

$$(S)_2 = \sum_{k=-m}^{n} a_k \times 2^k$$

其中，$a_k(-m \leqslant k \leqslant n)$ 可以是 0 或 1；$m$ 和 $n$ 均为正整数。

**3. 八进制数与十六进制数**

计算机中虽然使用二进制数，但它的书写序列较长，而且二进制数不是 0 就是 1，不易读和记忆。为了增加二进制的易读、易记性，计算机界在图书或文章中用到二进制数时，都将它转换成八进制或十六进制数，在程序中用到二进制数时也往往做这样的转换。相对而言，八进制数和十六进制数的书写序列较短，易读、易记性也比较好。

八进制数 762. 16 可以表示为

$$(762. 16)_8 = 7 \times 8^2 + 6 \times 8^1 + 2 \times 8^0 + 1 \times 8^{-1} + 6 \times 8^{-2}$$

十六进制数 1BF3. A 可以表示为

$$(1BF3. A)_{16} = 1 \times 16^3 + B \times 16^2 + F \times 16^1 + 3 \times 16^0 + A \times 16^{-1}$$
$$= 1 \times 16^3 + 11 \times 16^2 + 15 \times 16^1 + 3 \times 16^0 + 10 \times 16^{-1}$$

通常所说的数字指数字字符（又称数码），只有 $0 \sim 9$ 这 10 个数字。可是十六进制数需要用 16 个不同的数字字符来表示，因此在十六进制计数法中，除了 $0 \sim 9$ 这 10 个数字外，用字母 $A \sim F$ 表示 $10 \sim 15$，即 A 代表 10，……，F 代表 15。

关于不同进制数的表示形式，本书采用把数据用小括号括起来，然后用下标注明进制的方式，而有的教材在数值后加 B、D、O、H 字母分别代表二进制数、十进制数、八进制数以及十六进制数。例如 10011B、201D（或者直接写 201）、717O、1A4BH 等分别表示二进制数 10011、十进制数 201、八进制数 717 和十六进制数 1A4B。

对不同的进制而言，其 0~15 的数据对照表如表 2-6 所示。

表 2-6　几种进位计数制对照表

| 十进制数 | 二进制数 | 八进制数 | 十六进制数 | 十进制数 | 二进制数 | 八进制数 | 十六进制数 |
|---|---|---|---|---|---|---|---|
| 0 | 0 | 0 | 0 | 8 | 1000 | 10 | 8 |
| 1 | 1 | 1 | 1 | 9 | 1001 | 11 | 9 |
| 2 | 10 | 2 | 2 | 10 | 1010 | 12 | A |
| 3 | 11 | 3 | 3 | 11 | 1011 | 13 | B |
| 4 | 100 | 4 | 4 | 12 | 1100 | 14 | C |
| 5 | 101 | 5 | 5 | 13 | 1101 | 15 | D |
| 6 | 110 | 6 | 6 | 14 | 1110 | 16 | E |
| 7 | 111 | 7 | 7 | 15 | 1111 | 17 | F |

### 2.2.2　不同进制数之间的转换

**1. 二进制数、八进制数、十六进制数转换成十进制数**

二进制数、八进制数和十六进制数转换成十进制数的方法比较简单，其转换方法就是将其定义式按"权"展开计算，其结果就是十进制数。

**【例 2-2】** 将下列带小数部分的数转换成十进制数：$(11010.101)_2$、$(762.16)_8$、$(1BF3.A)_{16}$。

**解：**

$$(11010.101)_2 = 1 \times 2^4 + 1 \times 2^3 + 0 \times 2^2 + 1 \times 2^1 + 0 \times 2^0 + 1 \times 2^{-1} + 0 \times 2^{-2} + 1 \times 2^{-3} = (26.625)_{10}$$

$$(762.16)_8 = 7 \times 8^2 + 6 \times 8^1 + 2 \times 8^0 + 1 \times 8^{-1} + 6 \times 8^{-2} = (498.21875)_{10}$$

$$(1BF3.A)_{16} = 1 \times 16^3 + 11 \times 16^2 + 15 \times 16^1 + 3 \times 16^0 + 10 \times 16^{-1} = (7155.625)_{10}$$

**2. 十进制数转换成二进制数**

数制转换应遵循如下规则：如果两个有理数相等，则这两个数的整数部分和小数部分一定分别相等。把十进制数转换成二进制数，一般分为两个步骤，即整数部分的转换与小数部分的转换。

（1）十进制整数转换成二进制整数

任意的十进制整数 $S$ 转换为二进制数时需要使用"除以 2 取余数法"，用"除以 2 取余数法"求出的余数序列有这样一种规律：先求出的是二进制的低位数，后求出的是高位数。抄写结果时，要从下往上抄，因此称为"倒取余"。

**【例 2-3】** 将十进制数 35 转换为二进制数。

**解：**

$$
\begin{array}{r|l}
 & \text{余数} \qquad \text{低位} \\
2 \lfloor 35 & \cdots\cdots\ 1 = a_0 \\
2 \lfloor 17 & \cdots\cdots\ 1 = a_1 \\
2 \lfloor 8 & \cdots\cdots\ 0 = a_2 \\
2 \lfloor 4 & \cdots\cdots\ 0 = a_3 \\
2 \lfloor 2 & \cdots\cdots\ 0 = a_4 \\
2 \lfloor 1 & \cdots\cdots\ 1 = a_5 \\
0 & \qquad\qquad \text{高位}
\end{array}
$$

所以，$(35)_{10} = (a_5 a_4 a_3 a_2 a_1 a_0)_2 = (100011)_2$。

（2）十进制小数转换成二进制小数

将十进制小数转换成相应的二进制小数可以采用"乘以 2 取整数法"。

【例 2-4】 将十进制小数 0.687 5 转换为二进制小数。

**解：**

$$
\begin{array}{ll}
0.687\,5 \times 2 = 1.375\,0 & [\,\text{减}\,1\,] \quad \text{整数部分 1} \quad \text{高位} \\
0.375 \times 2 = 0.750 & [\,\text{减}\,0\,] \quad \text{整数部分 0} \\
0.75 \times 2 = 1.50 & [\,\text{减}\,1\,] \quad \text{整数部分 1} \\
0.5 \times 2 = 1.0 & [\,\text{减}\,1\,] \quad \text{整数部分 1} \quad \text{低位}
\end{array}
$$

所以，$(0.6875)_{10} = (0.1011)_2$。

注意：用"乘以 2 取整数法"进行十进制小数向二进制小数转换时，先求出来的是二进制小数的高位，后求出来的是低位，在抄写结果时直接从上往下抄就可以了。

**3. 十进制数转换成八进制数和十六进制数**

与十进制数转换成二进制数相似，十进制数转换成八进制数时可以使用"除以 8 取余数法"和"乘以 8 取整数法"；转换成十六进制数时可以使用"除以 16 取余数法"和"乘以 16 取整数法"。

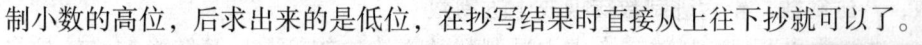

视频

2-3

十进制转八、十六进制

【例 2-5】 将十进制数 489.218 75 转换为八进制数。

**解：**第一步，先用"除以 8 取余数法"求相对应的八进制数的整数部分：

$$
\begin{array}{r|l}
 & \text{余数} \qquad \text{低位} \\
8 \lfloor 498 & \cdots\cdots\ 2 \\
8 \lfloor 62 & \cdots\cdots\ 6 \\
8 \lfloor 7 & \cdots\cdots\ 7 \\
0 & \qquad\qquad \text{高位}
\end{array}
$$

则 $(489)_{10} = (762)_8$。

第二步，再用"乘以 8 取整数法"求相对应的八进制数的小数部分：

$$
\begin{array}{ll}
0.218\,75 \times 8 = 1.750\,00 & [\,\text{减}\,1\,] \quad \text{整数部分 1} \\
0.75 \times 8 = 6.00 & [\,\text{减}\,6\,] \quad \text{整数部分 6}
\end{array}
$$

则 $(0.218\,75)_{10} = (0.16)_8$。

因此，$(489.218\,75)_{10} = (762.16)_8$。

【例 2-6】 将十进制数 7 155.625 转换为十六进制数。

**解**：第一步，先用"除以 16 取余数法"求相对应的十六进制数的整数部分：

$$
\begin{array}{r}
\phantom{16|}\text{余数}\quad\text{低位}\\
16\,|\,7155\ \cdots\cdots\ 3\\
16\,|\,447\ \cdots\cdots\ 15\,(F)\\
16\,|\,27\ \cdots\cdots\ 11\,(B)\\
16\,|\,1\ \cdots\cdots\ 1\\
\hline
0\qquad\qquad\text{高位}
\end{array}
$$

则 $(7\,155)_{10}=(1BF3)_{16}$。

第二步，用"乘以 16 取整数法"求相对应的十六进制数的小数部分：

$$
\begin{array}{r}
0.625\\
\times\quad 16\\
\hline
10.000\qquad\qquad\text{整数部分}\quad 10\,(A)
\end{array}
$$

则 $(0.625)_{10}=(0.A)_{16}$。

因此，$(7\,155.625)_{10}=(1BF3.A)_{16}$。

**4. 二进制、八进制、十六进制数之间的相互转换**

二进制数向八进制数转换时，应先将二进制数从小数点开始，分别向左和向右每三位二进制数划分为一组（如果位数不足三位可以补零），然后按照表 2-6 中二进制数和八进制数的对应关系，写出与每一组二进制数等值的八进制数，小数点的位置保持不变，就可以得到转换后的八进制数。例如：

$$(11010001.00101)_2 \rightarrow \underline{011}\ \underline{010}\ \underline{001}\ .\ \underline{001}\ \underline{010}$$

则 $(11010001.00101)_2=(321.12)_8$。

位数不足三位时补零的原则是不改变原来数据的大小，即在二进制整数的高位不足三位补零时要补在高位的前面；在二进制小数的低位不足三位时补零要补在低位的后面。

二进制数转换成十六进制数的方法与二进制数转换成八进制数的方法类似，只是需要从小数点开始分成四位一组。例如：

$$(1010111110.10111)_2 \rightarrow \underline{0010}\ \underline{1011}\ \underline{1110}\ .\ \underline{1011}\ \underline{1000}$$

则 $(1010111110.10111)_2=(2BE.B8)_{16}$。

将八进制数转换成二进制数时，只需要把八进制数的每一位数字转换成对应的三位二进制数即可；将十六进制数转换成二进制数时，只需将十六进制数的每一位数字转换成对应的四位二进制数即可。例如：

$$(321.12)_8 \rightarrow \underline{011}\ \underline{010}\ \underline{001}\ .\ \underline{001}\ \underline{010}$$

去掉最左边和最右边的零（中间零不可省），可得 $(321.12)_8=(11010001.00101)_2$。

$$(2BE.B8)_{16} \rightarrow \underline{0010}\ \underline{1011}\ \underline{1110}\ .\ \underline{1011}\ \underline{1000}$$

去掉最左边和最右边的零，可得 $(2BE.B8)_{16}=(1010111110.10111)_2$。

在把一个十进制数转换成二进制数时，若直接用"除以 2 取余数法"和"乘以 2 取整数法"求解，运算过程显得比较麻烦，也容易出错。通常，可以先将十进制数转换成八进制数（或十六进制数），然后再转换成对应的二进制数。这样做虽然貌似增加了运算环节，但运算过程反而会简单很多。

同理，八进制数与十六进制数之间的相互转换也可以借助于二进制数来实现。例如：

$$(321.12)_8 \rightarrow \underline{011}\ \underline{010}\ \underline{001}.\underline{001}\ \underline{010} \rightarrow \underline{1101}\ \underline{0001}.\underline{0010}\ \underline{1000} \rightarrow (D1.28)_{16}$$

### 2.2.3 二进制的运算

**1. 二进制算术运算**

二进制算术运算是位相关运算，即逢二进一、借一当二，规则如下。

（1）加法运算规则：

0+0=0   0+1=1   1+0=1   1+1=10（有进位）

（2）减法运算规则：

0-0=0  0-1=1（有借位） 1-0=1   1-1=0

**2. 二进制逻辑运算**

二进制逻辑运算是与进位无关的运算，又称位运算。位运算是经常用于判断和推理方面的一种运算，结果只能是"真"或"假"，用 0 表示假，1 表示真。基本的位运算包括逻辑与运算、逻辑或运算、逻辑非运算和逻辑异或运算。

（1）与运算（AND）规则

逻辑与相当于"并且"的意思，两个运算对象都为真时，结果为真；其他情况结果为假。

1 AND 0=0  1 AND 1=1   0 AND 0=0  0 AND 1=0

（2）或运算（OR）规则

逻辑或相当于"或者"的意思，两个运算对象只要有一个为真结果就为真，两个都为假时结果才为假。

1OR 0=1   1 OR 1=1   0 OR 0=0   0 OR 1=1

（3）非运算（NOT）规则

逻辑非是取反的意思，原来为真，逻辑非运算之后结果为假；原来为假，非运算之后结果为真。

NOT 1=0   NOT 0=1

（4）异或运算（XOR）规则

在做异或运算时，当两个运算对象值不同时，结果为真，值相同时结果为假。

1XOR 0=1   1 XOR 1=0   0 XOR 0=0  0 XOR 1=1

### 2.2.4 有符号数的机器数表示方法

在计算机中，无论是数值还是符号，都只能用 0 和 1 来表示。在表示有符号数时，通常专门用数的最高位作为符号位，用 0 表示正数，1 表示负数。这种在计算机中使用的、连同符号位一起数字化的数，称为机器数。机器数所表示的真实值，称为真值。

对于有符号数，机器数有原码、反码和补码三种表示方法。机器数的长度固定，通常是 8 位、16 位、32 位或 64 位等。

**1. 原码**

计算机中通常用符号位表示数值的正负符号。符号位一般占用二进制最高位，用"0"表示正数，用"1"表示负数。本节以 8 位二进制机器数（占 1 字节）为例讨论问题，除最高位表示符号位外，还有 7 位是数值位。图 2-8 是二进制数原码的两个例子：

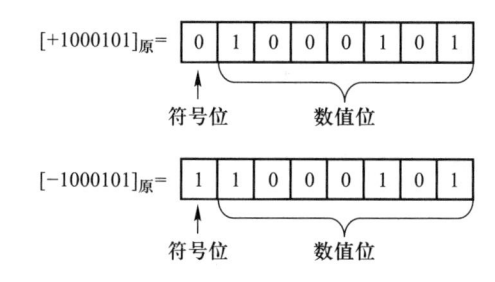

图 2-8 二进制原码示例

实际上，二进制原码只需将二进制数的符号位用 0（正数）或 1（负数）代替即可，但原来省写的高位零也要填上。例如，1001 的原码是 00001001，其中最高位的 "0" 表示正号，其余 7 位表示的是数值；-1001 的原码是 10001001，其中最高位的 "1" 表示负号，其余 7 位表示的是数值。

机器数所对应的实际值称为机器数的真值。例如，机器数 01000101 和 11000101 的真值分别是 +69 和 -69。真值零的原码有正零和负零两种表示方法：

$$[+0]_原 = 00000000 \qquad [-0]_原 = 10000000$$

8 位二进制原码能表示的最大数是 $(01111111)_2 = (127)_{10}$，最小值是 $(11111111)_2 = (-127)_{10}$。

【例 2-7】 已知 $X_1 = 1111$，$X_2 = -1111$，求 $X_1$ 和 $X_2$ 的原码。

**解：**

$$[X_1]_原 = 00001111$$
$$[X_2]_原 = 10001111$$

**2. 反码**

反码的求法为，正数的反码与其原码相同；负数的反码是将除了符号位以外的每个二进制位求反，即符号位仍是 "1"，其余位原来是 "0" 的二进制位全变成 "1"，原来是 "1" 的二进制位全变成 "0"。

零的反码也有两种表示方法：

$$[+0]_反 = 00000000 \qquad [-0]_反 = 11111111$$

由于零的表示不唯一，因此 8 位反码所能表示的数据范围也是 -127 ~ +127。

【例 2-8】 已知 $X_1 = 1111$，$X_2 = -1111$，求 $X_1$ 和 $X_2$ 的反码。

**解：**

$$[X_1]_反 = [X_1]_原 = 00001111$$
$$[X_2]_反 = 11110000$$

**3. 补码**

补码的求法为，正数的补码与其原码相同；负数的补码是其反码加 1，简记为 "求反后加 1"。由于 $[+0]_补$ 和 $[-0]_补$ 都是 00000000，因而 8 位的补码系统中能表示 $2^8$（128）个补码数，其值域为 $-2^7 ~ +2^7-1$，即 -128 ~ +127。

视频
2-4
补码

【例 2-9】 已知 $X_1 = 1111$，$X_2 = -1111$，求 $X_1$ 和 $X_2$ 的补码。

**解：**

$$[X_1]_\text{补}=[X_1]_\text{原}=00001111$$

$$[X_2]_\text{补}=[X_2]_\text{反}+1=11110000+1=11110001$$

### 4. 利用补码做加、减法运算

对任意两个 8 位的二进制机器数（整数）$x$、$y$ 有

$$[x+y]_\text{补}=[x]_\text{补}+[y]_\text{补}$$

$$[x-y]_\text{补}=[x+(-y)]_\text{补}=[x]_\text{补}+[-y]_\text{补}$$

利用以上两式可以做加法和减法运算。

【例 2-10】 已知 $x=1010$，$y=10111$，利用补码的计算分别求 $x+y$ 和 $x-y$ 的值。

**解：**

$$
\begin{aligned}
{[x+y]_\text{补}} &= [x]_\text{补}+[y]_\text{补} \\
&= 00001010+00010111 \\
&= 00100001
\end{aligned}
$$

则 $[x+y]_\text{原}=00100001$。

因此 $x+y$ 的真值是 $(100001)_2$，即 $(33)_{10}$。

减法可由加法实现：

$$
\begin{aligned}
{[x-y]_\text{补}} &= [x+(-y)]_\text{补}=[x]_\text{补}+[-y]_\text{补} \\
&= 00001010+11101001 \\
&= 11110011
\end{aligned}
$$

则 $[x-y]_\text{原}=10001101$。

因此 $x-y$ 的真值是 $(-1101)_2$，即 $(-13)_{10}$。

二进制为负时，由其补码求其原码，也是使用"求反后加 1"的方法。但要注意，只有补码为负时才能用"求反后加 1"的方法，且符号位保持不变；补码为正时，原码与补码相同。

### 5. 溢出问题

当计算机采用不同的码制时，运算器和存储器的结构将会有所不同。采用原码形式的计算机称为原码机，类似的有反码机和补码机。目前，各种微型计算机基本上都是采用补码的形式进行存储和计算的，原因是补码的加减法运算简单，可以把减法运算转化成加法运算，而且可以带符号位一起运算，运算后还能自动获取正确结果。

在补码表示系统中，能表示的数据范围是有限的，8 位模式表示范围为 $-128\sim127$，当计算得到了超出这个范围的数时就不能被正确表示出来，例如在计算 127+2 时，得到的结果为 $-127$，这种现象称为溢出（overflow）。因此溢出就是指计算得出的数值超出了可以表示的数值范围。使用二进制补码计算时，如果改变了符号位，就发生了溢出。两个正数相加或两个负数相加都可能会出现这种情况，因此通过检查符号位就可以发现溢出，如果两个正数相加得到了负数，或者两个负数相加得到了正数，那么就一定发生了溢出。

计算机中的数据是以字节为单位来存储的，如果数值小的用 1 字节存储，数值大的用多字节存储，这种变长存储方式会使计算复杂化，因为在计算时需要对每个数据进行长度判断。因此，所有程序设计语言都提供了非常丰富的数据类型，在程序设计时先要定义数据类型，同一类型数据采用统一存储长度，这样虽然会浪费一些存储空间，但提高了运算速度。这就

是计算机科学中常用的"以空间换时间"的计算思维方式。

在设计程序时一定要注意数值的范围，比如，16 位二进制补码在表示一个整数时，数值范围为-32 768~32 767，如果使用的数据超出了这个范围，就应该选用更多位数的整数类型，或者选用浮点数类型来表示。

### 2.2.5　数的定点表示和浮点表示

对于小数，如果小数点固定在某一位置，则称为定点表示法；如果小数点位置可以任意移动，则称为浮点表示法。

**1. 定点数**

常用的有两种定点数。小数点固定于最低位的右边的数称为整数，小数点固定于数的左端，称为小数。定点数表示形式如图 2-9 所示。

定点数可以带符号，有时也可以不带符号，如表示逻辑量或某些特征值等。

**2. 浮点数**

一个数的浮点形式可写成

$$S = M \cdot R^E$$

其中，$M$ 代表尾数，$E$ 代表阶码，$R$ 代表基数（如 2、4、8 或 16 等）。由于 $R$ 是常数（在计算机中 $R=2$），不需要明确写出来，因此浮点数只需要用 $M$ 和 $E$ 来表示就可以了。一般情况下浮点数的表示形式如图 2-10 所示。

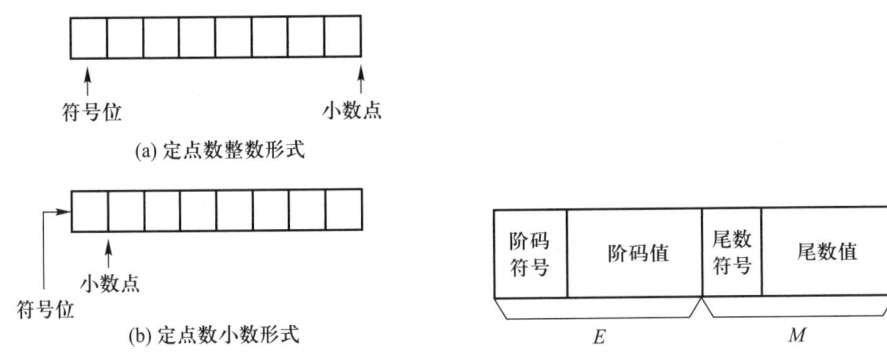

(a) 定点数整数形式

(b) 定点数小数形式

图 2-9　定点数表示形式

| 阶码符号 | 阶码值 | 尾数符号 | 尾数值 |
|---|---|---|---|

图 2-10　浮点数表示形式

浮点数的精度由尾数 $M$ 决定，数的值域由基数 $R$ 和阶码 $E$ 决定。浮点数与科学记数法有相似之处，如电子质量为 $0.9 \times 10^{-27}$g，这里 $M=0.9$，$R=10$，$E=-27$。但电子质量也可以表示成 $9 \times 10^{-28}$g、$900 \times 10^{-30}$g、$0.09 \times 10^{-26}$g 等。为了避免这种同一个数表示形式多样化的问题，计算机中的浮点数均采用规格化的形式，它要求尾数 $M$ 满足

$$\frac{1}{2} \leqslant |M| < 1$$

即尾数 $M$ 的整数部分为零（无整数部分），且小数点右边第一位一定不为零。

例如，二进制数-1101B $= -0.1101\text{B} \times 2^4$ 的浮点表示形式如图 2-11 所示。

二进制浮点数的特征为，尾数的位数决定数的精度，阶码的位数决定数的范围。

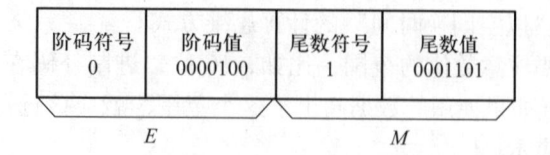

| 阶码符号<br>0 | 阶码值<br>0000100 | 尾数符号<br>1 | 尾数值<br>0001101 |
|---|---|---|---|
| $E$ | | $M$ | |

图 2-11    二进制浮点数的表示

当浮点数的尾数 $M$ 为零或阶码 $E$ 为最小值时，机器通常把该数当作零（称为机器零）。当一个数的阶码大于机器能表示的最大阶码时，产生上溢，这时系统会转到溢出中断处理；当一个数的阶码小于机器所能表示的最小阶码时，产生下溢，下溢时一般当作零来处理。

**3. 二进制小数的截断误差**

（1）浮点数因存储空间不够引起的截断误差

二进制浮点数存储时，如果尾数存储空间不够，会导致部分小数丢失。可以使用较长的尾数域，减少截断误差。

**【例 2-11】**    二进制数 10.101 存储为 8 位浮点数时，将引起截断误差。

$$10.101 = 0.10101 \times 2^2$$

阶码符号和尾数符号都为正，用 0 表示，阶码为 2，为二进制的 10，尾数为 10101。用 8 位浮点数存储时，尾数域为 4 位，放不下 5 位，所以最后一位丢失，如图 2-12 所示。

| 0 | 10 | 0 | 1010 | 1(最后一位丢失) |
|---|---|---|---|---|

图 2-12    二进制小数存储引起的截断误差

（2）数值转换引起的截断误差

截断误差的另外一个来源是无穷展开式。比如在将十进制小数转换成二进制时，不能保证一定能进行精确转换，如十进制数 0.8 转换为二进制时，结果为一个无穷展开式：0.11001100…，在这种情况下，通常可根据精度要求取近似值，或采用 0 舍 1 入的规则。

# 2.3　文本型数据的表示

计算机中的信息均是用 0 和 1 表示的。采用二进制 0 和 1 可以表示数值型信息，如整数、小数，通过编码 0 和 1 也可以表示非数值型信息，如文字、图片。本节介绍如何表示文本型的数据。

视频
2-5
信息的表示

## 2.3.1　编码的概念

编码就是将 0、1 串或符号串赋予语义，按照某种规则进行排列，不同的排列就可以代表不同的信息。编码是信息从一种形式按照某种规则或格式转换为另一种形式的过程，解码是编码的逆过程。编码在生活中随处可见，例如灯语、旗语、电报码、联络暗号、学号、条形码和二维码等都包含编码的思想。

编码都要遵循一定的编码规则。以学号 150202140101 为例，12 位的学号中前两位表示入学年份，第 3、4 位表示所在二级学院，第 5、6、7 位表示系，第 8 位表示学制年限、第 9、10 位表示班级、第 11、12 位表示班内序号。知道了这个规则，就可以从学号中了解学生的相关信息。

编码具有三个主要特征，即唯一性、时空性、易于记忆，有一定的规律。

### 2.3.2 常用编码

#### 1. BCD 码

BCD 码（binary coded decimal）是用 4 位二进制数表示 1 位十进制数的一种编码，又称二-十进制编码。用 BCD 码可以快速地实现二进制和十进制之间的转换，十进制数字和对应 BCD 码的关系如表 2-7 所示。

**表 2-7　十进制数与 BCD 码的关系**

| 十进制数 | 0 | 1 | 2 | 3 | 4 | 5 | 6 | 7 | 8 | 9 |
|---|---|---|---|---|---|---|---|---|---|---|
| BCD 码 | 0000 | 0001 | 0010 | 0011 | 0100 | 0101 | 0110 | 0111 | 1000 | 1001 |

#### 2. ASCII 码

ASCII 码（American standard code for information interchange，美国信息交换标准码）是用 7 位二进制数表示一个常用符号的一种编码。ASCII 码可以表示 128 个通用符号，其中包括 52 个英文字母、10 个数字字符、32 个通用控制符和 34 个专用字符，如标点符号等。例如小写字母 a 的 ASCII 码值为 97，大写字母 A 的 ASCII 码值为 65，数字字符 0 的 ASCII 码值为 48，如图 2-13 所示。

一位的二进制数码有两种组合，$i$ 位的二进制数码可以有 $2^i$ 种组合。考虑到计算机存储数据以字节为单位的特点，把一个符号用 8 位二进制来表示，可以表示 256 个字符，将 7 位的 ASCII 码扩展为 8 位，后 128 个字符称为扩展 ASCII 码。国际标准化组织开发了大量扩展的 ASCII 码，每种扩展都针对某一主要语种设计，主要用于显示现代英语和其他西欧语言，但是扩展 ASCII 码的容量仍然有限，不能支持多数的亚洲和非洲语言，其次针对某一语言的单一扩展也限制了它的国际化使用。目前计算机行业广泛采用的编码是 Unicode 编码。

#### 3. Unicode 码

Unicode 码是为解决传统字符编码方案的局限性而产生的，它为每种语言的每个字符设定了唯一的二进制编码，以满足跨语言、跨平台进行文本转换和处理的要求，而且 Unicode 字符集兼容 ASCII 字符。Unicode 码在 1990 年开始研发，1994 年正式公布。Unicode 码采用 16 个二进制位来表示一个符号，因此可以表示 65 536 个不同的符号，足以容纳世界上所有文字和符号的字符编码，实现了所有字符在同一字符集中的统一编码。目前，计算机的操作系统内部基本上采用的都是 Unicode 字符集编码，而且在程序中需要处理中文字符时，通常选用 Unicode 码会非常方便地解决问题。

| 高四位 | | ASCII非打印控制字符 | | | | | | | | | | ASCII打印字符 | | | | | | | | | | | | |
|---|---|---|---|---|---|---|---|---|---|---|---|---|---|---|---|---|---|---|---|---|---|---|---|---|
| | | 0000 | | | | | 0001 | | | | | 0010 | | 0011 | | 0100 | | 0101 | | 0110 | | 0111 | | |
| | | 0 | | | | | 1 | | | | | 2 | | 3 | | 4 | | 5 | | 6 | | 7 | | |
| 低四位 | | 十进制 | 字符 | ctrl | 代码 | 字符解释 | 十进制 | 字符 | ctrl | 代码 | 字符解释 | 十进制 | 字符 | 十进制 | 字符 | 十进制 | 字符 | 十进制 | 字符 | 十进制 | 字符 | 十进制 | 字符 | ctrl |
| 0000 | 0 | 0 | BLANX NULL | ^@ | NUL | 空 | 16 | ► | ^P | DLE | 数据链路转意 | 32 | | 48 | 0 | 64 | @ | 80 | P | 96 | ` | 112 | p | |
| 0001 | 1 | 1 | ☺ | ^A | SOH | 头标开始 | 17 | ◄ | ^Q | DC1 | 设备控制1 | 33 | ! | 49 | 1 | 65 | A | 81 | Q | 97 | a | 113 | q | |
| 0010 | 2 | 2 | ☻ | ^B | STX | 正文开始 | 18 | ↕ | ^R | DC2 | 设备控制2 | 34 | '' | 50 | 2 | 66 | B | 82 | R | 98 | b | 114 | r | |
| 0011 | 3 | 3 | ♥ | ^C | ETX | 正文结束 | 19 | ‼ | ^S | DC3 | 设备控制3 | 35 | # | 51 | 3 | 67 | C | 83 | S | 99 | c | 115 | s | |
| 0100 | 4 | 4 | ♦ | ^D | EOT | 传输结束 | 20 | ¶ | ^T | DC4 | 设备控制4 | 36 | $ | 52 | 4 | 68 | D | 84 | T | 100 | d | 116 | t | |
| 0101 | 5 | 5 | ♣ | ^E | ENQ | 查询 | 21 | ∮ | ^U | NAK | 反确认 | 37 | % | 53 | 5 | 69 | E | 85 | U | 101 | e | 117 | u | |
| 0110 | 6 | 6 | ♠ | ^F | ACK | 确认 | 22 | ▬ | ^V | SYN | 同步空闲 | 38 | & | 54 | 6 | 70 | F | 86 | V | 102 | f | 118 | v | |
| 0111 | 7 | 7 | ● | ^G | BEL | 震铃 | 23 | ↨ | ^W | ETB | 传输块结束 | 39 | ' | 55 | 7 | 71 | G | 87 | W | 103 | g | 119 | w | |
| 1000 | 8 | 8 | ◘ | ^H | BS | 退格 | 24 | ↑ | ^X | CAN | 取消 | 40 | ( | 56 | 8 | 72 | H | 88 | X | 104 | h | 120 | x | |
| 1001 | 9 | 9 | ○ | ^I | TAB | 水平制表符 | 25 | ↓ | ^Y | EM | 媒体结束 | 41 | ) | 57 | 9 | 73 | I | 89 | Y | 105 | i | 121 | y | |
| 1010 | A | 10 | ◙ | ^J | LF | 换行/新行 | 26 | → | ^Z | SUB | 替换 | 42 | * | 58 | : | 74 | J | 90 | Z | 106 | j | 122 | z | |
| 1011 | B | 11 | ♂ | ^K | VT | 竖直制表符 | 27 | ← | ^[ | ESC | 转意 | 43 | + | 59 | ; | 75 | K | 91 | [ | 107 | k | 123 | { | |
| 1100 | C | 12 | ♀ | ^L | FF | 换页/新页 | 28 | ∟ | ^\ | FS | 文件分隔符 | 44 | , | 60 | < | 76 | L | 92 | \ | 108 | l | 124 | \| | |
| 1101 | D | 13 | ♪ | ^M | CR | 回车 | 29 | ↔ | ^] | GS | 组分隔符 | 45 | - | 61 | = | 77 | M | 93 | ] | 109 | m | 125 | } | |
| 1110 | E | 14 | ♫ | ^N | SO | 移出 | 30 | ▲ | ^6 | RS | 记录分隔符 | 47 | . | 62 | > | 78 | N | 94 | ^ | 110 | n | 126 | ~ | |
| 1111 | F | 15 | ☼ | ^O | SI | 移入 | 31 | ▼ | ^- | US | 单元分隔符 | 47 | / | 63 | ? | 79 | O | 95 | _ | 111 | o | 127 | △ | ^Back space |

图 2-13　标准 ASCII 表

### 2.3.3　汉字编码

汉字编码是为汉字设计的一种便于输入计算机的代码。由于电子计算机现在使用的输入键盘与英文打字机键盘完全兼容，因此如何输入非拉丁字母的文字（包括汉字）便成了多年来人们研究的课题，其中编码是关键。不解决这个问题，汉字就不能进入计算机。

汉字是象形文字，数量庞大、字形复杂，编码比较困难，而且在一个汉字处理系统中，输入、内部处理、输出对汉字编码的要求不尽相同，因此要进行一系列的汉字编码及转换。根据应用目的不同，汉字编码分为输入码（外码）、国标码（交换码）、机内码和字形码。

**1. 汉字内码**

汉字内码主要解决的是汉字在计算机内部的存储问题。计算机内部处理的信息，都是用二进制代码表示的，汉字也不例外。而二进制代码表示起来很不方便，于是需要采用信息交换码。

（1）国标码

GB 2312 或 GB 2312—80，是由中国标准总局在 1980 年制定发布的中华人民共和国国家标准汉字信息交换用编码，全称为《信息交换用汉字编码字符集 基本集》，即国标码，1981年 5 月 1 日开始实施。GB 2312—80 码是一个简化字汉字的编码，通行于中国大陆地区，新加坡等地也使用这一编码。

GB 2312—80 收录简化汉字及一般符号、序号、数字、拉丁字母、日文假名、希腊字母、俄文字母、汉语拼音符号、汉语注音字母，共 7 445 个图形字符。其中一级汉字 3 755 个，二级汉字 3 008 个，还有非汉字图形符号 682 个。

GB 2312—80 将代码表分为 94 个区（section），对应第一字节；每个区 94 个位（position），对应第二字节。两个字节的值，分别为区号值和位号值。GB 2312—80 规定，01～09 区为符号、数字区，16～87 区为汉字区，而 10～15 区、88～94 区是有待于"进一步标准化"的"空白位置"区域。第一级汉字是常用汉字，置于 16～55 区，按汉语拼音字母/笔形顺序排列；第二级汉字是次常用汉字，置于 56～87 区，按部首/笔画顺序排列。字音以普通话审音委员会发表的《普通话异读词三次审音总表初稿》为准，字形以中华人民共和国文化部、中国文字改革委员会公布的《印刷通用汉字字形表》为准。

每个汉字的区号和位号分别用 1 字节来表示，如"大"字的区号是 20，位号是 83，区位码是 2083，用 2 字节表示为 00010100 01010011。

（2）国标交换码

由于在信息通信中，汉字的区位码与通信使用的控制码（00H～1FH）发生冲突。为了避免汉字区位码与通信控制码的冲突，ISO 2022 规定，必须对每个汉字的区号和位号分别加上 32［即 20H（H 表示十六进制）］，经过这样处理得到的代码称为汉字的"国标交换码"（简称交换码）。因此，"大"字的交换码是 00110100 01110011。

（3）机内码

在日常信息处理中，文本中的汉字与西文字符经常是混合在一起使用的，如果汉字信息不予以特别的标识，它与单字节的 ASCII 码就会混淆不清。为解决这个问题，把一个汉字看作两个扩展 ASCII 码，使表示 GB 2312 汉字的 2 字节的最高位都等于"1"（80H）。这种高位为 1 的双字节（16 位）汉字编码就称为 GB 2312 汉字的"机内码"，又称内码。

例如："大"字的内码是 10110100 11110011。

汉字的区位码、国标码、机内码有如下关系。

① 国标码＝区位码+2020H。

② 机内码＝国标码+8080H＝区位码+A0A0H。

③ 汉字机内码双字节，最高位是 1；西文字符机内码单字节，最高位是 0。

（4）GBK 汉字内码扩展规范。GB 2312—80 只有 6 763 个汉字，使用时功能不够。1995 年发布 GBK，全称为《汉字内码扩展规范》。GBK 字符集中一共有 21 003 个汉字和 883 个图形符号，它与 GB 2312 国标汉字字符集及其内码保持兼容。

GBK/1：收录 GB 2312 中的全部符号，还有小写罗马数字等符号共计 717 个。

GBK/2：收录 GB 2312 全部汉字 6 763 个，按原顺序排列。

GBK/4 和 GBK/3：收录包括繁体字、部首在内的大量汉字。

GBK/5：收录非汉字符号等共计 166 个。

**2. 汉字输入码**

由于汉字字数很多，无法使每个汉字与键盘上的键一一对应，因此必须使用一个或几个键来表示一个汉字，这就称为汉字的"输入码"。

好的汉字键盘输入编码方案的特点：易学习、易记忆、效率高（平均击键次数较少）、重码少、容量大（可输入的汉字字数多）等。目前常用的输入码包括数字编码、字音编码、字形编码和形音编码。使用不同的输入编码方法向计算机输入同一个汉字，它们的内码是相同的。

（1）数字编码

使用一串数字来表示汉字的编码方法，例如电报码、区位码等。这种编码方式简单，但难以记忆，不易推广。

（2）字音编码

一种基于汉语拼音的编码方法，简单易学，适合于非专业人员，但同音字引起的重码多，需增加选择操作。

（3）字形编码

将汉字的字形分解归类而给出的编码方法，重码少、输入速度较快，但编码规则不易掌握，如五笔字型法和表形码等。

（4）形音编码

吸取了字音编码和字形编码的优点，以拼音（通常为拼音首字母或双拼）加上汉字笔画或者偏旁的方式编码。编码规则适当简化、重码减少，但不易掌握，如二笔输入法等。

目前还有联机手写识别、语音识别及印刷体汉字识别等输入方式。

**3. 汉字字形码**

ASCII 码、GB 2312—80 码等解决了信息的存储、传输、计算、处理等问题；但是在对字符进行显示和打印输出时，则需要对字形进行编码。汉字字形码又称汉字字模，用于汉字的显示输出或打印输出。通常将所有字形编码的集合称为字库，计算机中有几十种中英文字库。字形编码有点阵字形和矢量字形两种类型。

（1）点阵字形编码

点阵字形是将每个字符分成 $16 \times 16$（或其他分辨率）的点阵图像，然后用图像点的有无（一般为黑白）表示字形的轮廓。缺点是不能放大，放大后字符边缘会出现锯齿现象。

字模点阵码就是用 0 和 1 的不同组合表征汉字字形信息的编码。$16 \times 16$ 点阵码为 32 字节码，$24 \times 24$ 点阵码为 72 字节码，例如汉字"大"的 $16 \times 16$ 的字模点阵码如图 2-14 所示。

```
0000001100000000
0000001100000000
0000001100000000
1111111111111111
0000001100000000
0000001100000000
0000001100000000
0000001100000000
0000001110000000
0000011001000000
0000110000100000
0001100000110000
0010000000011000
0010000000001110
1100000000000100
```

图 2-14　字模点阵图

（2）矢量字形编码

矢量字形保存每个字符的数学描述信息，如笔画的起始、终止坐标，半径、弧度等。显示和打印矢量字形时，要经过一系列的运算才能输出结果。矢量字形可以无限放大，笔画轮廓仍然保持圆滑。Windows 中绝大部分为矢量字形，只有很小的字符采用点阵字形。

True Type 是 Apple（苹果）和 Microsoft（微软）公司提出的字形技术，Windows 矢量字库保存在 C:\Windows\fonts 目录下，如点阵字库的文件扩展名为 FON，矢量字库的文件扩展名为 TTF。

# 2.4　图像的表示

所有数据信息在计算机内部都是用二进制表示的，同样，图形图像在计算机内部也是用二进制表示的。那么，一幅图像是如何变成二进制存放到计算机内部的呢？这就需要对图像进行数字化处理，通常包括采样、量化和编码。现在由于日常处理的图像都是由数码相机、智能手机拍照获得，得到的就是数字化的图像。同样，经过扫描仪得到的图像也是数字化的图像，即由硬件设备完成了数字化的全过程，因此在大多数的情况下采样和量化的过程已经体现不出来了。本节主要介绍图像的编码方式。

## 2.4.1　位图图像的编码

图像可以被看作由 $m$ 行 $n$ 列的网格构成的，每个格内填充同样的颜色，网格越小图像质量就越好，把构成图像的每个网格称为像素。$m$ 行 $n$ 列的像素矩阵就可以表示整个图像，这样的图像称为位图图像或点阵图像，如图 2-15 所示。这个图像包含的像素数目就是 $m×n$，也称图像分辨率，例如 640×480 像素，通常用来描述图像的大小。还有另一种分辨率指单位长度内包含的像素点数，单位为 DPI（dot per inch，点/英寸）或 PPI（pixels per inch），称为显示分辨率更为确切。

图 2-15　带网格的图像

图像的分辨率越高图像质量就越好，占用的存储空间也越大。图 2-16 展示了不同分辨率的显示效果。

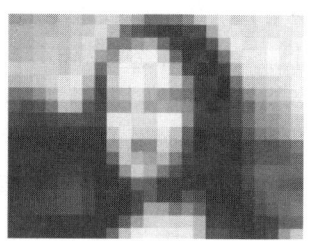

图 2-16　不同像素数目的显示效果

由于位图图像是由多个像素点组成的，所以当位图图像放大时，像素点会使线条和形状显得参差不齐，出现锯齿形状。

图像的数字化就是把每个网格的像素点以二进制的形式存储和表示，那么一个像素点需要几个二进制位呢？

### 2.4.2 每个像素的编码

**1. 黑白图像**

黑白图像的每个像素点不是黑就是白，用一个二进制位表示就可以了。

**2. 灰度图像**

灰度图像将白色与黑色之间的过渡灰色按对数关系分为若干亮度等级。一般亮度分为0~255 个等级，人眼对图像亮度的识别小于 64 个等级，图像中每个像素点的亮度值用 1 字节，即 8 个二进制位表示。

**3. 彩色图像**

彩色图像的一种编码方式为 RGB 模式，每个颜色都可以由红、绿、蓝（RGB）三种颜色按不同比例混合而成。RGB 颜色模式中每种颜色的取值范围为 0~255，所以表示一个像素点需要 3 字节。每个颜色分量的取值为 0~255，一共有 256 种可能。因此计算机中所能表示的颜色为 $256×256×256 = 16\,777\,216 = 16M$ 种，这也是 16M 色的由来，16M 色也叫真彩色 24 位。例如（255,0,0）表示红色，（0,255,0）表示绿色，（255,255,255）混合之后是白色，而（0,0,0）是黑色等。

一张分辨率为 $1\,080×1\,920$ 像素的图片按 RGB 模式存储需要 $1\,080×1\,920×24/8 = 6\,220\,800$ 字节，接近 6 MB 的存储空间，占用非常多的存储资源。为了节省存储空间，需要对图片进行压缩，压缩技术是图像处理的关键技术，不同的压缩技术对应不同的文件格式，例如 bmp、jpg/jpeg、gif、psd、png 等。

bmp 位图格式文件，占用空间大，在 Windows 环境中常用。

jpg/jpeg 格式文件，使用比较普遍，适用于处理 256 色以上的大幅面图像。

gif 格式文件在 Internet 上常用，256 色以内，占用空间小，便于网络传输。

### 2.4.3 矢量图形的编码

不同于位图图像，矢量图形可以任意放大而不失真。矢量图形（graphic）用直线或曲线描述图形。矢量图形采用特征点和计算公式对图形进行表示和存储。显示或打印矢量图形时，要经过一系列的数学运算才能输出图形。矢量图形主要应用于线框型图片、工程制图、二维动画设计、三维物体造型等。

很多软件制作的图形都是矢量图形，例如 Visio、AutoCAD、Flash CS、3ds Max 等。矢量图形可以转换为位图图像；但位图图像转换为矢量图形时效果很差，因为矢量图形难以表现色彩层次丰富的图像效果。也无法使用普通设备将图形输入到计算机中并矢量化，因此矢量图形在不同软件中交换困难。

### 2.4.4 二维码

现在广泛使用的二维码也是一种信息编码，编码的标准也有很多种。二维码可以分为堆叠式（行排式）二维条码和矩阵式二维条码。

　　堆叠式二维码的编码是建立在一维条码基础之上，按需要堆积成两行或多行。它在编码设计、校验原理、识读方式等方面继承了一维条码的一些特点，识读设备与条码印刷与一维条码技术兼容。但由于行数的增加，需要对行进行判定，其译码算法与软件也不完全等同于一维条码。有代表性的行排式二维条码有 Code 16K、Code 49、PDF417、MicroPDF 417 等。

　　矩阵式二维码是在一个矩形空间通过黑、白像素在矩阵中的不同分布进行编码。在矩阵相应元素位置上，用点（方点、圆点或其他形状）的出现表示二进制"1"，点的不出现表示二进制的"0"，点的排列组合确定了矩阵式二维条码所代表的意义。矩阵式二维条码是建立在计算机图像处理技术、组合编码原理等基础上的一种新型图形符号自动识读处理码制。具有代表性的矩阵式二维条码有 Data Matrix、Maxi Code、QR Code、Code One、Han Xin Code、Grid Matrix 等。

　　图 2-17 列出了常见的二维码形式。

图 2-17　不同标准的二维码

　　平时最常用的"扫一扫"的是 QR 码（quick response code），如图 2-18 所示，二维码的尺寸等级也不同，从 21×21 到 177×177 不等，表示的信息量也不同。每个 QR 二维码上有 3 个正方形定位标记，位于除右下角的三个角上，所以扫描时不需要必须正向扫码，扫码后软件会自动定位，除此还有辅助定位标记及定位线，定位标记旁边还有容错标记，容错等级也分多种，可以方便在图形模糊或不全时，根据扫描得到的部分结合容错标记计算出丢失的部分。在容错标记旁边还有掩码标记，这是为均衡图中的黑块和白块，起到美化二维码的作用。二维码中的数据编码不同于 ASCII，用完全不同的编码方式，有字符编码对照表，得到字符的编码，加上格式、个数等信息，然后按照一定的算法，得到对应的二进制编码，将二进制编码从矩阵的右下角开始一次填入图中，1 用黑色、0 用白色表示，形成最终的二维码图形。生成二维码的过程可以使用专业软件，不同的厂家都有自己的加密算法。从二维码读出信息的过程就是生成信息的逆过程。

　　二维码使用简单、方便，例如扫码查询、扫码支付、扫码下载、扫码跳转网站等，但是要非常注意二维码的使用安全，扫码之前一定要确认二维码的来源是安全的，否则可能会遭受经济损失。

图 2-18　中国铁路手机购票客户端

## 2.5　声音的表示

声音是以声波的形式传播的，连续光滑的声波曲线是模拟电信号，计算机处理声音就是把模拟信号转换为数字信号，即声音信息的数字化，需要经过采样、量化和编码等过程。

采样是指在模拟音频的波形上每隔一定的间隔取一个幅度值，单位时间内采样次数越多，数字信号就越接近原声。奈奎斯特采样定理称采样频率达到被测信号最高频率的 2 倍时，可以无失真地恢复原信号。人耳的听力范围为 20 Hz～20 kHz，所以采样频率为 40 kHz 时即可接近原声，目前常用声卡的采样频率达到了 44.1 kHz 或者更高。

量化是将采样得到的幅度值进行离散、分类并赋值的过程，量化精度一般用二进制衡量，如图 2-19 所示。若声卡量化位数为 16 位，就有 $2^{16}=65\,536$ 种量化等级，声卡多为 32 位量化精度。

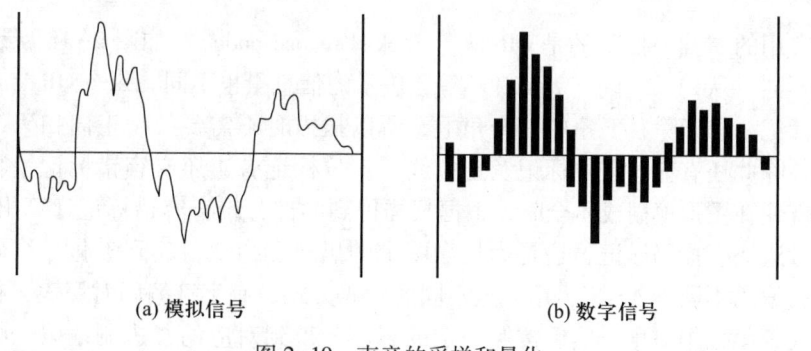

(a) 模拟信号　　　　　　　　　　　　　　(b) 数字信号

图 2-19　声音的采样和量化

编码是将量化后的整数值用二进制表示，将采集的原始数据按文件类型编码，如 WAV、MP3 等，再加上音频文件的头部就得到了一个数字音频文件，编码工作由声卡和音频处理软件共同完成。

数字音频信号可通过网络、光盘、数字话筒、MIDI 接口等输入计算机。

模拟音频信号输入计算机后，由声卡转换为数字信号。这一过程称为模/数（A/D）转换。

播放音频时通过播放软件将音频解压缩，经过音频芯片输出模拟音频信号，这一过程称为数/模（D/A）转换。

# 第 3 章
# 计算模型与计算原理

第 3 章电子教案

# 3.1 图灵机——计算机理论模型

阿兰·图灵（1912—1954 年），英国著名数学家、逻辑学家、密码学家，被称为计算机科学之父、人工智能之父。他是计算机逻辑的奠基者，提出了"图灵机"和"图灵测试"等重要概念。为纪念其在计算机领域的卓越贡献，美国计算机协会于 1966 年设立了"图灵奖"，专门奖励那些对计算机事业做出重要贡献的个人。尽管图灵奖的奖金数额不算高，但它却是计算机界最负盛名的奖项，有"计算机界诺贝尔奖"之称。

1936 年，阿兰·图灵提出了一种抽象的计算模型——图灵机（Turing machine）。所谓的图灵机不是一个具体的机器，而是指一个抽象的理论模型。图灵机提供了简单又强大的数学计算模型，用来计算所有能想象得到的可计算函数。它由一条无限长的纸带、一个读写头、一个状态变量以及一组规则组成，如图 3-1 所示。纸带分成了一个一个的均匀小方格，每个方格有不同的颜色。读写头可以在纸带上左右移动，并在每个方格上进行读写。状态变量保存当前状态，一组规则描述机器做什么。规则是根据当前状态和读写头看到的符号，决定机器做什么，结果可能是在纸带上写入一个符号，或改变状态，或把读写头移动一格，或者执行这些动作的组合，如图 3-2 所示。

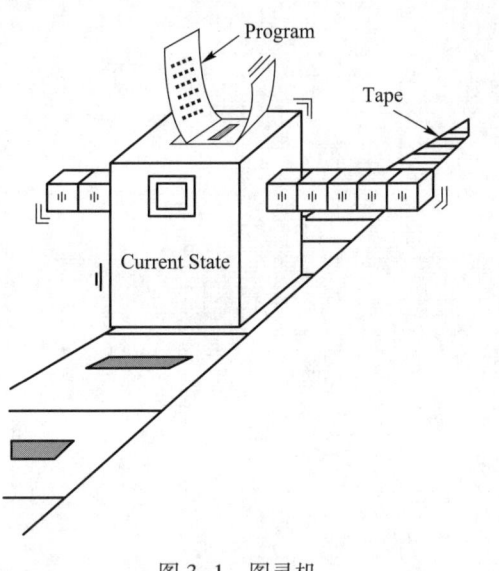

图 3-1 图灵机

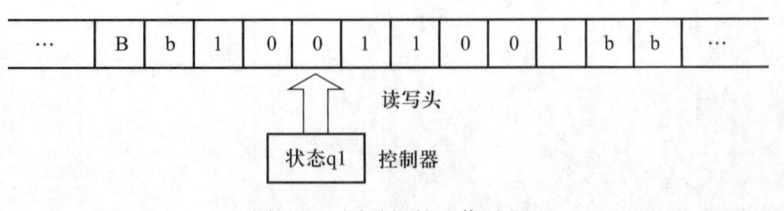

图 3-2 图灵机的工作过程

【例 3-1】　图灵机举例。

让图灵机读一个以零结尾的全 1 字符串，并计算 1 出现的次数是不是偶数，如果是，在纸带上写一个 1；如果不是，在纸带上写一个 0。

首先定义图灵机的规则，如表 3-1 所示。

表 3-1　图灵机的规则

| 状　　态 | 当 前 字 符 | 结　　果 |
| --- | --- | --- |
| even<br>start state | 1 | set state = "odd"<br>move head right |
| even | 0 | write a 1<br>set state = "halt" |
| odd | 1 | set state = "even"<br>move head right |
| odd | 0 | write a 1<br>set state = "halt" |

设置起始状态为 even，假设把字符串"110"放在纸带上，这里有两个 1，是偶数。现在就可以运行这个图灵机了。按照当前状态和当前的字符，根据表 3-1 的规则决定做什么。

起始状态为"even"，当前字符为 1，符合第一行的规则，所以执行对应的步骤，将状态设置为"odd"，读写头向右移动一格；现在当前字符为 1，状态为"odd"，所以执行第 3 行规则，设置机器状态为"even"，读写头向右移动一格；现在，当前字符为 0，当前状态为"even"，符合第 2 行的规则，执行"write a 1"，即在纸带的当前位置写入 1。这样原来纸带上的 110 就变为 111 了。同时改变机器状态为"halt"，即停机的意思。这就是图灵机的简单工作原理。

图灵证明了如果有足够的时间和内存，这个简单的假想机器可以执行任何计算。它是一台通用计算机，只要有足够的规则、状态和纸带，可以创造任何东西，这里的规则可以理解为程序。

图灵机模型将输入集合、输出集合、内部状态、程序结合成一种抽象计算模型，可以精确定义可计算函数。可以将多个图灵机组合，用简单的图灵机构造出复杂的图灵机，因此一切可能的机械式计算过程都可以由图灵机实现。图灵机模型为计算机的发展奠定了理论基础。

# 3.2　冯·诺依曼型计算机

世界上第一台电子计算机 ENIAC 是采用电子线路研制的通用计算机，虽然它采用了当时先进的电子技术，但是在结构上还是根据机电系统设计的，因此存在着线路结构等问题。数学家冯·诺依曼根据图灵对于现代数字计算机的设想，提出了电子计算机程序存储的思想，明确给出了计算机系统结构以及实现方法，提出了计算机设计原则，包括存储程序和计算机结构，即程序存储在内存中，按顺序执行，控制计算机的运行；另一个就是计算机硬件由输入设备、输出设备、存储器、控制器和运算器五大部分组成。后来把具有这种结构的计算机统称为冯·诺依曼型计算机。目前使用的主流计算机都是冯·诺依曼型计算机。

### 3.2.1 计算机硬件结构

冯·诺依曼计算机由运算器、控制器、存储器、输入设备和输出设备五大部件组成，如图 3-3 所示。若将输入设备和输出设备合称为输入/输出设备，计算机就由四大部件组成。运算器和控制器合称为中央处理器（CPU），中央处理器和存储器（主存储器）合称为主机，输入设备、输出设备、辅助存储器统称为外部设备，简称外设。

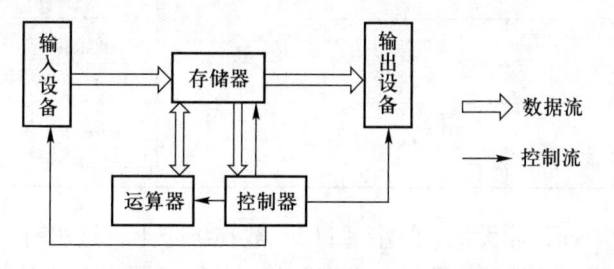

图 3-3　冯·诺依曼型计算机硬件结构

**1. 控制器**

控制器是指挥和协调整个计算机系统的部件，是计算机的控制中心。控制器从存储器中逐条取出指令、分析指令，然后根据指令要求完成相应操作，产生一系列控制命令，使计算机的各个部件协调工作，控制程序和部件的运行，完成指定任务。

**2. 运算器**

运算器是完成算术运算和逻辑运算的基本部件，包括算术逻辑单元（ALU）、累加器、标志寄存器、通用寄存器等。运算器在控制器的控制下，从内存中获得数据，完成程序指令指定的基于二进制数的算术和逻辑运算。算术运算包括加、减、乘、除等；逻辑运算包括比较、移位、与、或、非、异或等。

运算器和控制器是计算机中关系非常密切的两个器件，两者合称为中央处理单元（CPU），它们一般被集成在一个芯片上，是标识计算机档次的重要部件。

**3. 存储器**

存储器是用来保存数据和程序，以及运算的中间结果和最后结果的记忆装置。存储器的基本操作包括写入或读出数据，向存储单元输入数据称为"写入"，从存储单元取出数据称为"读出"。存储器分为内存储器（也称内存、主存）和外存储器（也称外存、辅存）。内存通过总线与 CPU 相连，用来存放正在执行的程序和数据，外存需要通过接口电路与主机相连，用来存放需要长期保存的程序和数据。

**4. 输入设备**

输入设备是指能够向计算机中输入数据的设备，功能是将输入信息转换为二进制编码。

常用的输入设备有键盘、鼠标、扫描仪、磁盘驱动器、触摸屏、光笔、纸带输入机等。

**5. 输出设备**

输出设备是指用来存储或显示计算机处理结果的设备。常用的输出设备有显示器、打印机、绘图仪、磁盘驱动器等，输出设备将计算机的处理结果，如数字、文字、图形、声音和视频等转换为用户熟悉的形式显示出来。

### 3.2.2 中央处理器

中央处理器又称微处理器，它是微型计算机的核心部分，担负着计算机的运算及控制功能。CPU 集成在一块超大规模集成电路芯片上，CPU 的类型和型号可以衡量微机系统的性能高低。

**1. CPU 的内部结构**

从原理来看，CPU 的内部结构由控制器、算术逻辑单元和寄存器三大部分组成，分别负责计算机系统指令的执行、算术与逻辑运算、数据存储与传送以及对内外输入与输出的控制。

（1）算术逻辑单元。算术逻辑单元（ALU）是计算机的运算部件，完成算术运算和逻辑运算两种操作。算术运算包括加、减、乘、除等运算，逻辑运算包括逻辑与、逻辑或、逻辑非等运算。

（2）寄存器。寄存器是微处理器做算术运算和逻辑运算时，用来临时寄存中间数据和地址的存储位置，它们的硬件组成类似于内存的存储单元，只是存取速度比内存更快，容量更小。

许多计算机包括通用寄存器和专用寄存器。通用寄存器用于临时存储 CPU 正在操纵的数据。专用寄存器是计算机用于某一特殊目的的寄存器，比如指令寄存器和地址寄存器等。

（3）控制器。控制器的作用是协调和控制出现在 CPU 中的所有操作。当计算机执行存放在内存中的用户程序时，控制器按照它们的执行顺序来获取、解释指令，输出命令或信号来指挥系统的其他部件。此外，为了启动在寄存器和输入输出设备之间的数据或指令传送，控制器必须和输入输出设备进行通信。

**2. CPU 的性能指标**

CPU 作为计算机系统的核心部件，一般通过性能指标来衡量其性能高低，主要包括时钟频率、总线宽度、制造工艺等。

（1）主频、外频和倍频

主频（CPU clock speed）是 CPU 工作的时钟频率，单位是 MHz 或 GHz。CPU 的工作是周期性的，它不断地执行取指令、执行指令等操作。这些操作需要精确定时，按照精确的节拍工作。

主频由外频和倍频决定，主频＝外频×倍频，外频是系统总线的工作频率，倍频是指 CPU 外频与主频相差的倍数。

（2）地址总线宽度

地址总线宽度就是地址总线的位数，它决定了 CPU 可以访问的存储器容量，不同型号的 CPU，其总线宽度不同，可以使用的内存最大容量也不一样。32 位地址总线能使用的最大内存容量为 4 GB。

（3）数据总线宽度

数据总线宽度决定了 CPU 与内存、输入输出设备之间一次数据传输的信息量。Pentium 以上的计算机，数据总线的宽度为 64 位，即 CPU 一次可以同时处理 8 字节的数据。

（4）工作电压

工作电压是指 CPU 正常工作所需的电压。早期 CPU 工艺落后，其工作电压一般为 5 V，随着 CPU 制造工艺与主频的提高，CPU 的工作电压呈逐步下降的趋势。Intel 公司于 2012 年 6 月发布的第三代智能酷睿 i7 处理器的工作电压仅为 0.7 V。低电压能解决耗电过大和发热过高的问题，这对于笔记本电脑尤其重要。

（5）制造工艺

CPU 的制造工艺是指在硅材料上生产 CPU 时内部各元器件的连接线宽度，一般用 μm（微米）表示。其值越小则制作工艺越先进，可集成的晶体管就越多，CPU 可以达到的频率也就越高。Intel 公司于 2012 年 6 月发布的第三代智能酷睿 i7 处理器的制造工艺为 22 nm（纳米）。

### 3.2.3 存储器

存储器是由一些能表示二进制数 0 和 1 的物理器件组成的，这种器件称为记忆元件或存储介质。存储器中存储单元的总数称为该存储器的存储容量。常用的存储介质有半导体器件、磁性材料等。

**1. 内存**

内存是用 CMOS（互补金属氧化物半导体）工艺制作的半导体存储芯片，内存断电后，程序和数据都会丢失。

内存类型分为随机存储器（RAM）和只读存储器（ROM），ROM 使用不方便，性能极低，目前已淘汰。

随机存储器分为 DRAM 和 SRAM。

DRAM 利用电容保存数据，结构简单，成本低；由于电容漏电，数据容易丢失，必须定时充电（内存动态刷新）。

SRAM 利用晶体管保存数据，速度快，不需要刷新；结构复杂，用在 CPU 内部作为高速缓冲存储器（Cache），简称高速缓存。存储器的分类如图 3-4 所示。

**2. 外存**

内存容量小，速度快，可以与 CPU 直接进行信息交换，主要用于暂时存放将要执行的指令和运算的数据；外存存储容量大，速度比较慢，不能与 CPU 直接进行数据交换，它主要用来存放需要长期保存的数据。

外存要求能够保存大量数据，价格便宜，断电后数据不丢失。

外存材料分为半导体材料、磁介质材料和光介质材料。半导体材料的闪存包括电子硬盘、U 盘、存储卡等；磁介质材料的硬盘、软盘和磁带机已淘汰；光介质材料的光盘，包括 CD-ROM、DVD-ROM、BD-ROM 等。

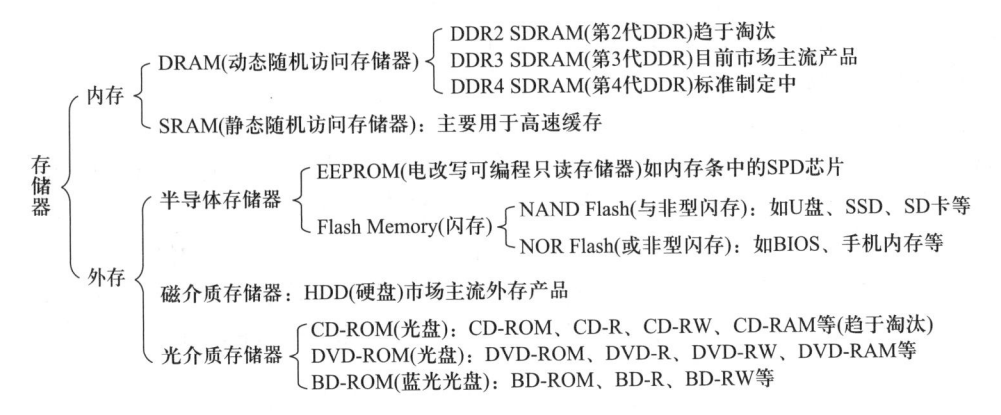

图 3-4　存储器的分类

### 3. 存储容量单位

存储器由若干存储单元构成，每个存储单元的编号称为内存地址，存储器的单位为 B（Byte，字节），1 字节包括 8 个二进制位（bit），目前常用的计量单位为 GB（吉字节）。1 GB = 1 024 MB，1 MB = 1 024 KB，1 KB = 1 024 B，存储计量单位按照 1 024 倍的规律递进，更大的存储计量单位还有 TB（太字节）、PB（拍字节）、EB（艾字节）、ZB（泽字节）、YB（尧字节）、BB（千亿亿亿字节）等。

### 4. 存储器性能

衡量存储器性能的指标包括存取时间、存取周期和传输带宽。

存取时间为一次存储操作需要的全部时间。例如，内存存取时间为纳秒级（ns）；硬盘存取时间为毫秒级（ms）。

存取周期为连续 2 次存储操作的最小时间间隔。例如，寄存器为 1 个存取周期；DDR3-1600 内存为 30 个存取周期。

传输带宽为单位时间内存储器达到的最大数据存取量。串行传输带宽单位为 bps（位/秒，也记为 bit/s 或 b/s）；并行传输单位为 Bps（字节/秒，也记为 B/s）。

从图 3-5 可以了解 CPU 的处理速度远远高于内存及硬盘的处理速度，因此数据在计算机中是分层次进行存储的，用缓冲存储器解决速度不匹配的问题。

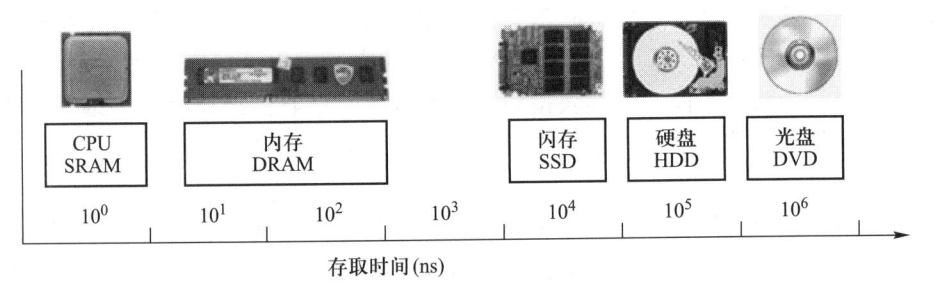

图 3-5　存取时间比较

高速缓冲存储器（Cache）是存在于主存与 CPU 之间的一级存储器，由静态存储芯片（SRAM）组成，容量比较小但速度比主存快得多，接近于 CPU 的速度。高速缓冲存储器和主存储器之间的信息调度和传送是由硬件自动进行的。

**5. 存储器数据查找**

（1）内存数据查找

程序和数据以字节为单位存放在内存中，每个内存单元都有一个地址，按内存地址查找程序或数据，称为寻址。寻址由操作系统控制，由硬件设备（CPU、内存、总线）执行。

早期的 8086 计算机采用 20 位地址，寻址空间为 $2^{20}=1\,048\,576$（1 MB）。目前的 CPU 为 64 位，寻址空间为 $2^{64}=16\,EB$；但是，32 位的 Windows 操作系统寻址空间为 $2^{32}=4\,GB$；采用 32 位操作系统时，内存寻址空间小于 4 GB（大约 3.7 GB，系统核心占用了一部分）。

（2）外存数据查找

程序运行时，CPU 不直接对外存的程序和数据寻址，而是在操作系统控制下，将程序和数据复制到内存，CPU 只在内存中读取程序和数据。

外存以"块"为单位进行数据存储和传输。例如，硬盘的数据块称为"扇区"，U 盘数据按"块"进行查找，光盘数据按"扇区"查找，但扇区结构与硬盘不同，网络数据在接收缓冲区查找。

**6. 存储器与文件**

磁盘与文件管理是存储体系的重要组成部分，是操作系统的主要功能。

（1）文件和信息

文件是存储在外部介质上的信息集合，是操作系统管理信息的基本单位，操作系统通过文件名管理文件，用户不必关心文件在磁盘上是如何存取的，只需关注文件名及文件内容即可。

（2）磁盘信息的组织

磁盘被划分成盘面、磁道和扇区，扇区是磁盘一次读写的基本单位，操作系统将磁盘组织成一个个簇块，每个簇块有若干连续的扇区，操作系统以簇块为单位和内存交换信息。文件中的信息按簇块大小被分割，然后写入磁盘的一个个簇块上。由于文件大小不断变化及写入磁盘的先后次序不同，因此在文件写入磁盘时，操作系统不能保证其一定能写在连续的簇块上，需要用文件分配表来管理文件。

（3）文件分配表

文件分配表（file allocation table，FAT）是磁盘上记录文件存储的簇块之间衔接关系的信息区域，即磁盘上若干特殊的扇区，磁盘上有多少个簇块，文件分配表就有多少项，表项的编号与磁盘簇块编号有一一对应的关系。FAT 表项的内容指出了该簇块的下一簇块的编号。文件分配表形成一个簇链，前一个簇块指向后一个簇块，一直到结束为止。第一个簇块与文件的文件名、文件的属性等信息一起存放在磁盘的根目录中。

（4）目录

目录是磁盘上记录文件名字、文件大小、文件更新时间等文件属性的一个信息区域，该区域相当于一个文件清单。对应每个文件名，目录中都会记录它在磁盘上存储的第一个磁盘簇块的编号。由此找到第一个簇块，再由文件分配表找到文件的所有簇块，按先后顺序合在一起，便可还原回原来的文件。

（5）磁盘的重要信息区域

每个磁盘在使用之前都需要格式化，即划分磁盘上的各区域，建立文件分配表和根目录，因此可以说，磁盘被划分成保留扇区区域、文件分配表区域、根目录区域和数据区域。磁盘的第一个扇区被称为引导扇区，其间记录着保留扇区的大小、逻辑分区信息和其他系统信息。

（6）文件名

文件名一般包括四部分：驱动器、路径、文件名、扩展名。扩展名一般为 1~3 个字符，有约定俗成的意义，例如 .exe 表示可执行文件，.c 表示 C 语言的源程序文件等。在资源管理器中可以设置是否显示文件的扩展名。

### 3.2.4　存储程序思想

#### 1. 存储程序的思想

冯·诺依曼提出程序和数据以二进制代码形式不加区别地存放在存储器中，存放位置由地址确定。存储程序是指人们必须事先把计算机的执行步骤序列（即程序）及运行中所需的数据，通过一定方式输入并存储在计算机的存储器中。程序控制是指计算机运行时能自动地逐一取出程序中一条条指令，加以分析并执行规定的操作。

以人类计算为例，人心算 2 位数加法毫不费力，可心算 20 个 2 位数加法很费力，但如果有草稿纸，也能很快算出来。计算机完成运算也类似，没有内存的计算机也无法进行复杂计算，由此可以看出"存储程序"的重要性。存储程序不仅是符号化计算的基础，也便于用程序控制计算机，提高计算机的运算效率，使得程序员职业化等。

#### 2. 早期计算机的程序运行

早期人们认为程序与数据完全不同。早期数据存放在存储器中；而程序作为控制器的一部分，用外部设备输入；每执行一个程序，都要对控制器进行设置。比如在 ENIAC 中运行小程序时，需要在 40 多块电路板上插上几千个导线插头，只有少数几个科学家可以处理。

#### 3. 程序控制计算机

冯·诺依曼将程序与数据同等看待，是计算机世界的一场革命。早期计算机由硬件（控制器）控制整个系统；存储程序导致了由程序（操作系统）控制计算机。

#### 4. 提高运算效率

计算机从存储器中依次取指令执行，大大提高了运行效率。

#### 5. 程序员职业的独立

存储程序导致了硬件与软件的分离，直接催生了程序员这个职业。

### 3.2.5　冯·诺依曼计算机结构的进化

早期的计算机有很大的局限性，例如计算机存储空间小，程序功能也不强大，多数用于数值计算，没有操作系统，控制器是整个计算机的控制核心等。

目前的计算机结构基本遵循冯·诺依曼的设计思想，但是结构上有一些变化，如连接线路变成了总线，运算器变成了 CPU，控制器部件由操作系统取代。目前计算机系统由程序进行控制，如进程管理、存储管理、设备管理和文件管理等都由操作系统完成。

维纳在阿塔纳索夫和冯·诺依曼的理论基础上，提出了计算机设计的五个基本原则。

（1）加法和乘法装置采用数字式，而不是基于模拟量。

（2）开关部件由电子管实现，而不采用机械开关。

（3）采用二进位制比十进位制更为经济。

（4）全部运算在机器上自动进行，一切逻辑判断由机器自身作出。

（5）机器中包含存储数据的装置。

# 3.3 计算机集群系统

计算机集群系统是将 2 台以上的 PC，通过软件和网络，组成一个超级计算机群，协同完成大型计算任务。世界 500 强计算机中，有 90% 以上的超级计算机采用集群结构，利用多台 PC 组成一台超级计算机比设计超级计算机便宜很多。

**1. 计算机集群系统的类型**

计算机集群系统的类型包括高可用集群、负载均衡集群和高性能计算集群。

（1）高可用集群

高可用（HA）集群主要用于不间断服务。HA 集群具有容错和备份机制；主节点失效后，备份节点能立即接管计算资源，继续提供服务。HA 集群的典型结构是双机热备系统。

HA 集群应用于网络服务、数据库系统、关键业务系统等。

（2）负载均衡集群

负载均衡集群（LBC）主要用于高负载业务，例如网站 Web 服务。

LBC 由多个计算节点提供高负载服务，保证服务的均衡响应。负载均衡集群将业务平均分摊到集群中不同的计算机进行处理，例如，Google 搜索引擎的查询服务。

（3）高性能计算集群

高性能计算（HPC）集群主要研究超级计算机的并行算法和相关软件。HPC 集群主要用于大规模数值计算，例如科学计算、天气预报、石油勘探、分子模拟和生物计算等。

HPC 工作原理：集群运行并行的计算程序，把计算数据分配到集群的多台计算机中，利用所有计算机的共同资源来完成计算任务。

Google 公司数据中心采用高性能大型集群系统结构和 Google 自己设计制造的服务器；每台服务器主板有 2 个 CPU，2 个硬盘，8 个内存插槽；服务器采用 AMD 和英特尔 x86 处理器（4 核）。

Google 数据中心以集装箱为单位，如图 3-6 所示，一个集装箱有多个机架，每个机架可安装 80 台服务器，每个机架连接 2 台 1 000 M 以太网交换机，每个集装箱大致可装 1 160 台服务器，每个数据中心有众多这样的集装箱，如 Google 俄勒冈州数据中心有 15 万台服务器。

**2. 计算机集群系统的关键技术**

（1）存储网络

存储系统采用磁盘阵列（RAID），通过高速光纤通道互连。

（2）高速通信网络

大多采用 10 Gbps 或更高速率的以太网作为内部数据传输网络。

图 3-6　Google 数据中心

（3）集群调度和容错

集群系统中，各种意外事故随时可能发生；集群系统必须进行任务备份和错误处理。

计算机集群大多采用 Hadoop 分布式计算平台。Hadoop 核心技术包括 HDFS 和 MapReduce。其中，HDFS（海杜普分布式文件系统）为海量数据提供分布式文件管理；MapReduce（映射/聚合）为海量数据提供分布式计算方法。

# 3.4　新型计算机系统研究

目前计算机存在的问题是，能耗导致集成电路芯片发热；发热影响了芯片集成度，限制了运行速度。现在 CPU 内部制程线宽达到了 12 nm；当制程线宽达到 7 nm 时，会使集成电路无法正常工作。这些制约因素激励科学家必须进行新型计算机的研究。

### 1. 量子计算机

量子计算机是一类遵循量子力学规律进行高速数学和逻辑运算、存储及处理量子信息的物理装置。当某个装置处理和计算的是量子信息，运行的是量子算法时，它就是量子计算机。量子计算机的概念源于对可逆计算机的研究。研究可逆计算机的目的是解决计算机中的能耗问题。

量子计算机对每一个叠加分量实现的变换相当于一种经典计算，所有这些经典计算同时完成，并按一定的概率振幅叠加起来，给出量子计算机的输出结果。这种计算称为量子并行计算，也是量子计算机最重要的优越性。

量子计算机能实现并行计算，加快计算速度，大大提高了数据存储能力，可对物理系统进行高效率模拟，发热量极小。量子计算机可以解决以前解决不了的复杂运算问题。

量子计算机利用量子纠缠的原理，两个来自同一系统的粒子（如电子或光子）被分开时，它们会纠缠成量子状态，即使距离遥远，任何一方状态发生变化时，另一方也会即刻发生相应变化。但是纠缠的量子对并不好找，以目前的水平只能够让一两个量子比特相互纠缠几微秒；量子比特运行状态不稳定，需要反复验算保证结果的准确；量子比特芯片需要在接近绝对零度（-273.15℃）的环境下运行；量子编码纠错复杂，效率不高。

### 2. 超导计算机

超导现象是导体在接近绝对零度（−273.15℃）时，电流在某些介质中传输时所受阻力为0的现象。

约瑟夫逊元件是由超导体—绝缘体—超导体组成的器件，当对两端施加电压时，电子会像通过隧道一样无阻挡地从绝缘介质中穿过，形成微小电流，而器件两端电压为0。用约瑟夫逊器件制造的计算机称为超导计算机。

超导计算机的耗电为半导体器件的几千分之一；执行一个指令只需几皮秒，比半导体元件快10倍。缺点是超导现象只有在超低温状态下才能发生。超导计算机要求有更强的光源；光线严格要求对准，元件和装配精度要达到纳米级；必须研制具有完备功能的基础元件开关。

### 3. 光子计算机

光子计算机是以光子代替电子，光互连代替导线互连。光子传输不需要导线，在光线相交情况下，也不会相互影响；只需要一小部分能量就能驱动，可以大大减少芯片的热量；并行处理能力强，具有超高速运算速度；能在高温下工作。

### 4. 生物计算机

生物计算机的运算过程是蛋白质分子与周围物理化学介质的相互作用过程。计算机的转换开关由酶来充当。信息存储量大，能模拟人脑思维，计算时间可以达到10 ps（皮秒）；有自我修复的功能。

生物计算机的蛋白质受环境干扰大，干燥时不工作，冷冻时会凝固，加热时会使工作不稳定；高能射线可能会打断化学键，从而分解分子机器；DNA（脱氧核糖核酸）分子容易丢失和不易操作。

# 3.5 软件系统

计算机系统由硬件系统和软件系统组成，硬件提供了计算机应用的物质基础，但是，光有硬件而无软件的计算机（裸机），只有极少数的计算机专家才能使用它，也就是说，它基本上处于"不能工作"的状态。软件是计算机系统中的程序和文档，是对硬件功能的扩充和实现。一个问题的求解过程如果单用硬件实现，则速度快，可靠性高，但设计较复杂，价格昂贵，不易修改、扩充和复制。一个问题的求解过程如果单用软件实现，则价格便宜，设计与实现较灵活，易于修改和扩充，软件复制十分容易，但其执行速度较慢，可靠性稍差。因此软件与硬件相互依存、相互支持，硬件是软件工作的基础，软件是对硬件功能的扩充和实现。从应用的角度来看，软件可分成系统软件和应用软件。

### 1. 系统软件

系统软件是一整套服务于其他程序的程序，例如 GCC 编译器、NFS（FreeBSD 网络文件系统），系统软件最靠近机器硬件（见图 3-7），其他软件都要通过它发挥作用。系统软件主要包括操作系统、计算机语言处理程序、数据库管理系统以及系统服务程序等。系统软件需要管理共享资源、复杂的数据结构和多种外部接口。

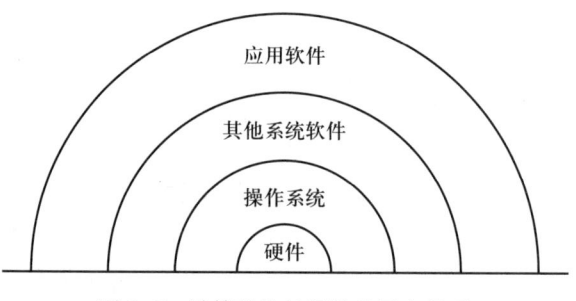

图 3-7　计算机软件硬件的层次关系

**2. 应用软件**

应用软件是人们为了解决某些领域的实际问题而开发的计算机软件，并依赖于系统软件而运行。通常除了系统软件以外的所有软件都称为应用软件，包括专业应用软件、通用商业软件、Web 应用软件、数值计算软件、嵌入式软件和人工智能软件。应用软件种类繁多，专用性强，通用性较弱。但应用软件也在向标准化、模块化、商品化方向发展。专家系统、管理信息系统、事务处理软件、计算机绘图等都属于应用软件范畴。例如 MS Office、PhotoShop、财务管理软件等均为常用的应用软件。

# 3.6　操作系统

一个计算机系统是由硬件系统和软件系统组成的，而软件系统则是由系统软件和应用软件组成，在系统软件中，最重要的就是操作系统，它是用户与计算机硬件间的接口。操作系统是控制和管理计算机硬件和软件资源、合理地组织计算机工作流程以及方便用户的程序的集合。

### 3.6.1　操作系统的功能

从资源管理和用户接口的角度来看，操作系统的功能划分为处理机管理、存储管理、设备管理、文件管理和作业管理五大部分。

**1. 处理机管理**

处理机管理负责解决如何把 CPU 时间合理地、动态地分配给进程，使处理机得到充分的利用（称作进程调度）。进程是一个数据结构及能在其上进行的一次操作。一个程序每执行一次就可创建一个进程。进程由程序块、进程控制块和数据块三部分组成。在某一段时间间隔内，可能存在多个进程，这些进程就在共行执行。程序的共行有利于充分利用系统资源。

许多操作系统是以作业和进程的方式进行管理的，实现作业和进程的调度，分配处理机，控制作业和进程的执行。现代操作系统还引入线程作为分配处理机的基本单位，线程是进程的一个实体，一个进程可以有多个线程。

正是由于操作系统对于处理机管理策略的不同，其提供的作业处理方式也就不同，例如批处理方式、分时处理方式和实时处理方式等，从而呈现在用户面前的就是不同的操作系统。

**2. 存储管理**

存储管理指内存管理，它主要解决内存的分配、保护、扩充和回收等问题。由于内存中存有多道程序，每个程序不会从内存 0 单元开始存放（一般内存的低地址处存放操作系统）。这样用户的目标程序所用的逻辑地址（又称相对地址）与内存中的物理地址（又称绝对地址）肯定不一致。这就需要存储管理能够把逻辑地址转换为物理地址，同时还要防止用户程序非法使用其他用户的存储空间，更不允许破坏别人的存储信息。因此，存储管理的主要任务就是负责合理分配内存的使用和资源回收，以及数据在内存和外存之间的交换等。

**3. 设备管理**

设备管理是指对计算机系统除了 CPU 和内存以外的所有输入输出设备的管理，分配、控制和回收外设及控制设备等。主存与外设之间由通道、控制器相连。现代计算机不是由 CPU 直接控制外设，而由一种称作通道的硬件设备去控制控制器，再由控制器控制外设，如图 3-8 所示。这样 CPU 与通道、通道与通道、外设与外设间均可并行工作。系统为进程分配外设时，要同时分配控制器和通道，否则就无法进行输入/输出操作。

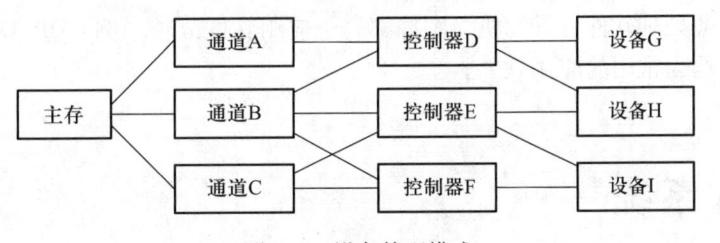

图 3-8　设备管理模式

**4. 文件管理**

文件是一些程序、数据等的有名集合，保存在外存中，在需要时才把它们装入内存。文件的类型很多、数量很大，一般的计算机系统中涉及的文件都会达到几十万个。因此，如何有效地组织、存储、保护文件，以使用户方便、安全地访问它们，是文件管理的主要任务。

**5. 作业管理**

作业是用户程序及其所需数据和命令的集合。作业管理分为作业组织与运行控制和作业调度两部分。作业组织指作业是采用联机作业方式还是采用脱机作业方式，不同的作业组织方式需要不同的运行控制方式。作业调度解决外存中的哪些作业可以调入主存的问题。当主存有空闲空间并且可容纳一道或多道作业时，作业调度根据事先定好的调度算法（如先来先服务、优先数法等）选择外存中排在前边的作业，并审查它的资源申请系统目前能否满足。若能满足，则将它调入主存参与竞争 CPU；否则选择下一个作业判其资源申请状况。

### 3.6.2　操作系统的分类

一般可以把操作系统分为三种基本类型，即批处理系统、分时系统和实时系统。随着计算机体系结构的发展，又出现了许多类型的操作系统，它们是个人操作系统、网络操作系统、分布式操作系统和嵌入式操作系统等。

**1. 批处理操作系统**

批处理操作系统的基本工作方式是，用户将作业交给系统操作员，系统操作员在收到作业后，并不立即将作业输入计算机，而是在收到一定数量的用户作业之后，组成一批作业，再把这批作业输入到计算机中。

批处理操作系统的特点是成批处理，系统资源利用率高，作业吞吐率高。其缺点是交互性差，作业一旦运行，用户就无法再对其进行控制。目前已被淘汰，例如 VAX、VMS 操作系统。

### 2. 分时操作系统

从操作系统的发展历史上看，分时操作系统出现在批处理操作系统之后。它是为了弥补批处理方式不能向用户提供交互式快速服务的缺点而发展起来的。分时操作系统将 CPU 的时间划分成若干小片段，称为时间片。操作系统以时间片为单位，轮流为每个终端用户服务。在分时系统中，一台计算机主机连接了若干终端，每个终端可由一个用户使用。用户通过终端交互式地向系统提出命令请求，系统接受用户的命令之后，采用时间片轮转方式处理服务请求，并通过交互方式在终端上向用户显示结果。用户根据系统送回的处理结果发出下一道交互命令。

总体上看，分时操作系统具有多路性、交互性、独占性和及时性的特点。

"多路性"是指有多个用户在同时使用一台计算机。

"交互性"是指用户根据系统响应的结果提出下一个请求。

"独占性"是指用户感觉不到计算机为其他人服务，就好像整个系统为他所独占一样。

"及时性"是指系统能够对用户提出的请求及时给予响应。

分时操作系统追求的目标是及时响应用户输入的交互命令。

一般通用操作系统结合了分时系统与批处理系统两种系统的特点。典型的通用操作系统是 UNIX 操作系统。在通用操作系统中，对于分时与批处理的处理原则是，分时优先，批处理在后。

### 3. 实时操作系统

实时操作系统是指能使计算机在规定的时间内，及时响应外部事件的请求，同时完成该事件的处理，并能够控制所有实时设备和实时任务协调一致地工作的操作系统。实时操作系统的主要目标是，在严格时间范围内，对外部请求做出反应，系统具有高度可靠性。高可靠性是实时系统的设计目标之一。实时操作系统的任何故障，都有可能对整个应用系统带来极大的危害。所以实时操作系统需要有很强的健壮性和坚固性。主要应用在工业控制、军事控制、语音通信和股市行情等领域。常用系统包括 QNX、VxWorks、RTOS 等，Linux 经过定制后可改造成实时操作系统。

### 4. 网络操作系统

网络操作系统是指能使网络上各计算机方便而有效地共享网络资源，为用户提供所需的各种服务的操作系统。网络操作系统的主要功能是为各种网络后台服务软件提供支持平台，除了具备单机操作系统的功能外，还应提供高效可靠的网络通信能力以及多项网络服务功能，如远程管理、文件传输、电子邮件、远程打印等。

网络操作系统是建立网络的关键因素之一，可供选择的网络操作系统多种多样。目前流行的网络操作系统有 Windows NT、Windows 2003 Server、UNIX、Linux 等。

### 5. 分布式操作系统

分布式操作系统是网络操作系统的高级形式，它保持网络操作系统所拥有的全部功能，同时还具备如下特征。

（1）统一的操作系统。

（2）资源的进一步共享。由于所有主机的操作系统界面一致，作业可以由一台主机任意迁移到另外一台主机上处理，即可实现处理机资源的共享，从而达到整个系统的负载平衡。

（3）高可靠性。构成分布式系统的不同主机处于等同的地位，即没有主从关系，任何一个主机失效都不会影响整个系统。

（4）高透明性。在分布式系统中，所有主机构成一个完整的、功能更强大的计算机系统，操作系统掩盖了不同主机地理位置上的差异。

### 6. 嵌入式操作系统

嵌入式操作系统是指用于嵌入式系统的操作系统。大部分智能电子产品都采用嵌入式操作系统。嵌入式操作系统是一种用途广泛的系统软件，通常包括与硬件相关的底层驱动软件、系统内核、设备驱动接口、通信协议、图形界面、标准化浏览器等。嵌入式操作系统负责嵌入式系统的全部软、硬件资源的分配、任务调度，控制和协调并发活动。它必须体现其所在系统的特征，能够通过装卸某些模块来达到系统所要求的功能。目前在嵌入式领域广泛使用的操作系统有嵌入式实时操作系统 μC/OS-II、嵌入式 Linux、Windows Embedded、VxWorks 等以及应用在智能手机和平板电脑的 Android、iOS 等。

## 3.6.3 操作系统发展简史

"位"，简单的理解就是 CPU 的寻址空间。在操作系统的发展中，常常依据操作系统能够支持的处理器的位数来划分成 16 位、32 位、64 位操作系统等。

### 1. 操作系统诞生

最初的操作系统出现在 IBM 704 大型机上，而微型机的操作系统则是诞生于 20 世纪 70 年代的 CP/M。该操作系统是为 8 位机开发的操作系统，它能够进行文件管理，具有磁盘驱动装置，可以控制磁盘的输入输出、显示器的显示以及打印输出等。

### 2. 16 位操作系统

16 位操作系统诞生于 20 世纪 80 年代，具有较大影响的有 MS DOS 和 PC DOS，这两个版本的功能基本相同，在 20 世纪 80 年代它们都占据主导地位，这个时期一般称为 DOS 时代。微软公司的视窗系统 Windows 1.0 虽然在 1985 年就推出了，并且在 1987 年又推出了 Windows 2.0，但是由于其功能不是很完善，硬件档次不够以及人们还需要一个认识过程，使得视窗操作系统直到 1990 年推出 Windows 3.0 之后才得到广泛应用，从而一举奠定了微软公司在操作系统上的垄断地位。

### 3. 16/32 位操作系统

1995 年 8 月，微软公司推出了 Windows 95，成为操作系统发展史上的一个里程碑。从 Windows 95 到 Windows 98/ME，都是混合 16/32 位计算的操作系统，并不是纯 32 位操作系统，稳定性和性能方面虽比过去得到了较大的提升，但仍不能满足人们对计算机应用的需要。

#### 4. 32 位操作系统

2000 年，微软公司推出了 Windows 2000，开辟了个人桌面 32 位计算与应用的新时代。2001 年发布的 Windows XP 成为目前使用率最高的操作系统。32 位计算时代最成功的应用就是多媒体和 Internet，32 位的 Windows 平台上涌现了很多之前只能运行在 SGI 等大型图形工作站的应用程序，如 3ds Max、Photoshop 等，人们不再为这些多媒体创作而购买极其昂贵的图形工作站，日益成熟的 32 位计算开辟了 PC 担任多媒体应用工具的新纪元。

#### 5. 64 位操作系统

今天，64 位计算平民化的时代已经来临。Windows XP 64 位版和 Windows Server 2003 64 位版都能支持 64 位 CPU。2006 年 11 月发布的 Windows Vista 是 64 位操作系统的代表作，而 2009 年全面推开的 Windows 7 把 64 位操作系统推向了高潮。与以前 8 位向 16 位跃进、16 位向 32 位跃进耗费十几年的情况不同，64 位 CPU 推出没几年，就出现了 64 位的 Windows XP、Windows Server 2003、Windows Vista 及 Windows 7。Windows 8 已于 2012 年 2 月 29 日推出了消费者预览版。Windows 8 能够支持 ARM 芯片，1 GHz 以上的处理器，其要求的配置与 Windows 7 大致相同。

可以说，计算机硬件的发展催生了操作系统的发展，而新操作系统的不断产生又促使大众化硬件的更新换代，两者的相互作用，让用户不断地更新自己的系统和设备。

### 3.6.4　几种典型的操作系统

#### 1. DOS 操作系统

DOS 是 diskette operating system 的简称，意为磁盘操作系统，于 1981 年正式发布，是最早被广泛使用的操作系统。该操作系统曾经影响了一代人对计算机的应用。现在，该操作系统仍然有其生命力，所说的 DOS 一般是指 MS DOS。

DOS 命令必须在 DOS 操作界面下应用，对于 Windows 的用户，打开 DOS 的方法是在"开始"菜单"所有程序"项"附件"中单击"命令提示符"命令，可以打开图 3-9 所示的 DOS 窗口，图中的▶称作 DOS 提示符，其前面的部分称为 DOS 路径，所有的 DOS 命令必须在 DOS 提示符后面进行输入。

图 3-9　DOS 操作界面

#### 2. Windows

Windows 操作系统是一款由美国微软公司开发的窗口化操作系统，是支持多道程序运行的具有图形界面环境的操作系统。Windows 采用了 GUI（图形用户界面）的图形化操作模式，比从前的指令操作系统（如 DOS）更为人性化。Windows 操作系统是目前世界上使用最广泛的操作系统。目前广泛使用的是 Windows 7,最新的版本是 Windows 10。

### 3. Mac OS

Mac OS 操作系统是美国苹果计算机公司为它的 Macintosh 系列计算机设计的操作系统,该机型于 1984 年推出,在当时的 PC 还只是 DOS 枯燥的字符界面时,Mac 率先采用了一些至今仍为人称道的技术,比如 GUI、多媒体应用、鼠标等。Macintosh 计算机在出版、印刷、影视制作和教育等领域有着广泛的应用。由于 Mac 的架构与 PC 不同,而且用户不多,所以很少受到病毒的袭击。

### 4. UNIX

UNIX 操作系统是一种多用户交互式通用分时操作系统,它结构简洁、功能强大,具有移植性、兼容性好以及伸缩性、互操作性强等特色,是使用广泛、影响较大的主流操作系统之一,被认为是开放系统的代表。

UNIX 系统于 1969 年在贝尔实验室诞生,最初应用在中小型计算机上,是最早移植到 80286 微机上的 UNIX 系统,称为 Xenix。Xenix 系统的特点是短小精干,系统开销小,运行速度快。UNIX 为用户提供了一个分时的系统以控制计算机的活动和资源,并且提供一个交互、灵活的操作界面。UNIX 能够同时运行多进程,支持用户之间共享数据。同时,UNIX 支持模块化结构,当用户安装 UNIX 操作系统时,只需要安装工作需要的部分,例如:UNIX 支持许多编程开发工具,但是如果不从事开发工作,则只需要安装最少的编译器。用户界面同样支持模块化,互不相关的命令能够通过管道相连接用于执行非常复杂的操作。UNIX 有很多种,许多公司都有自己的版本,如 AT&T、Sun、HP 等。

### 5. Linux

Linux 是一种自由和开放源代码的类 UNIX 操作系统,目前存在着许多不同的 Linux 版本,但它们都使用了 Linux 内核。Linux 的设计思想是一切都是文件,如命令、硬件、软件和进程等,它们都是拥有各自特性的文件。Linux 可安装在各种计算机硬件设备中,比如手机、平板电脑、路由器、视频游戏控制台、台式计算机、大型机和超级计算机。

Linux 是一种自由软件,它是遵循 GNU 组织倡导的通用公共许可证规则而开发的,其源代码可以免费向一般公众提供,允许自由下载,许多人对这个系统进行改进、扩充和完善,并作出了关键性的贡献。

Linux 是一个领先的操作系统,世界上运算最快的 10 台超级计算机运行的都是 Linux 操作系统。严格来讲,Linux 这个词本身只表示 Linux 内核,但实际上人们已经习惯了用 Linux 来形容整个基于 Linux 内核,并且使用 GNU 工程各种工具和数据库的操作系统。

### 6. 智能手机操作系统 Android

Android 一词的本义指“机器人”,同时也是 Google 公司于 2007 年 11 月 5 日宣布的基于 Linux 平台的开源手机操作系统的名称,该平台由操作系统、中间件、用户界面和应用软件组成。Android 是基于 Linux 内核的开放源代码操作系统,主要用于移动设备,如智能手机、平板电脑、汽车导航仪等。

# 第4章
# 数据的组织与管理

第 4 章电子教案

　　数据管理是利用计算机硬件和软件技术对不同类型的数据进行收集、整理、组织、存储和应用的过程，它是计算机的一个重要的应用领域。通过数据管理，可以从大量原始的数据中抽取、推导出有价值的信息，作为制定行动和决策的依据。数据库技术体现了当代先进的数据管理方法，随着计算机技术的发展，数据库技术已经形成了具有相当规模的理论体系和应用技术。

# 4.1 数据与数据管理

### 4.1.1 认识数据

在当今高度发达的信息社会，人们的一切活动都要与信息打交道，所有的这些信息就构成了信息世界。对信息世界中大量信息的处理，离不开高速运行的计算机工具，因此，需要将信息转换成计算机可以操作的数据。

**1. 信息**

信息是现实世界中事物的状态、运动方式和相互关系的表现形式，是自然界、人类社会和人类思维活动中普遍存在的一切物质和事物的属性。因此，信息可以被看作现实世界在人脑中的抽象反映，是通过人的感官（眼、耳、鼻、舌、身）感知出来，并经过人脑加工而形成的反映现实世界事物的概念。

**2. 数据**

数据是人们用各种物理符号，把信息按一定格式记载下来的有意义的符号组合。计算机中的数据是指存储在存储介质上能够被识别的物理符号。在数据处理领域中，数据不仅包括由数字、字母、文字和其他特殊字符组成的文本形式的数据，还包括图形、图像、动画、影像、声音等多媒体数据。

**3. 数据与信息的关系**

数据是信息的具体表示形式，信息是各种数据所包含的意义。信息可以用不同的数据形式来表现，信息不随数据的表现形式而改变。例如，"我是一个学生"和"I am a student"，这两种数据的表现形式都表示同一个信息的内容。

### 4.1.2 数据的获取

数据的获取是指通过各种方法将日常生活中所看到的、听到的事物保留下来的过程。例如，通过课堂学习笔记可以将教师讲授的内容记录下来；利用拍摄设备可以将看到的景色或者周围发生的事情记录下来；通过网络可以将所需要的信息下载下来；等等。获取数据的方法有很多种，这里只介绍常用的几种方式。

**1. 产生原始数据**

利用应用程序直接将数据输入到计算机中，并以文件的形式存储到计算机的存储设备中。例如，利用 Office Word 创建个人简历、工作报告、论文与作业等。

**2. 利用电子设备获取数据**

利用摄像机、录音笔等电子设备直接获取数据。电子设备一般都有与计算机的连接接口，通过数据线或读卡器连接就可以将数据导入计算机。

**3. 通过网络获取数据**

随着互联网的普及，从网络上也可以获取数据。例如，可以通过网络查询网页上的数据，从服务器下载需要的文件，利用电子邮件传送信件等。

### 4.1.3 数据的管理

随着计算机硬件技术、软件技术和计算机应用范围的不断发展，数据管理经历了三个阶段：人工管理阶段、文件系统阶段和数据库管理系统阶段。

**1. 人工管理阶段**

20 世纪 50 年代中期以前，是计算机数据管理的初级阶段。在硬件上，外部存储器只有磁带、卡片和纸带等，没有磁盘等直接存取存储设备；在软件上，没有操作系统和数据管理方面的软件。计算机系统仅提供基本的输入、输出操作，数据由计算或处理数据的程序自行携带，对数据的管理全部由程序员来完成。

这一阶段的数据管理有以下特点。

（1）数据不保存。计算时将数据输入，计算完成后数据撤出。

（2）应用程序管理数据。计算机系统不提供对数据的管理功能，由应用程序自己管理。

（3）数据不共享。一个程序中的数据无法被其他程序利用，存在数据冗余。

（4）数据不独立。一组数据对应一组程序，当数据结构发生变化时，应用程序也需要进行修改。

在人工管理阶段，应用程序与数据之间的对应关系如图 4-1 所示。

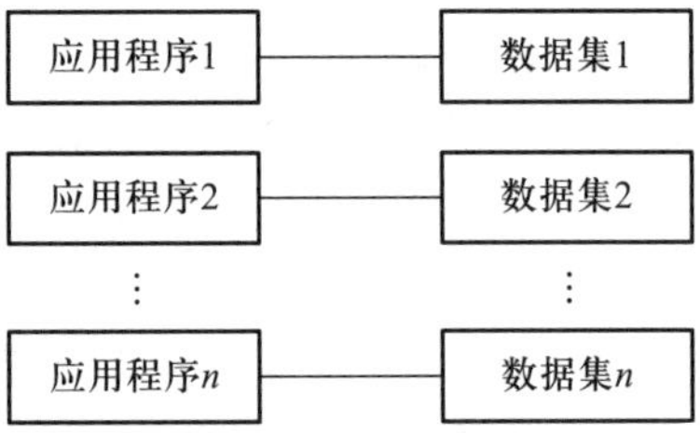

图 4-1 应用程序与数据的关系

**2. 文件系统阶段**

20 世纪 50 年代后期至 60 年代后期，数据管理进入文件系统阶段。外部存储器已有磁盘、磁鼓等存储设备；软件领域出现了高级语言和操作系统。操作系统中已经有了专门管理数据的文件系统，通过文件系统对文件中的数据进行存取和管理。程序员主要专注于算法设计工作，极大地减少了维护程序的工作量。

这一阶段的数据管理有以下特点。

（1）数据可以保存。数据以"文件"的形式可以长期保存在外部存储器的磁盘上。

（2）一个应用程序对应一组文件。不同的应用系统之间经过转换程序可以共享数据。

（3）程序与数据之间具有"设备独立性"。程序只需用文件名就可以进行数据操作，不用关心数据的物理位置。

尽管文件系统有了较大进步，但仍存在一些问题。

（1）数据共享性差。由于数据文件与应用程序相互对应，会有多个相同数据的独立文件，数据不能共享，产生了大量冗余数据。

（2）数据独立性差。文件系统中应用程序与数据相互依赖，如果更改了数据的组织形式，程序也要做相应改动。

（3）数据统一管理性差。在应用项目中无法对数据统一管理，通常使用大量程序代码维护数据，导致程序规模庞大，编写复杂烦琐。

在文件系统阶段，应用程序与数据文件的对应关系如图 4-2 所示。

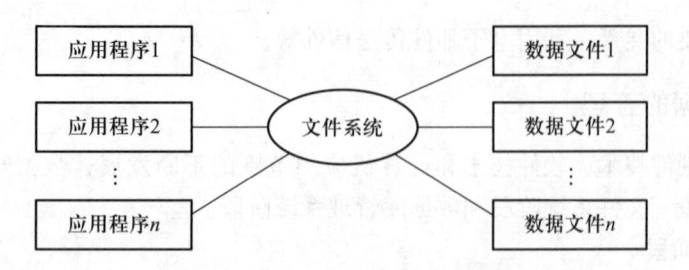

图 4-2　应用程序与数据文件的关系

### 3. 数据库管理系统阶段

20 世纪 60 年代末至今，计算机管理应用的需求不断增加，应用程序的数据量急剧增长，对数据的共享要求也越来越高，数据库技术应运而生。数据库管理系统阶段的标志就是把数据交给数据库管理系统进行统一的控制和管理。所有应用程序的数据都在数据库管理系统中汇集，数据以文件的方式存放在数据库中，同时为应用程序提供插入、修改、删除和查询等数据操作。

这一阶段的数据管理有以下特点。

（1）数据结构化。数据库中的数据存放在单独的数据文件中，文件内的数据以一定的结构组织在一起，文件之间也存在相互的联系，整个数据库是一个整体。

（2）数据共享性高。数据不再面向某个应用而是面向整个系统，多个用户能同时使用同一个数据而相互之间不影响。

（3）数据独立性高。利用数据库管理系统实现对数据的定义、操作、统一管理和控制，使程序和数据间保持高度的独立性，数据的完整性和安全性得到最大程度的保障。

在数据库管理系统阶段，应用程序与数据库的对应关系如图 4-3 所示。

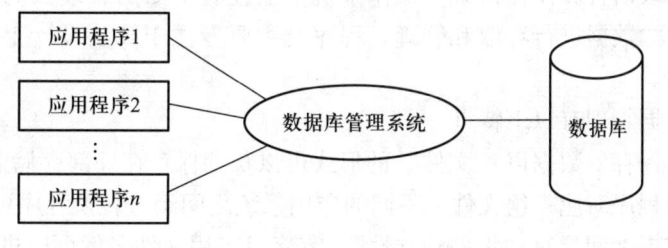

图 4-3　应用程序与数据库的关系

# 4.2　数据库系统

数据库技术起源于 20 世纪 60 年代末，是计算机信息系统与应用系统的核心技术和重要基础，利用数据库管理系统可以对复杂的数据进行统一有效的管理。目前，数据库应用已经遍及各个领域。

### 4. 2. 1　数据库系统的定义

数据库中存储着大量互相关联的数据，这些数据由数据库管理系统进行统一管理，并由多个应用程序共享。数据库与人们的日常生活息息相关。例如，利用校园卡可以实现食堂用餐，利用图书卡可以进行图书借阅，利用身份证可以进行身份识别等，这些都是通过数据库系统实现的。数据库系统（database system，DBS）由数据库、数据库管理系统、数据库管理员、数据库应用程序和用户 5 部分组成。

**1. 数据库（database，DB）**

数据库是长期存储在计算机内、有组织、可共享的大量数据的集合。数据库可理解为存放数据的仓库，这个仓库位于计算机大容量的存储设备上。数据库中的数据必须按一定格式存放，以便于查找。数据库不仅包括描述事物的数据本身，还包括相关事物之间的联系。

**2. 数据库管理系统（database management system，DBMS）**

数据库管理系统是一种对数据库进行管理的复杂软件，是数据库系统的核心，具有数据定义、数据操纵、数据库的运行管理以及数据库的建立和维护等功能。DBMS 位于用户和操作系统之间，用户通过 DBMS 可以方便地管理数据库中的数据，实现对数据库的统一管理和控制，以保证数据库的安全性和完整性。

**3. 数据库管理员（database administrator，DBA）**

数据库管理员是对数据库管理系统进行管理和维护的相关工作人员的统称。其主要职责是决定数据库的结构和信息内容，决定数据库的存储结构和存取策略，定义数据库的安全性要求和完整性约束条件，以及监控数据库的运行。

**4. 数据库应用程序（database application program，DBAP）**

数据库应用程序是开发人员利用开发工具软件对数据库进行开发，编制能够满足数据处理需求的应用程序，如教务管理系统、决策支持系统和办公自动化软件等。

**5. 用户（user）**

用户是指应用程序的使用人员，他们通过应用程序提供的交互式对话方式使用数据库中的数据。

在一般不引起混淆的情况下，通常把数据库系统简称为数据库。数据库系统的出现使普通用户能够方便地将日常数据存入计算机，并在需要时对它们进行快速访问。数据库系统的组成结构如图 4-4 所示。

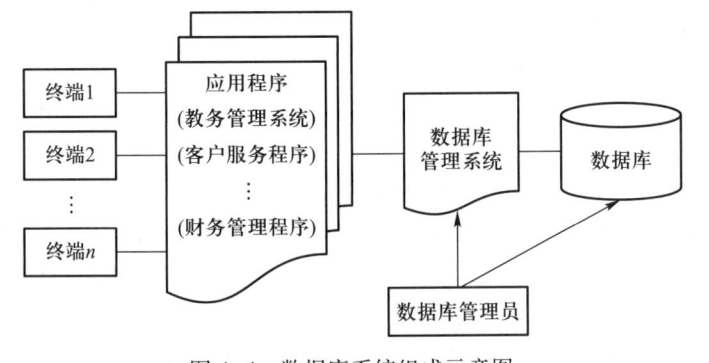

图 4-4　数据库系统组成示意图

### 4.2.2 数据库系统的体系结构

数据库系统的体系结构通常指数据库系统中的数据存储层、应用层、用户界面层和网络通信之间的布局与分布关系。从数据库的用户角度看，数据库系统的体系结构分为单用户结构、主从式结构、分布式结构、客户机/服务器结构和浏览器/服务器结构。

#### 1. 单用户结构

单用户数据库系统是早期最简单的信息系统，它将数据库、数据库管理系统和应用程序安装在一台计算机上，只能由一个用户占用全部资源。一个企业的各个部门都使用本部门的机器来管理本部门的数据库，各个部门的数据库是独立的，不同部门之间不能进行数据的共享和交换，因此企业内部存在大量的冗余数据。例如，人事部、财务部会重复存放每一名职工的一些基本信息（职工号、姓名等）。

#### 2. 主从式结构

主从式数据库系统是指一台大型主机带多个终端的多用户结构。在这种结构中，将操作系统、应用程序、数据库系统等资源放在大型主机上，系统中所有的处理均由主机完成，各个用户通过主机的终端并发地存取数据库，共享数据资源。主从式结构简单，数据易于管理与维护。缺点是当终端用户数目增加到一定程度后，主机的任务会过分繁重，成为瓶颈，从而使系统性能大幅度下降。另外，当主机出现故障时，整个系统都不能使用，系统的可靠性不高。

主从式数据库系统结构如图 4-5 所示。

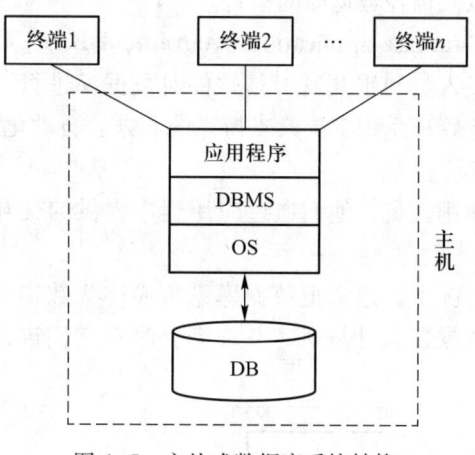

图 4-5　主从式数据库系统结构

#### 3. 分布式结构

分布式数据库系统是指数据库中的数据在逻辑上是一个整体，但分布在不同的地理位置，并通过多种通信网络连接在一起。数据在多个不同的数据库中进行传送，由不同的 DBMS 软件进行管理，运行在多种不同的计算机上。每一个 DBMS 都可以独立处理本地数据库中的数据，执行局部应用；也可以同时存取和处理多个异地数据库中的数据，执行全局应用。分布式结构满足了地理上分散的公司、团体和组织对于数据库应用的需求。但数据的分布存放，给数据的处理、管理与维护带来了很多困难。同时，当用户经常访问远程数据时，系统效率会明显地受到网络的制约。

分布式数据库系统结构如图 4-6 所示。

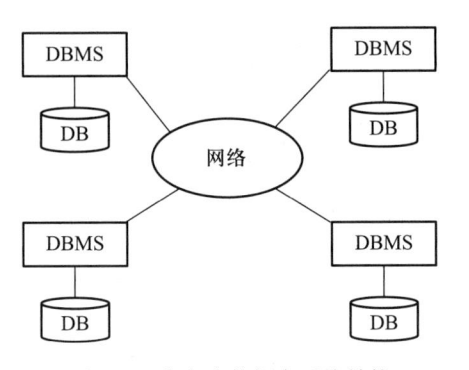

图 4-6　分布式数据库系统结构

**4. 客户机/服务器结构**

客户机/服务器（client/server，C/S）结构由客户端和服务器端逻辑组件构成，是目前流行的数据库系统结构。客户端一般是个人计算机或工作站，服务器端是大型工作站、小型计算机或大型计算机系统。DBMS 的应用程序和工具运行在一个或多个客户平台上，DBMS 软件驻留在服务器上。客户端向服务器提出请求，数据库服务器进行处理后，只将结果返回给用户，从而显著减少了网络上的数据传输量，提高了系统的性能、吞吐量和负载能力。

客户机/服务器数据库系统结构如图 4-7 所示。

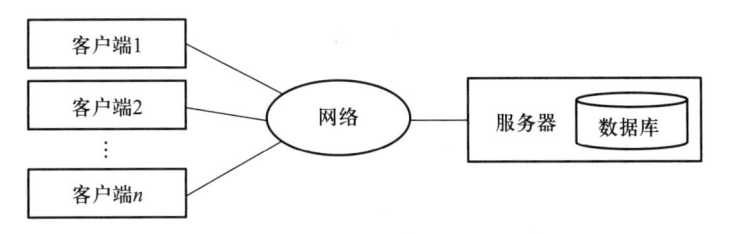

图 4-7　客户机/服务器数据库系统结构

**5. 浏览器/服务器结构**

浏览器/服务器（browser/server，B/S）结构是对 C/S 结构的一种变化或者改进。在 B/S 结构中，用户工作界面是通过 WWW 浏览器来实现的，主要事务逻辑在服务器端（server）实现，极少部分事务逻辑在浏览器端（browser）实现。在 B/S 体系结构中，用户通过浏览器向分布在网络上的许多服务器发出请求，服务器对浏览器的请求进行处理，将用户所需信息返回给浏览器端。B/S 结构将系统功能实现的核心部分集中到服务器上，简化了系统的开发、维护和使用。只要有一台能上网的计算机，用户就可以在任何地方进行操作而不用安装任何专门的软件，实现了客户端零维护。

浏览器/服务器数据库系统结构如图 4-8 所示。

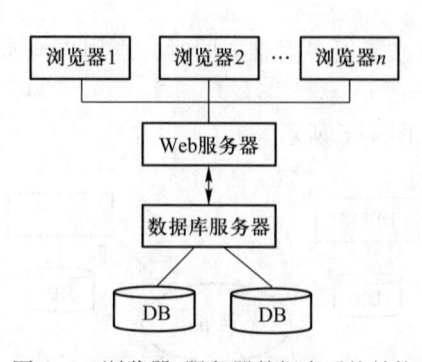

图 4-8　浏览器/服务器数据库系统结构

### 4.2.3　数据模型

计算机需要处理的是现实生活中的客观事物，这些客观事物是不能被计算机直接进行处理的，因此需要用数据模型对现实世界中的数据进行抽象、表示和处理，将客观事物转换为计算机能够处理的数据。

数据从现实世界到计算机数据库里的具体表示需要经历三个阶段，分别是现实世界、信息世界和计算机世界的数据描述。现实世界是指实际存在的客观事物及其联系，信息世界是指现实世界在人脑中形成的概念，计算机世界是指人脑概念的数据化体现。这三个阶段的关系如图 4-9 所示。通俗地讲，数据模型就是现实世界的模拟。

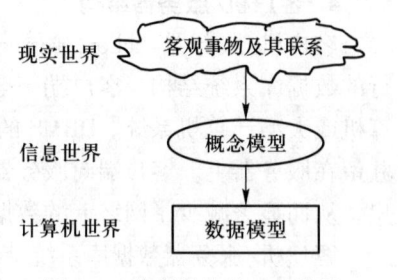

图 4-9　数据转换的三个阶段

数据模型是数据库系统的核心和基础。根据模型应用的不同目的，将模型划分为两类：第一类是概念模型，也称为信息模型，是按照用户的观点对数据和信息进行建模，主要用于数据库的设计；第二类是数据模型，是按照计算机系统的观点对数据进行建模，主要用于 DBMS 的实现。

**1. 数据模型的组成要素**

数据模型是严格定义的一组概念集合，这些概念精确地描述了系统的静态特征、动态特征和完整性约束条件。通常，数据模型由数据结构、数据操作和数据约束条件构成。

（1）数据结构

数据结构是所研究的对象类型的集合。这些对象是数据库的组成成分，主要分为两类：一类是与数据类型、内容、性质有关的对象；一类是与数据之间联系有关的对象。数据结构是对系统静态特性的描述。

（2）数据操作

数据操作是指数据库中各种对象实例允许执行的操作的集合，包括操作及操作规则。数据库主要有检索和更新（即插入、删除、修改）两大类操作。数据操作是对系统动态特性的描述。

（3）数据约束条件

数据约束条件是一组完整性规则的集合。完整性规则是给定的数据模型中数据及其联系所具有的制约和依存规则，用以限定符合数据模型的数据库状态以及状态的变化，以保证数据的正确、有效。

**2. 概念模型**

概念模型用于对信息世界的建模，是现实世界到信息世界的第一层抽象。它按用户观点对数据和信息进行建模，描述现实世界的概念化结构，不必考虑在计算机和数据库系统上的具体实现。

（1）基本概念

① 实体。实体是指现实世界中客观存在并可以相互区别的事物。实体可以是具体的人、物，抽象的事件和联系等，如教师、学生、杯子、计算机、一场排球比赛等都是实体。

② 属性。属性是指实体所具有的某一特征，一个实体可以有多个属性。例如，教师实体可以由教师编号、姓名、性别、职称等属性组成。

③ 主码。主码是指能够唯一标识实体的属性或属性集，有时也称为关键字，其值必须唯一。例如，对于学生实体来说，学生的学号就是主码，因为每个学生的学号都是唯一的。

④ 实体型。实体型是指实体名和属性名的集合。属性相同的实体，则具有相同的实体型。例如，学生（学号、姓名、性别、出生日期、专业）就是一个实体型。

⑤ 实体集。性质相同的同型实体的集合称为实体集。实体与实体集的关系，就像一名学生与一个班级的关系。在数据表中，一行表示一个对象的属性集，即一个实体；多行表示一组对象的属性集。如果需要传递一个个体信息（表中的一行），用实体就可以满足，如果要传递一个群体的信息（一张表中的多行信息），则考虑用实体集。

⑥ 联系。现实世界中的事物往往是存在联系的，这些联系在信息世界中反映为实体内部的联系和实体之间的联系。例如学生与图书之间有借阅关系，学校与教师之间有聘用关系。

（2）实体间联系

实体间的联系归纳起来有三种类型：一对一联系、一对多联系和多对多联系。

① 一对一联系。如果对于实体集 A 中的每一个实体，实体集 B 中有且只有一个实体与之联系，反之亦然，则称实体集 A 与实体集 B 具有一对一联系，记为 1:1。

例如，一个班级只有一名班主任，一名班主任只在一个班级任职，班级和班主任之间就是一对一的联系。

② 一对多联系。如果对于实体集 A 中的每一个实体，实体集 B 中有多个实体与之联系，反之，对于实体集 B 中的每一个实体，实体集 A 中至多只有一个实体与之联系，则称实体集 A 与实体集 B 具有一对多的联系，记为 1:n。

例如，一个班级有很多学生，但一个学生只能在一个班级中学习，班级和学生之间就是一对多的联系。

③ 多对多联系。如果对于实体集 A 中的每一个实体，实体集 B 中有多个实体与之联系，反之亦然，则称实体集 A 与实体集 B 具有多对多的联系，记为 $m:n$。

例如，一个学生可以借阅多种图书，任何一种图书可以被多个学生借阅，所以学生和图书之间的联系就是多对多的联系。

图 4-10 显示了不同实体之间的三种联系。

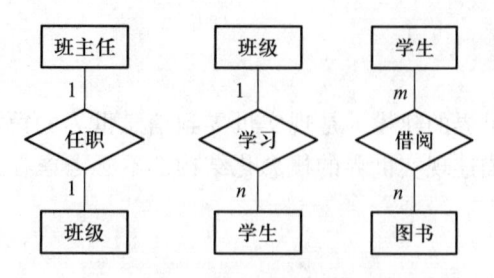

图 4-10 实体间的三种联系

### 3. 数据模型

数据模型是指数据库中数据的存储和组织方式，即如何表示实体以及实体之间的联系。数据库中最常用的数据模型有 4 种：层次模型、网状模型、关系模型和面向对象模型。它们之间的根本区别在于数据之间联系的表示方式不同。层次模型是以"树结构"表示数据之间的联系；网状模型是以"图结构"表示数据之间的联系；关系模型是以"二维表"（或称为关系）表示数据之间的联系；面向对象模型是以"面向对象观点"表示数据之间的联系。

（1）层次模型

层次模型是数据库系统中出现最早的数据模型，用树结构表示实体及其之间的联系。树中每一个节点代表一个实体，节点之间的连线表示实体间的联系。其特点是有且仅有一个根节点，其他节点有且仅有一个父节点。

例如，教学院系的层次模型如图 4-11 所示。

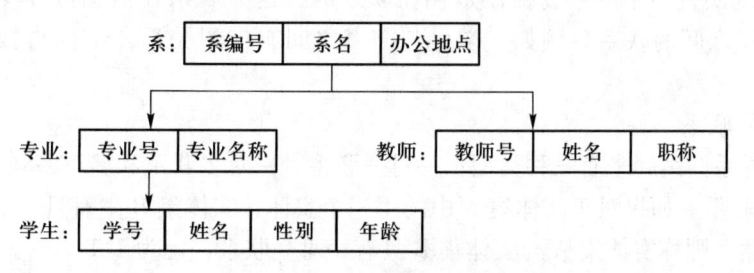

图 4-11 教学院系层次模型

（2）网状模型

用网状结构表示实体及其之间联系的模型称为网状模型。网状模型是层次模型的扩展，呈现一种交叉关系的网络结构。网状模型的特点是，可以有一个以上的节点无双亲，至少有一个节点有多于一个的双亲。

例如，学生选课的网状模型如图 4-12 所示。

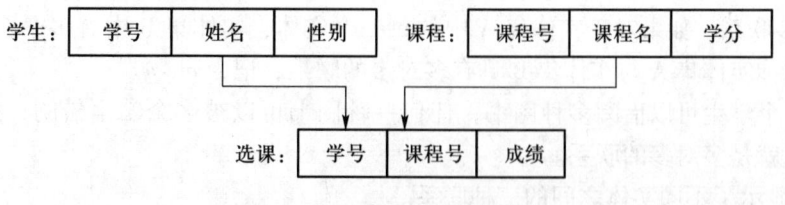

图 4-12 学生选课网状模型

（3）关系模型

用二维表结构表示实体及其之间联系的模型称为关系模型。关系模型是目前最重要的一种数据模型。一个关系由表头和记录数据两部分组成，表头由描述客观事件中的实体的各个属性组成，每条记录的数据由各个字段的值组成。

例如，课程表的关系模型如表 4-1 所示。

表 4-1　课程表关系模型

| 课 程 编 号 | 课 程 名 称 | 学 时 | 学 分 | 课 程 性 质 |
|---|---|---|---|---|
| 0001 | 英语 | 72 | 5 | 通识必修 |
| 0002 | 高等数学 | 64 | 4 | 通识必修 |
| 0003 | 大学计算机基础 | 48 | 3 | 通识必修 |
| 0004 | 大学物理 | 64 | 4 | 通识必修 |

（4）面向对象模型

随着在商业领域取得的成功，数据库技术出现了一个新的领域，即面向对象数据库。面向对象数据库使用面向对象技术构建数据库。这种数据库由对象组成，并且对象之间相互联系，从而反映了它们的关系。面向对象的方法最适合于描述复杂对象，通过引入封装、继承、对象、类等概念，可以有效地描述各种对象及其内部结构和联系。面向对象数据模型比层次模型、网状模型、关系模型具有更加丰富的表达能力，但正因为此优点，面向对象模型相对复杂，实现起来也比较困难。

## 4.2.4　常用的数据库管理系统

数据库管理系统是支持用户建立、访问及维护数据库的一组软件，是数据库技术的直接体现。使用数据库管理系统可以对数据进行最大范围的共享，方便而且可靠。下面介绍几种常用的数据库管理系统。

### 1. Oracle 数据库

Oracle Database，简称 Oracle，是美国 ORACLE（甲骨文公司）推出的大型关系数据库管理系统，是目前最流行的 C/S 或 B/S 体系结构的数据库之一。作为一个最早商品化的关系 DBMS，Oracle 具有能存储大量数据、定义和操纵数据、并发控制、安全性控制、与高级语言接口等功能。Oracle 还是一个分布式 DBMS，支持各种分布功能，如支持 Web 数据库。另外，Oracle 提供了许多数据库开发工具，使用户拥有良好的应用开发环境。Oracle 也提供了对数据库深层次应用的支持，如联机分析处理（on-line analytical processing，OLAP）和数据仓库（data warehouse，DW）等。Oracle 在数据库领域一直处于领先地位，由于其可移植性好、使用方便、功能强，是一种效率高、可靠性好、适应高吞吐量的数据库解决方案。

### 2. Microsoft SQL Server 数据库

Microsoft SQL Server 是微软公司推出的大型分布式客户机/服务器结构的关系数据库管理系统。最初由 Microsoft、Sybase 和 Ashton-Tate 三家公司共同开发，于 1988 年推出了第一个 OS/2 版本。1992 年，在 Windows NT 推出后，微软公司将 SQL Server 移植到 Windows NT 系统上。Microsoft SQL Server 是一个支持客户机/服务器的 DBMS，它使用 Transact-SQL 在客户机和服务器之间传送请求和回应，具有使用方便、可伸缩性好、与相关软件集成程度高等优点，可跨越从掌上电脑到大型多处理器服务器等多种平台使用。此外，Microsoft SQL Server 是一个全面的数据库平台，使用集成的商业智能工具提供企业级的数据管理，其数据库引擎为关系数据和结构化数据提供了更安全可靠的存储功能，可以构建和管理用于业务的、高可用和高性能的数据应用程序。

### 3. MySQL 数据库

MySQL 是由瑞典 MySQL AB 公司开发的一个关系数据库管理系统，目前属于 Oracle 旗下产品。MySQL 是最流行的关系数据库管理系统之一，在 Web 应用方面，MySQL 是最好的关系数据库管理系统应用软件。MySQL 是开源的，任何人都可以从 Internet 上免费下载和使用。由于 MySQL 具有体积小、速度快、开放源代码的特点，一般中小型网站的开发都选择 MySQL 作为网站数据库。在制作网站时，选择 Linux 作为操作系统、Apache 或 Nginx 作为 Web 服务器、MySQL 作为数据库、PHP/Perl/Python 作为服务器端脚本解释器，由于这些软件都是免费的开放源代码软件，因此使用这种方式不用花一分钱就可以建立起一个稳定、免费的网站系统，被业界称为"LAMP"组合。

### 4. Visual FoxPro 数据库

Visual FoxPro 简称 VFP，是 Microsoft 公司推出的小型数据库管理系统。Visual FoxPro 源于美国 Fox Software 公司开发的数据库产品 FoxBase，1992 年 Fox Software 公司被 Microsoft 公司兼并，1995 年推出 Visual FoxPro 3.0，目前的最新版本是 Visual FoxPro 9。在学校教学和教育部门考证中还依然沿用经典版的 Visual FoxPro 6.0。Visual FoxPro 提供了一个集成化的系统开发环境，使数据的组织与操作变得简单方便。它不仅支持传统的结构化程序设计，而且支持面向对象程序设计，利用可视化的设计工具和向导，用户可以快速创建表单、菜单、查询和打印报表。在桌面型数据库应用中，Visual FoxPro 处理速度极快，是日常工作中的得力助手。

### 5. Microsoft Access 数据库

Access 是 Microsoft 公司的 Microsoft Office 组件之一，是目前比较流行的小型桌面数据库管理系统。Access 提供了可视化的开发工具，无须编写任何代码就可完成大部分的数据管理任务。Access 不仅可以通过 ODBC（open data base connection）与其他数据库进行数据共享和交换，还可以和其他 Microsoft Office 组件进行数据共享和交换。此外，Access 还支持对象的链接和嵌入技术，在数据库中嵌入和链接声音、图像等多媒体数据。Access 不仅可以用于小型数据库管理，而且还可用于客户机/服务器应用程序中的工作站部分。

# 4.3 关系数据库

关系数据库是建立在关系模型基础上的数据库。它借助集合代数等概念和方法来处理数据库中的数据，同时也是一个被组织成一组拥有正式描述性的表格。

### 4.3.1　基本概念

在关系模型中，实体和实体间的各种联系均用关系来表示。关系模型从形式上看就是一张二维表，现以表 4-2 为例，简单描述关系模型中的一些基本概念。

**表 4-2　学生成绩表**

| 学号 | 姓名 | 性别 | 课程编号 | 成绩 | 班级 |
|------|------|------|----------|------|------|
| 20170101 | 丁玉 | 女 | 0003 | 99 | 软工 17-1 |
| 20170102 | 王明月 | 女 | 0003 | 87 | 软工 17-1 |
| 20170202 | 张可 | 女 | 0003 | 100 | 软工 17-2 |
| 20170204 | 司光祥 | 男 | 0003 | 65 | 软工 17-2 |
| 20170305 | 张小晨 | 女 | 0003 | 74 | 软工 17-3 |
| 20170306 | 赵明 | 男 | 0003 | 92 | 软工 17-3 |

字段名　记录　关键字　字段

**1. 关系**

关系就是一张二维表，表的名称就是关系名，表 4-2 中，"学生成绩表"就是一个关系。

**2. 元组**

二维表中水平方向的行称为元组。在数据表中，一个元组对应一条记录。表 4-2 中，学号为"20170202"的学生张可所在的行即为一条记录。一个关系就是若干元组的集合。

**3. 属性**

二维表中垂直方向的列称为属性。在数据表中，一个属性对应一个字段，每个字段都有一个字段名。表 4-2 中，学号、姓名、性别等字段及其相应的数据类型构成了学生成绩表的表结构。

**4. 值域**

属性的取值范围称为值域。例如，性别的值域是"男"或"女"。

**5. 主键**

二维表中可以唯一确定一条记录的某个属性或属性的集合称为主键。表 4-2 中，学号可以唯一确定一条学生信息记录，学号就是该表的主键。

**6. 外键**

在其他表中作为主键存在的某个属性或属性的集合称为外键，即一个表中的外键被认为是另一个表中的主键。

**7. 关系模式**

关系模式是对关系的描述，主要由表名和属性名构成。表 4-2 中的关系模式为，学生成绩表（学号，姓名，性别，课程编号，成绩，班级）。

### 4.3.2 关系的特点

**1. 数据结构简单**

在关系模型中，数据模型是一些表格的框架。二维表结构是非常贴近逻辑世界的一个概念，关系模型相对网状、层次等其他模型来说更容易理解。

**2. 数据独立性高**

在关系模型中，用户对数据的操作可以不涉及数据的物理存储位置，而只需给出数据所在的表、属性等有关数据自身的特性即可，具有较高的数据独立性。

**3. 查询方便**

在关系模型中，数据的操作比非关系模型方便，它的一次操作不只是一个元组，还可以是一个元组集合。特别是在高级语言的条件语句配合下，一次可操作所有满足条件的记录。

**4. 支持 SQL 语言**

通用的 SQL 语言使得操作关系数据库非常方便，可用于复杂查询。

**5. 数据库易于维护**

丰富的完整性（实体完整性、参照完整性和用户定义的完整性）大大降低了数据冗余和数据不一致的概率。

### 4.3.3 关系的基本运算

在对数据库进行查询操作时，需要对关系进行一定的关系运算。关系的基本运算分为两类：一类是传统的集合运算；一类是专门的关系运算。传统的集合运算是将关系看成元组的集合，其运算是从关系的行方向进行。专门的关系运算涉及行和列两个方向的计算。

**1. 传统集合运算**

传统的集合运算是二目运算，包括并、交、差、广义笛卡儿积 4 种运算。假设关系 R 和 S 如表 4-3、表 4-4 所示，关系 R 和 S 具有相同的属性，且属性的取值来自同一个域。

表 4-3　外语竞赛获奖学生名单（关系 R）

| 学号 | 姓名 | 性别 | 班级 |
|------|------|------|------|
| 20170103 | 陈丽娟 | 女 | 计科 17-1 |
| 20170205 | 方坤 | 女 | 计科 17-2 |
| 20170230 | 杜瑞垚 | 男 | 计科 17-2 |
| 20170310 | 钱学名 | 男 | 计科 17-3 |
| 20170409 | 王冠安 | 男 | 计科 17-4 |

表 4-4　数学竞赛获奖学生名单（关系 S）

| 学号 | 姓名 | 性别 | 班级 |
|------|------|------|------|
| 20170103 | 陈丽娟 | 女 | 计科 17-1 |
| 20170205 | 方坤 | 女 | 计科 17-2 |
| 20170301 | 周娟 | 女 | 计科 17-3 |
| 20170310 | 钱学名 | 男 | 计科 17-3 |
| 20170421 | 许磊 | 男 | 计科 17-4 |

（1）并运算

关系 R 和关系 S 的并运算记为 R∪S。运算结果是由属于 R 或者属于 S 的元组组成的集合，即把两个关系中所有的元组合并在一起，消去重复元组。R∪S 的结果如表 4-5 所示。

（2）交运算

关系 R 和关系 S 的交运算记为 R∩S。运算结果是由既属于 R 又属于 S 的元组组成的集合。R∩S 的结果如表 4-6 所示。

（3）差运算

关系 R 和关系 S 的差运算记为 R-S。运算结果是由属于 R 但不属于 S 的元组组成的集合。R-S 的结果如表 4-7 所示。

表 4-5　R∪S 结果

| 学号 | 姓名 | 性别 | 班级 |
|------|------|------|------|
| 20170103 | 陈丽娟 | 女 | 计科 17-1 |
| 20170205 | 方坤 | 女 | 计科 17-2 |
| 20170230 | 杜瑞垚 | 男 | 计科 17-2 |
| 20170310 | 钱学名 | 男 | 计科 17-3 |
| 20170409 | 王冠安 | 男 | 计科 17-4 |
| 20170301 | 周娟 | 女 | 计科 17-3 |
| 20170421 | 许磊 | 男 | 计科 17-4 |

表 4-6　R∩S 结果

| 学号 | 姓名 | 性别 | 班级 |
|------|------|------|------|
| 20170103 | 陈丽娟 | 女 | 计科 17-1 |
| 20170205 | 方坤 | 女 | 计科 17-2 |
| 20170310 | 钱学名 | 男 | 计科 17-3 |

表 4-7　R-S 结果

| 学号 | 姓名 | 性别 | 班级 |
|------|------|------|------|
| 20170230 | 杜瑞垚 | 男 | 计科 17-2 |
| 20170409 | 王冠安 | 男 | 计科 17-4 |

（4）广义笛卡儿积

关系 R 和关系 S 的笛卡儿积运算记为 R×S。关系 R 和 S 可以具有不同的字段数，运算结果是由 R 中每个元组和 S 中每个元组拼接成的新元组。例如，关系 R1 和 S1 分别如表 4-8 和表 4-9 所示，则 R1×S1 的运算结果如表 4-10 所示。

表 4-8　竞赛表（关系 R1）

| 编号 | 名称 |
|------|------|
| 001 | 外语竞赛 |
| 002 | 数学竞赛 |

表 4-9　学分表（关系 S1）

| 等级 | 学分 |
|------|------|
| 一等奖 | 10 |
| 二等奖 | 5 |
| 三等奖 | 3 |

表 4-10　R1×S1 的运算结果

| 编号 | 名称 | 等级 | 学分 |
|------|------|------|------|
| 001 | 外语竞赛 | 一等奖 | 10 |
| 001 | 外语竞赛 | 二等奖 | 5 |
| 001 | 外语竞赛 | 三等奖 | 3 |
| 002 | 数学竞赛 | 一等奖 | 10 |
| 002 | 数学竞赛 | 二等奖 | 5 |
| 002 | 数学竞赛 | 三等奖 | 3 |

**2. 专门的关系运算**

专门的关系运算包括选择、投影和连接运算。其中，选择运算、投影运算为单目运算，连接运算为双目运算。以表 4-11 为例进行运算演示。

表 4-11　学生成绩表

| 学　号 | 姓　名 | 性　别 | 课程编号 | 成　绩 | 班　级 |
|---|---|---|---|---|---|
| 20170101 | 丁玉 | 女 | 0003 | 99 | 软工 17-1 |
| 20170102 | 王明月 | 女 | 0003 | 87 | 软工 17-1 |
| 20170202 | 张可 | 女 | 0003 | 100 | 软工 17-2 |
| 20170204 | 司光祥 | 男 | 0003 | 65 | 软工 17-2 |
| 20170305 | 张小晨 | 女 | 0003 | 74 | 软工 17-3 |
| 20170306 | 赵明 | 男 | 0003 | 92 | 软工 17-3 |

（1）选择运算

选择运算是指从关系中选择满足给定条件的元组，即从二维表中选出符合条件的记录。例如，从表 4-11 中查询所有"软工 17-1"班的学生信息，查询结果如表 4-12 所示。

表 4-12　选择运算结果

| 学　号 | 姓　名 | 性　别 | 课程编号 | 成　绩 | 班　级 |
|---|---|---|---|---|---|
| 20170101 | 丁玉 | 女 | 0003 | 99 | 软工 17-1 |
| 20170102 | 王明月 | 女 | 0003 | 87 | 软工 17-1 |

（2）投影运算

投影运算是指从关系中选择若干属性列组成新的关系，即从二维表中指定若干字段组成一个新的二维表。例如，从表 4-11 中查询所有学生的学号、姓名、成绩、班级，查询结果如表 4-13 所示。

表 4-13　投影运算结果

| 学　号 | 姓　名 | 成　绩 | 班　级 |
|---|---|---|---|
| 20170101 | 丁玉 | 99 | 软工 17-1 |
| 20170102 | 王明月 | 87 | 软工 17-1 |
| 20170202 | 张可 | 100 | 软工 17-2 |
| 20170204 | 司光祥 | 65 | 软工 17-2 |
| 20170305 | 张小晨 | 74 | 软工 17-3 |
| 20170306 | 赵明 | 92 | 软工 17-3 |

（3）连接运算

连接运算符是指从两个关系中，选择属性值满足一定条件的记录，连接成一个新关系。

连接条件通常为一个逻辑表达式，即通过比较两个关系中指定属性的值来连接满足条件的元组。例如，给出两个表，分别为表 4-11 所示的学生成绩表和表 4-14 所示的课程表。将学生成绩表与课程表进行连接，运算结果如表 4-15 所示。

表 4-14　课　程　表

| 课程编号 | 课程名称 | 课程性质 |
| --- | --- | --- |
| 0001 | 英语 | 通识必修 |
| 0002 | 高等数学 | 通识必修 |
| 0003 | 大学计算机基础 | 通识必修 |
| 0004 | 大学物理 | 通识必修 |

表 4-15　学生成绩信息表

| 学号 | 姓名 | 性别 | 课程编号 | 成绩 | 班级 | 课程名称 | 课程性质 |
| --- | --- | --- | --- | --- | --- | --- | --- |
| 20170101 | 丁玉 | 女 | 0003 | 99 | 软工 17-1 | 大学计算机基础 | 通识必修 |
| 20170102 | 王明月 | 女 | 0003 | 87 | 软工 17-1 | 大学计算机基础 | 通识必修 |
| 20170202 | 张可 | 女 | 0003 | 100 | 软工 17-2 | 大学计算机基础 | 通识必修 |
| 20170204 | 司光祥 | 男 | 0003 | 65 | 软工 17-2 | 大学计算机基础 | 通识必修 |
| 20170305 | 张小晨 | 女 | 0003 | 74 | 软工 17-3 | 大学计算机基础 | 通识必修 |
| 20170306 | 赵明 | 男 | 0003 | 92 | 软工 17-3 | 大学计算机基础 | 通识必修 |

# 4.4　结构化查询语言基础

结构化查询语言（structured query language，SQL），是关系数据库管理系统中最流行的数据查询和更新语言，于 1974 年由 Boyce 和 Chamberlin 提出。绝大多数流行的关系数据库管理系统，如 Oracle、Sybase、SQL Server、Access 等都采用了 SQL 语言标准。虽然很多数据库都对 SQL 语句进行了再开发和扩展，但是标准的 SQL 命令仍然可以被用来完成几乎所有的数据库操作。

## 4.4.1　SQL 语言的特点

SQL 语言集数据查询、数据操纵、数据定义和数据控制功能于一体，充分体现了关系数据库语言的特点和优点。SQL 语言具有下列几个特点。

### 1. 综合统一

SQL 语言集数据定义语言（DDL）、数据操纵语言（DML）、数据控制语言（DCL）的功能于一体，能够独立完成数据库生命周期中的全部活动，包括定义模式关系、建立数据库、插入数据、更新、维护、数据库重构和数据库安全性控制等一系列操作。数据库系统投入运行后，用户还可以根据需要随时、逐步地修改模式，且并不影响数据库的运行。

**2. 高度的非过程化**

用 SQL 语言进行数据操作时，存取路径的选择以及 SQL 语句的操作过程由系统自动完成。用户只需提出"做什么"，而不必指明"怎么做"，无须了解具体的存取路径，这不仅大大减轻了用户负担，而且有利于提高数据独立性。

**3. 面向集合的操作方式**

SQL 语言采用集合操作方式，请求只需一条 SELECT 命令即可获得满足所有条件的元组集合。不仅 SQL 的操作对象和查找结果可以是元组的集合，而且一次插入、删除、更新操作的对象也可以是元组的集合。

**4. 统一的语法结构**

SQL 语言既是自含式语言，又是嵌入式语言。自含式语言是指 SQL 能够独立地用于联机交互，适用于普通用户。用户可以在终端键盘上直接输入 SQL 命令对数据库进行操作。嵌入式语言是指 SQL 语句能够嵌入到高级语言程序中，适用于程序员。程序员可以通过编程实现对数据库的存取操作。在这两种不同方式中，SQL 语言的语法结构基本一致。

**5. 操作过程统一**

在关系模型中，实体和实体间的联系均用关系表示，这种单一的数据结构使数据的查找、插入、删除、修改等每一种操作都只需要一种操作符，从而克服了非关系系统中信息表示方式的多样性所带来的操作复杂性。

**6. 语言简洁，易学易用**

虽然 SQL 的语言功能极强，但由于设计巧妙，语言简洁，只用 9 个动词就可以完成其核心功能，如表 4-16 所示。

表 4-16　SQL 核心动词

| SQL 功能 | 所使用动词 |
|---|---|
| 数据定义 | CREATE、DROP、ALTER |
| 数据查询 | SELECT |
| 数据操纵 | INSERT、UPDATE、DELETE |
| 数据控制 | GRANT、REVOKE |

## 4.4.2　数据定义语句

SQL 的数据定义功能主要包括对基本表、视图和索引 3 类对象的定义和撤销操作，分别通过 SQL 的 CREATE、ALTER、DROP 语句实现，如表 4-17 所示。由于视图是基于基本表的虚表，索引依附于基本表，因此 SQL 通常不提供修改视图定义和索引定义的操作。用户如果想修改视图定义或索引定义，只能先将它们删除掉，然后再重建。在描述 SQL 语句的一般形式中，符号"< >"表示其中的文字为一个语法范畴，符号"[ ]"表示其中的内容是可选的。

表 4-17　SQL 的数据定义语句

| 操作对象 | 操作方式 | | |
|---|---|---|---|
| | 创　建 | 删　除 | 修　改 |
| 数据库 | CREATE DATABASE | DROP DATABASE | ALTER DATABASE |
| 基本表 | CREATE TABLE | DROP TABLE | ALTER TABLE |
| 索引 | CREATE INDEX | DROP INDEX | |
| 视图 | CREATE VIEW | DROP VIEW | |

### 1. 定义基本表

建立数据库最重要的一步就是定义基本表，基本表是独立存在的表。

定义基本表的一般格式如下：

```
CREATE TABLE <表名>(
<列名><数据类型>[列级完整性约束条件]
[,<列名><数据类型>[列级完整性约束条件]... ]
[,<表级完整性约束条件>]);
```

SQL 中提供的基本数据类型如表 4-18 所示。

表 4-18　SQL 提供的基本数据类型

| 数据类型 | 描　述 |
|---|---|
| CHAR(n) | 长度为 n 的定长字符串 |
| VARCHAR(n) | 最大长度为 n 的变长字符串 |
| INTEGER | 全字长整数，占用 4 字节 |
| SMALLINT | 半字长整数，占用 2 字节 |
| NUMERIC(p,d) | 由 p 位数字组成的定点数，小数点后面有 d 位数字 |
| REAL | 浮点数 |
| FLOAT(n) | 精度至少为 n 位数字的浮点数 |
| DATE | 存储年、月、日的值 |
| TIME | 存储时、分、秒的值 |

【例 4-1】　创建课程表 Course，它由课程编号 Cno、课程名 Cname、学分 Cscore 3 个属性组成，其中课程编号不能为空，值是唯一的。

```
CREATE TABLE Course(
Cno     CHAR(8)  NOT NULL UNIQUE PRIMARY KEY,
Cname   CHAR(10),
Cscore  INTEGER);
```

其中，CHAR（8）表示数据类型为字符串，长度为 8；NOT NULL 表示不能为空值；UNIQUE 表示不能重复；PRIMARY KEY 表示设置为主键。创建后的表结构如表 4-19 所示。

表 4-19 成绩表的表结构

| 字 段 名 | 字 段 类 型 | 字 段 大 小 | 是否为主键 |
|---|---|---|---|
| Cno | CHAR | 8 | 是 |
| Cname | CHAR | 10 | 否 |
| Cscore | INTEGER | 默认 | 否 |

### 2. 修改基本表

随着应用需求的变化，有时需要修改已建立好的基本表，包括增加新列、修改原有的列定义等。SQL 语言用 ALTER TABLE 语句修改基本表。其一般格式如下：

```
ALTER TABLE <表名>
[ ADD<新列名><数据类型>[列级完整性约束条件]]
[ DROP<完整性约束名>]
[ MODIFY<列名><数据类型>];
```

其中，ADD 子句用于增加新列，DROP 子句用于删除指定的完整性约束条件，MODIFY 子句表示修改原有的列定义。

【例 4-2】 向 Course 表中增加教师 Teacher 属性，数据类型为文本类型。

```
ALTER TABLE Course ADD Teacher CHAR(8);
```

### 3. 删除基本表

当不再需要某个基本表时，可以使用 SQL 语言的 DROP TABLE 语句进行删除。其一般格式如下：

```
DROP TABLE<表名>;
```

【例 4-3】 删除 Course 表。

```
DROP TABLE Course;
```

视图、索引的定义与删除操作与基本表非常相似，这里不再一一介绍。

### 4.4.3 数据查询语句

数据库查询是数据库的核心操作。SQL 的数据查询是用 SELECT 语句实现的，其功能强大，具有数据查询、统计、分组和排序的功能。其一般格式如下：

```
SELECT [ ALL |DISTINCT ] <目标列表达式>[,<目标列表达式>] …
FROM<表名或视图名> [,<表名或视图名>] …
[ WHERE <条件表达式> ]
```

```
[ GROUP BY <列名 1> [ HAVING <条件表达式>] ]
[ ORDER BY <列名 2> [ASC | DESC] ];
```

其中，SELECT 子句指明要查询的目标列，FROM 子句指明被查询的表或视图，WHERE 子句指明查询条件，GROUP BY 子句指明如何对查询结果进行分组，GROUP BY 子句后可以带上 HAVING 条件子句，它决定着整个记录的取舍条件，ORDER BY 子句指明查询结果如何排序。

**1. 单表查询**

单表查询是指仅涉及一个表的查询。

【例 4-4】 使用 SELECT 语句按要求查询 Course 表的信息。

（1）查询 Course 表中的所有课程信息。

```
SELECT Cno,Cname,Cscore FROM Course;
```

如果查询表中的所有字段信息，则字段名可以用"＊"代替，因此该语句也可写为

```
SELECT * FROM Course;
```

（2）查询 Course 表中学分为 2 分的课程编号和课程名信息。

```
SELECT Cno,Cname FROM Course WHERE Cscore=2;
```

（3）查询 Course 表中学分为 2~4 分的课程信息，并按照学分字段进行降序排列。

```
SELECT Cno,Cname,Cscore
FROM Course
WHERE Cscore BETWEEN 2 AND 4
ORDER BY Cscore DESC;
```

其中，BETWEEN…AND…用于指定查找范围，DESC 表示排序方式为降序。

**2. 多表查询**

多表查询是指涉及两个或两个以上基本表的查询，由于查询时需要将多个基本表进行连接，又称为连接查询。多表查询是关系数据库中最主要的查询。

创建学生表 Student 和成绩表 Score。学生表由学号 Sno、姓名 Sname、年龄 Age、系别 Sdept 4 个属性组成。成绩表由学号 Sno、课程名 Cname、成绩 Score 3 个属性组成。

【例 4-5】 查询选修了课程名为"英语"，且成绩为 80 分以上的学生的学号、姓名和成绩，并按成绩进行降序排列。

```
SELECT Student . Sno,Sname,Score FROM Student,Score
WHERE Score. Cname='英语' AND Student . Sno= Score. Sno AND Score>=80
ORDER BY Score DESC;
```

### 4.4.4 数据操纵语句

数据操纵是 SQL 操作的重要组成部分，包括向关系表中插入数据、修改数据和删除关系

表中已有的数据。

**1. 插入数据**

SQL 的数据插入语句 INSERT 通常有两种形式。一种是一次插入一个元组，另一种是将查询得到的结果插入到指定的基本表中。

（1）插入单个元组

其功能是将新元组插入到指定表中，插入单个元组的 INSERT 语句的格式如下：

```
INSERT INTO <表名> [ ( <属性列1> [,<属性列2> ]… ) ]
VALUES ( <常量1> [,<常量2> ] …);
```

其中，新记录属性列 1 的值为常量 1，属性列 2 的值为常量 2，以此类推。

【例 4-6】 将一门课程的记录插入到 Course 表中。课程编号为"0005"，课程名为"体育"，学分为 2。

```
INSERT INTO Course(Cno,Cname,Cscore)
VALUES('0005','体育','2');
```

（2）通过子查询向表中插入多条数据

把从子查询中得到的多条数据一次性插入表中。这种子查询的数据格式如下：

```
INSERT INTO <表名> [ ( <属性列1> [,<属性列2> ]… ) ]
子查询;
```

【例 4-7】 创建一个存放课程编号和课程名称的基本表 Course1，将 Course 表中所有学分大于 2 分的课程编号和课程名称存入 Course1 中。

① 创建一个新表 Course1：

```
CREATE TABLE Course1(
Cno        CHAR(8),
Cname      CHAR(10) );
```

② 将查询结果存入表 Course1 中：

```
INSERT INTO Course1(Cno,Cname)
SELECT Cno,Cname
FROM   Course
WHERE  Cscore >2;
```

**2. 修改数据**

修改操作又称为更新操作，其语句的一般格式如下：

```
UPDATE <表名>
SET <列名>=<值表达式> [,<列名>=<值表达式>]…
[ WHERE <条件表达式> ];
```

UPDATE 语句的功能是修改表中符合 WHERE 子句条件的元组，用 SET 子句中给出的表达式值替代相应的列值，如果省略 WHERE 子句，则表示要修改表中的所有元组。

【例 4-8】　修改 Course 表中指定元组中的属性值，将课程"体育"的"学分"属性修改为 3。

```
UPDATE Course SET Cscore ='3'
WHERE Cname ='体育';
```

### 3. 删除数据

当关系表中的数据不再需要时，可以使用 DELETE 语句进行删除，其语句格式如下：

```
DELETE FROM <表名>
[ WHERE <条件表达式> ];
```

DELETE 语句的功能是从指定表中删除满足 WHERE 子句条件的所有元组，如果没有 WHERE 子句则删除表中所有记录。

【例 4-9】　将 Course 表中学分为 2 的所有课程信息删除。

```
DELETE FROM Course WHERE Cscore =2;
```

## 4.4.5　数据控制语句

SQL 的数据控制功能包括事务管理功能和数据保护功能，即数据库的恢复和并发控制，数据库的安全性和完整性控制等。

### 1. 授权

SQL 语言用 GRANT 语句向用户授权操作权限，其语句的一般格式如下：

```
GRANT <权限 1> [,<权限 2> ] …
[ ON <对象类型> <对象名> ]
TO <用户 1> [,<用户 2> ] …
[ WITH GRANT OPTION ]
```

GRANT 语句的功能是将对指定操作对象的指定操作权限授予指定的用户。

【例 4-10】　将查询 Course 表的权限授给用户 User1。

```
GRANT SELECT
ON TABLE Course
TO User1;
```

此时，用户 User1 可以对 Course 表进行查询。

### 2. 收回权限

SQL 语言用 REVOKE 语句收回向用户授权的权限，其语句的一般格式如下：

```
REVOKE <权限 1> [,<权限 2>]…
[ ON <对象类型> <对象名> ]
FROM <用户 1>[,<用户 2> ] …
```

【例 4-11】 收回用户 User1 查询 Course 表的权限。

```
REVOKE SELECT
ON TABLE Course
FROM User1;
```

此时，用户 User1 不能对 Course 表进行查询。

# 4.5  Access 2010 数据库管理系统

Access 2010 是 Microsoft 公司推出的 Office 2010 组件之一，是国内外最流行的、功能强大的桌面数据库管理系统。它具有可视化开发平台，使用时仅通过直观的可视化操作即可完成基本的数据库开发工作。Access 2010 不仅继承和发扬了 Access 的功能强大、界面友好、易学易用等优点，在界面的易用性、智能特性、安全性、支持 Web 网络数据库等方面也进行了很大改进，使得数据库管理工作变得简捷、方便。

## 4.5.1  Access 2010 的新功能

Access 提供了一整套用于组织数据、建立查询、生成窗体、打印报表、共享数据以及支持超链接的手段，使用它可以完成很多工作。相对于之前的版本，Access 2010 新增了一些功能。

### 1. 新的文件格式

Access 2010 采用了全新的文件格式，其扩展名为 accdb。这种全新的格式支持许多产品的增强功能，并且能够使 Access 2010 数据库更完整地与 Windows SharePoint Services 和 Outlook 集成。但是，Access 2010 的文件格式与以前版本的 Access 无法兼容。

### 2. 轻松构建数据库

Access 2010 增加了现成的模板和可重用的组件，为用户提供了更加快速且简便的数据库解决方案，用户只需单击几下即可投入工作。内置模板可从 Office.com 中进行选择，并可以根据需要进行自定义。

### 3. 应用主题实现专业设计

通过 Access 2010 中新增的 Office 主题工具，可以快速设置、修改数据库的外观，或通过自定义的主题制作出精美的窗体界面和报表。

### 4. 添加自动化功能和复杂的表达式

Access 2010 具有功能增强的表达式生成器，它借助 IntelliSense 技术极大地简化了公式和表达式。用户无须花更多的时间来考虑语法错误和相关参数，当输入表达式时，表达式生成器的智能特性能够为用户提供需要的全部信息。

### 5. 计算数据类型

在 Access 2010 中增加了"计算"字段数据类型，可以在表中创建计算字段，方便地显示计算结果。Access 2010 的计算功能把 Excel 优秀的公式计算功能移植进来，极大地方便了用户。

**6. 布局视图的改进**

Access 2010 布局视图的功能更加强大，可以通过该视图对窗体进行设计和更改，在修改窗体的同时能够看到运行的数据。在布局视图中还可以设置控件大小或执行几乎所有影响窗体外观和可用性的任务。

除了以上几点之外，Access 2010 还对宏、安全模型等进行了改进，新增了 Web 数据库以及对 PDF 和 XPS 格式文件的支持等功能。

### 4.5.2　Access 2010 的组成对象

Access 2010 主要由表、查询、窗体、报表、页、宏和模块等基本对象组成。这些对象作为 Access 数据库的组成部分，存储在同一个数据库文件（.accdb）中，因此也称为数据库对象。

**1. 表（table）**

表是数据库中最基本的组成单位，是与特定主题有关的数据的集合。数据被存储在二维表中，一个数据库由一个或多个二维表构成。表是最基本的对象，其他对象如查询、窗体、报表等所需要的数据大多数都来自于表。

**2. 查询（query）**

查询是根据给定的条件从指定的一个或多个表中选取需要的信息。查询的数据源可以是表，也可以是另一查询的结果。查询的结果形成动态数据集，显示在一个虚拟的数据表窗口中，可以作为窗体、报表和页的数据源。

**3. 窗体（form）**

窗体是用户与 Access 数据库进行交互的图形界面。在窗体中可以进行数据的显示、建立、修改、打印及数据的输入、输出等操作。窗体的数据大多来自于表或查询。

**4. 报表（report）**

报表是将选定的数据信息按一定的格式进行显示或打印。报表的数据源可以是一张或者多张数据表、一个或者多个查询结果。报表还可以进行一些计算，如求和、求平均值等。

**5. 页（page）**

页也称数据访问页，是 Access 2010 发布的 Web 页，包含与数据库的连接。在数据访问页中，可以查看、编辑以及操作数据库中存储的数据。

**6. 宏（marco）**

宏是自动完成特定任务的一个或多个操作的集合。宏可以使需要连续执行多个指令的功能通过一条指令自动完成，将原来孤立的对象有机地组织起来，从而实现数据库复杂的管理功能。

**7. 模块（module）**

模块也可以实现数据处理的自动化。但与宏不同的是，它是用 VBA 编写的程序，能对操作进行更精确的控制。设置模块的过程实质上是使用 VBA 编写程序的过程。

### 4.5.3　创建数据库

创建数据库是使用 Access 的第一步。当建立一个新的数据库时，默认建立 Access 2010 格式的数据库，文件扩展名为.accdb。也可以通过"文件"选项卡"选项"命令，在打开的"选项"对话框的"常规"分类下设置默认的文件格式。创建数据库有两种方法。

**1. 建立空数据库**

建立一个空数据库，然后向其中添加表、查询、窗体和报表等对象，该方法比较灵活，但必须分别定义数据库的每一个对象。

【例 4-12】 创建一个空的数据库，数据库的名称为"学生成绩管理"。

操作步骤如下。

（1）启动 Access 2010 应用程序，出现 Access 2010 的首界面。首界面提供了创建数据库的导航，如图 4-13 所示，导航中显示了可用的数据库模板以及 Office.com 上的模板。

图 4-13　Access 2010 首界面

（2）单击"文件"选项卡中"新建"命令下的"空数据库"图标，将右侧窗格中"文件名"文本框中的默认文件名"Database.accdb"，修改为"学生成绩管理.accdb"。

（3）单击文件名后的图标，设置数据库的保存位置。

（4）单击"创建"按钮，进入工作界面如图 4-14 所示。

其界面与 Windows 标准的应用程序类似，包括标题栏、命令选项卡、功能区、状态栏、导航窗格、数据库对象窗口等部分。

① 功能区。功能区是一个贯穿窗口顶部的带状区域，其中包含多组命令，代替了以前版本的菜单栏和工具栏，它是 Access 2010 最常用的功能区域。功能区的每组命令是以选项卡的形式组织起来的，每个选项卡中的命令都针对特定的方案或对象进行处理，每个命令完成特

定的功能。例如"创建"选项卡，包含了创建表、创建查询、创建窗体、创建报表等命令。

图 4-14　Access 2010 工作界面

② 命令选项卡。命令选项卡是组成功能区的主要部分，可简称为选项卡，包括"文件"、"开始"、"创建"、"外部数据"和"数据库工具"等部分。在选项卡的命令按钮中，带有 下拉箭头的表示单击该命令可以打开一个下拉菜单；有的选项卡右下角带有 按钮，单击它可以打开一个设置对话框。

③ 导航窗格。打开一个数据库后，可以看到左侧的导航窗格。导航窗格对当前数据库的所有对象如表、窗体等进行组织和管理，按照类别将其分组。在导航窗格中的任意对象上右击，都将弹出快捷菜单，菜单中包括了针对当前对象常用的操作命令。

④ 数据库对象窗口。Access 数据库的对象窗口是用来设计、编辑、修改、显示以及运行表、查询、窗体、报表和宏等对象的区域。可以通过隐藏功能区和导航窗格的操作来扩大工作区的显示范围。

**2. 使用模板创建数据库**

Access 提供了多个本地数据库模板，包括"样品模板"、"空白 Web 数据库"、"我的模板"、"最近打开的模板"以及"从 Office. com 模板"等几种选择方式。使用模板可以方便快速地建立一个完整的数据库。此方法是创建数据库最简单的方法，建立的数据库中自动包含表、查询、窗体、报表等对象。

【例 4-13】　利用模板创建教职员数据库。

操作步骤如下。

（1）单击图 4-13"样本模板"图标，打开"样本模板"窗口，如图 4-15 所示。

（2）在窗口中选择教职员数据库类型，文本框中的文件名自动修改为"教职员"，设置数据库的保存位置。

（3）单击"创建"按钮，自动创建有关教职员的相关对象，显示在左侧的导航窗口中，如图 4-16 所示。

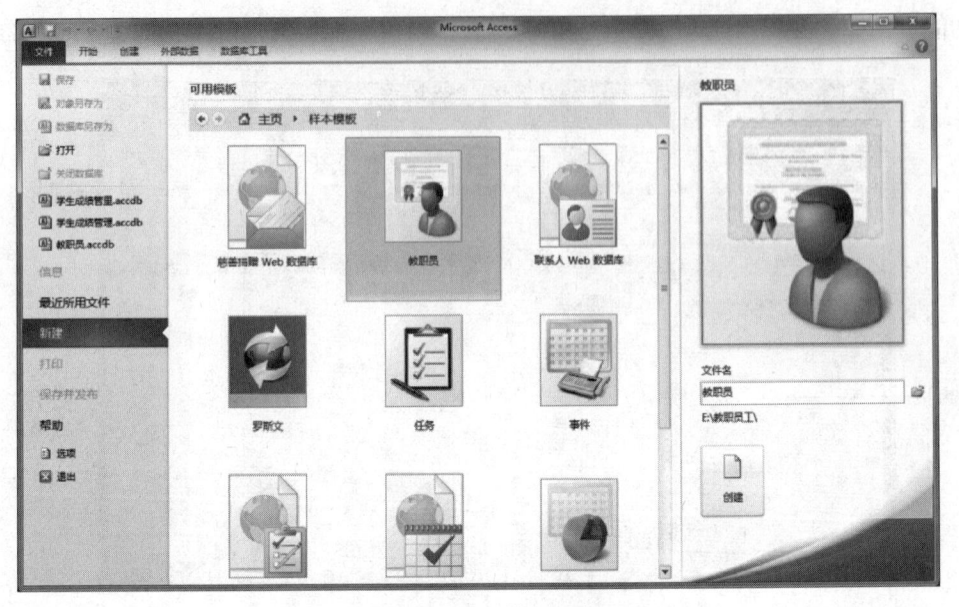

图 4-15　"样本模板"窗口

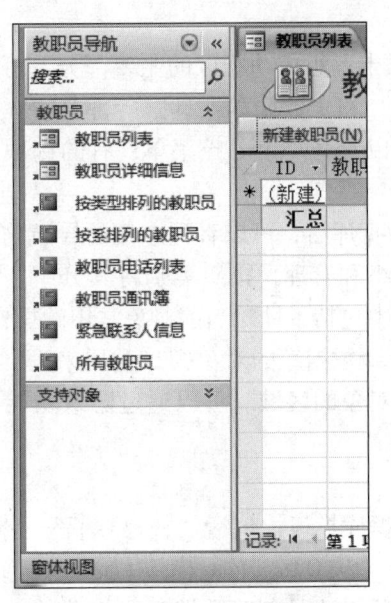

图 4-16　"教职员"数据库

### 4.5.4　创建数据表

表是 Access 数据库的最基本对象，是保存和组织各种信息的单元。数据库的其他对象如查询、窗体、报表等都是在此基础上建立的。

**1. 数据表结构**

数据表由表结构和记录两部分构成。创建数据表时首先建立表结构，再进行数据的录入。表结构包括表名、字段名、数据类型、属性等信息。

（1）表名

表名和字段名的命名规则类似，可以使用数字、字母、汉字和特殊字符，但长度不能超过 64 个字符。

（2）数据类型

数据类型决定了数据的存储方式，Access 2010 提供了多种数据类型，包括文本、备注、数字、日期/时间、货币、自动编号、是/否、OLE 对象、超链接、计算等。常用的数据类型如表 4-20 所示。

表 4-20　Access 2010 数据库常用的字段类型

| 类　　型 | 说　　明 | 大　　小 |
|---|---|---|
| 文本 | 用于文本或文本与数字的组合，例如电话号码 | 0~255 个字符 |
| 备注 | 用于长文本和数字，例如注释或说明 | 0~65 535 个字符 |
| 数字 | 用于将要进行算术计算的数据 | 1 B、2 B、4 B、8 B |
| 日期/时间 | 从 100~9999 年的日期与时间值 | 8 B |
| 货币 | 用于存储货币值 | 8 B |
| 自动编号 | 用于在添加记录时自动插入的唯一编号 | 4 B |
| 是/否 | 用于两个值中的一个（例如"是/否"），不允许 Null 值 | 1 b |
| OLE 对象 | 用于在表中链接或嵌入其他程序中创建的 OLE 对象 | 最多 1 GB |
| 超链接 | 用来存放链接到本地和网络上的地址，为文本形式 | 0~64 000 个字符 |

（3）字段属性

字段属性用来指定字段在表中的存储形式，用于指定字段大小、格式、默认值和有效性规则等。

常用的属性如下。

① 字段大小：数据类型设置完成后，可以设置所能输入的最大字符数。对于文本型数据，可以指定文字的长度；对于数字型数据，可以根据指定数据的类型确定数字长度。

② 格式：用来指定数据输入或显示的形式。例如，数字的格式有常规数字、百分比、科学计数等。

③ 小数位：小数点右边显示的位数。

④ 默认值：自动输入到字段中作为新记录的值。

⑤ 有效性规则：用于限制此字段输入值的表达式。

**2. 数据表的建立**

在 Access 2010 中，新建一个数据库时会自动创建一个新表，默认名称为"表 1"。另外，在现有数据库中可以通过以下 4 种方法创建新表。

（1）直接插入空表。

（2）使用设计视图创建表。

（3）通过外部数据导入创建表。

（4）利用模板创建表。

通常使用设计视图的方法来创建数据表。其操作分为两步，首先是定义表的结构，然后输入数据。下面简单介绍使用设计视图创建表的过程。

【例4-14】 使用表设计视图在"学生成绩管理"数据库中创建三个表，分别为成绩表、学生表、课程表。成绩表结构如表4-21所示，其中，"成绩ID"字段为主键、"总评成绩"为计算字段，表达式为"平时成绩*0.2+期末成绩*0.8"。

表4-21 成绩表结构

| 字 段 名 称 | 数 据 类 型 | 字段大小/类型 |
| --- | --- | --- |
| 成绩ID | 自动编号 | 长整型 |
| 课程号 | 文本 | 4 |
| 学号 | 文本 | 8 |
| 平时成绩 | 数字 | 整型（1位小数） |
| 期末成绩 | 数字 | 整型（1位小数） |
| 总评成绩 | 计算 | 平时成绩*0.2+期末成绩*0.8 |

详细操作步骤如下。

（1）单击"创建"选项卡中的"表设计"按钮，进入表设计视图。

（2）对字段进行属性设置。在"字段名称"列中输入"成绩ID"，在"数据类型"下拉列表框中选择该字段的类型"自动编号"，下方"常规"选项卡中设置字段大小为"长整型"。用同样方法设置其他字段的名称及相应的数据类型，如图4-17所示。

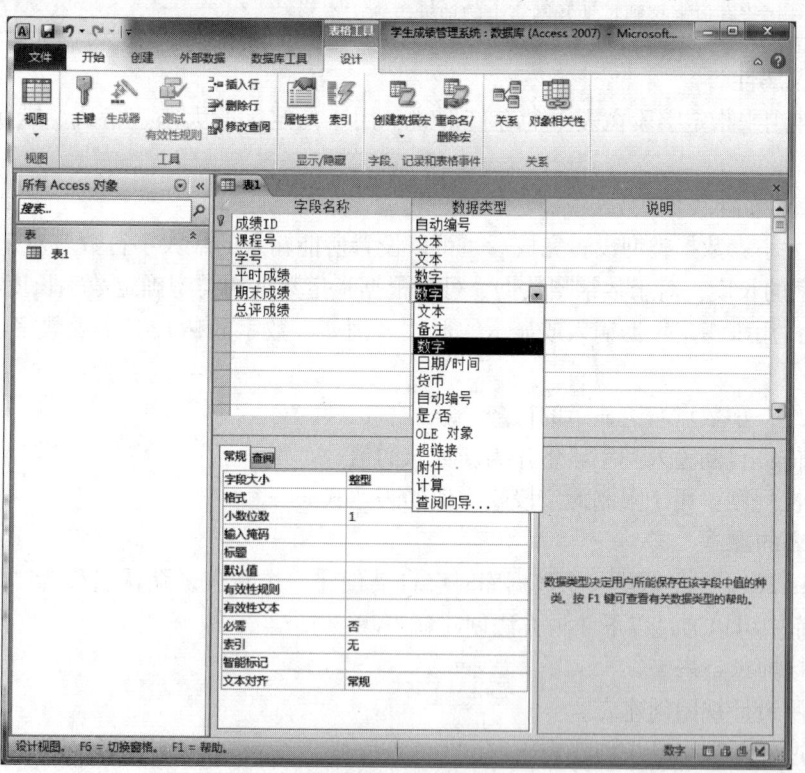

图4-17 表设计视图

（3）"总评成绩"字段设置"计算"类型后，将自动打开"表达式生成器"对话框，在空白的文本框中输入表达式"[平时成绩]＊0.2+[期末成绩]＊0.8"。

（4）选择"成绩 ID"字段，单击"设计"选项卡的"主键"按钮，将该字段设计成主键。

使用同样方法建立表 4-22 和表 4-23 所示的学生表和课程表结构并进行保存。其中，学生表中的主键为"学号"字段，课程表的主键为"课程号"字段。

<table>
<tr><td colspan="3">表 4-22　学生表结构</td></tr>
<tr><td>字 段 名 称</td><td>数据类型</td><td>字 段 大 小</td></tr>
<tr><td>学号</td><td>文本</td><td>8</td></tr>
<tr><td>姓名</td><td>文本</td><td>4</td></tr>
<tr><td>性别</td><td>文本</td><td>1</td></tr>
<tr><td>班级</td><td>文本</td><td>10</td></tr>
</table>

<table>
<tr><td colspan="3">表 4-23　课程表结构</td></tr>
<tr><td>字 段 名 称</td><td>数 据 类 型</td><td>字 段 大 小</td></tr>
<tr><td>课程号</td><td>文本</td><td>4</td></tr>
<tr><td>课程名称</td><td>文本</td><td>20</td></tr>
<tr><td>学分</td><td>数字</td><td>整型</td></tr>
</table>

### 3. 数据的输入

表结构建立后，需要向数据表中输入数据。数据表的输入是在数据表视图下完成的，如图 4-18 所示。

<table>
<tr><td colspan="7">成绩表</td><td>×</td></tr>
<tr><td>成绩ID ▾</td><td>课程号 ▾</td><td>学号 ▾</td><td>平时成绩 ▾</td><td>期末成绩 ▾</td><td>总评成绩 ▾</td><td>单击以添加 ▾</td></tr>
<tr><td>1</td><td>0001</td><td>20170101</td><td>100</td><td>90</td><td>92</td><td></td></tr>
<tr><td>2</td><td>0001</td><td>20170102</td><td>85</td><td>80</td><td>81</td><td></td></tr>
<tr><td>3</td><td>0002</td><td>20170101</td><td>94</td><td>86</td><td>87.6</td><td></td></tr>
<tr><td>4</td><td>0002</td><td>20170102</td><td>90</td><td>90</td><td>90</td><td></td></tr>
<tr><td>5</td><td>0005</td><td>20170103</td><td>79</td><td>85</td><td>83.8</td><td></td></tr>
<tr><td>＊</td><td>（新建）</td><td></td><td></td><td></td><td></td><td></td></tr>
</table>

图 4-18　成绩表数据的输入

详细操作步骤如下。

（1）双击导航窗格中的"成绩表"名称，进入"成绩表"的数据表视图。视图的第一行为字段名，其余行为记录。

（2）单击各字段对应的单元格进行数据输入，其中，"成绩 ID"字段为自动编号字段，其值由系统自动生成，"总评成绩"由 Access 根据给出的"计算"表达式计算得到。重复以上操作，录入"学生表"和"课程表"数据。

### 4. 创建数据表之间的关系

在数据库中创建数据表之后，还要建立数据表之间的联系，这些联系指定了参照完整性约束。"参照完整性"是一个规则系统，是数据库中表与表之间存在的关键字与外部关键字的约束关系，Access 通过它来保证相关表中记录关系的有效性，用户不能随意地更改或删除关联表中的数据。例如，建立了"学生表"和"成绩表"之间的一对多关系之后，Access 不允许在"成绩表"中添加"学生表"中没有的学号。另外，Access 建立关系的字段类型必须一致，否则 Access 创建关系时会提示无法建立表之间的关系。

【例 4-15】 创建"学生表"、"课程表"和"成绩表"之间的关系。

详细操作步骤如下。

（1）打开"学生成绩管理"数据库。

（2）单击"数据库工具"选项卡中"关系"组中的"关系"按钮，打开"关系"窗口的"显示表"对话框，如图 4-19 所示。

（3）"显示表"对话框列出了当前数据库中所有的表，将需要建立关系的表添加到"关系"窗口中，如图 4-20 所示。

（4）在"关系"窗口中，选择"学生表"的主键"学号"字段，将它拖拽到"成绩表"的"学号"字段上，弹出"编辑关系"对话框，按照图 4-21 所示进行设置。

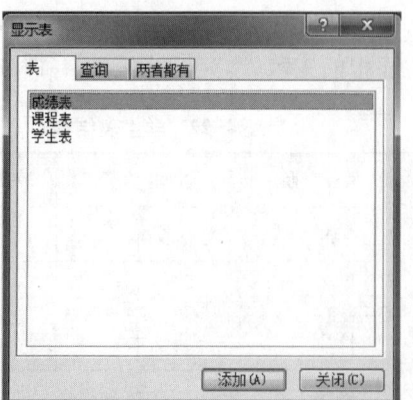

图 4-19 "显示表"对话框

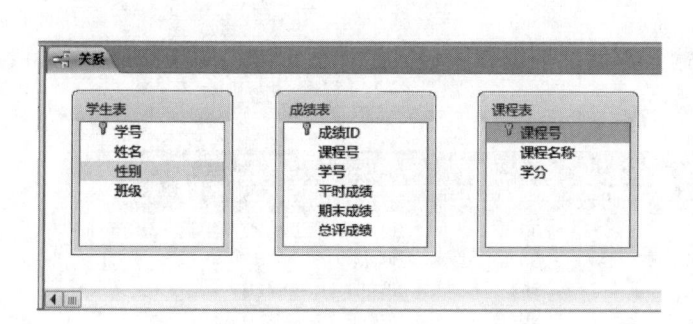

图 4-20 添加表的"关系"窗口

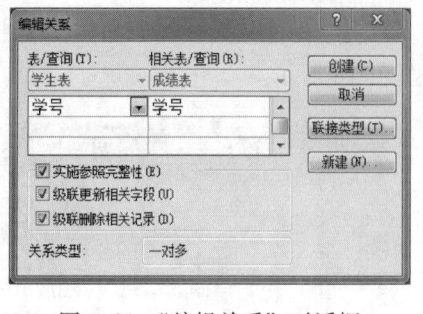

图 4-21 "编辑关系"对话框

"编辑关系"对话框中各复选框的含义如下。

① 如果同时勾选"实施参照完整性"和"级联更新相关字段"复选框，则主表的主关键字值更改时，自动更新相关表中的对应数据。

② 如果同时勾选"实施参照完整性"和"级联删除相关记录"复选框，则删除主表中的记录时，自动删除相关表中的相关信息。

③ 如果勾选"实施参照完整性"复选框，只要相关表中有相关记录，则主表中的主键值不能更新，且主表中的相关记录不能被删除。

例如，当删除学生表学号为"20170101"的学生记录时，则"成绩表"中与该学生相关的记录将被同时删除。当学生表中学生的学号由"20170101"变更为"20170401"时，"成绩表"中所有该学生记录中的学号也会变更为"20170401"，Access 通过这样的机制来保证相关表中数据的完整性和一致性。

（5）使用同样方法建立其他表之间的关系。建立关系后的结果如图 4-22 所示。

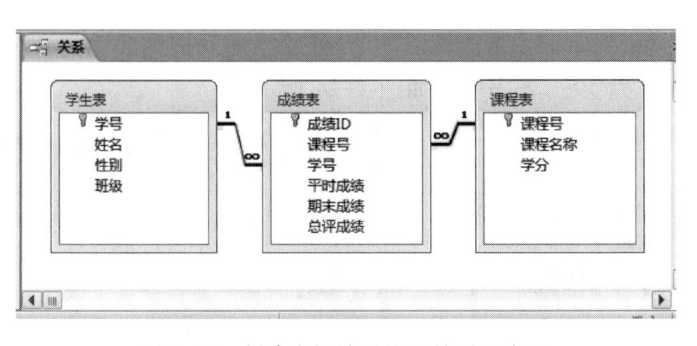

图 4-22　创建表间关系的"关系"窗口

### 4.5.5　查询操作

设计一个数据库时，通常将数据进行分类，存放在多个表中。这样做虽然节省了存储空间，但也增加了浏览和使用数据的复杂性。很多时候需要从一个或多个表中检索出符合条件的记录，以便进行相应的查看、计算等处理。查询就是将这些分散的数据按一定的条件集中起来，形成一个数据记录集。这个记录集在数据库中实际上并不存在，只在运行查询时，Access 才会从查询源表的数据中抽取出来并创建它。

根据对数据源操作方式和操作结果不同，Access 中的查询类型分为以下 5 种。

（1）选择查询

选择查询是最基本的查询，根据指定的查询条件，从一个或多个表中对数据进行检索并显示结果。

（2）参数查询

参数查询是一种交互式查询，利用对话框来提示用户输入查询条件，根据输入的条件检索记录。

（3）交叉表查询

交叉表查询显示来源于表中某个字段的总计、平均值或计数等数值，并使用交叉形式的数据表格来显示查询结果。

（4）操作查询

操作查询是在一次操作中更改或移动许多记录的查询。

（5）SQL 查询

SQL 查询是使用 SQL 语句创建的查询。

这里主要介绍 Access 2010 中的选择查询和参数查询。

**1. 选择查询**

使用查询向导创建查询比较简单，若查询的字段来源于多个表，需要提前建立这些表之间的关系。

**【例 4-16】**　在学生表和成绩表中查询学生成绩的基本情况。

（1）单击"创建"选项卡中的"查询向导"按钮，打开"新建查询"对话框，如图 4-23 所示。

（2）选择其中的"简单查询向导"选项，打开"简单查询向导"对话框。

（3）将学生表中的“学号”、“姓名”、“班级”字段和成绩表中的“课程号”、“总评成绩”字段添加到“选定字段”列表中，如图 4-24 所示。

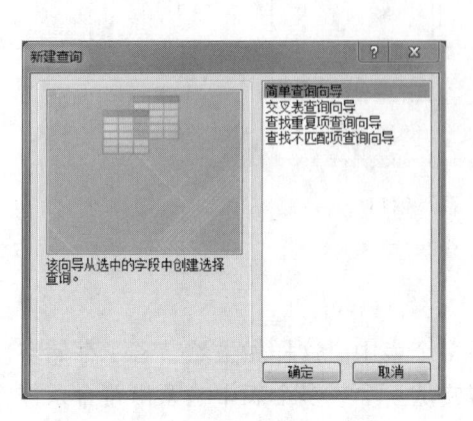

图 4-23 “新建查询”对话框

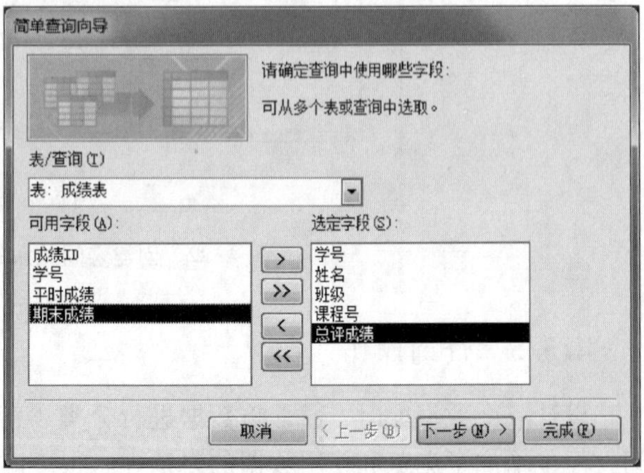

图 4-24 “简单查询向导”对话框

（4）单击“下一步”按钮，在弹出的对话框中选择“明细（显示每个记录的每个字段）”选项，继续单击“下一步”按钮，输入查询标题为“学生成绩 查询”，单击“完成”按钮结束查询向导。查询结果如图 4-25 所示。

学生成绩 查询

| 学号 | 姓名 | 班级 | 课程号 | 总评成绩 |
|---|---|---|---|---|
| 20170101 | 丁玉 | 软工17-1 | 0001 | 92 |
| 20170101 | 丁玉 | 软工17-1 | 0002 | 87.6 |
| 20170102 | 王明月 | 软工17-1 | 0001 | 81 |
| 20170102 | 王明月 | 软工17-1 | 0002 | 90 |
| 20170103 | 陈丽娟 | 软工17-1 | 0005 | 83.8 |
| * | | | | |

记录: 第 6 项(共 6 项) 无筛选器 搜索

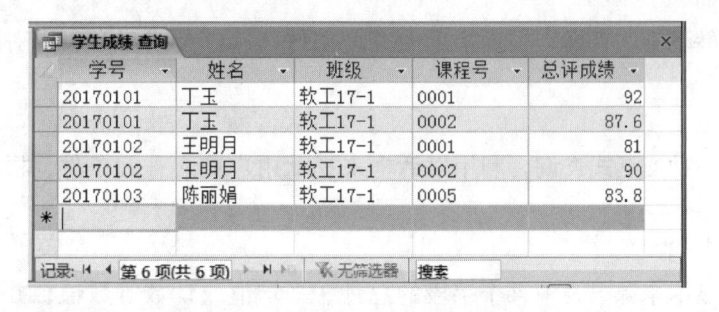

图 4-25 学生成绩查询结果

**2. 参数查询**

选择查询中每次查询的内容都是固定的。有时，用户希望运行查询时，可以根据输入的查询条件对表中记录进行检索，这就是参数查询。

**【例 4-17】** 创建参数查询，根据输入的班级名称进行记录查找，查询结果包含学生表中的所有字段。

（1）单击“创建”选项卡中“查询设计”按钮，打开“查询设计视图”窗口以及“显示表”对话框。

（2）将“学生表”添加到“查询设计视图”窗口中。

（3）将学生表中的 * 标志和“班级”字段分别拖拽到如图 4-26 所示的“查询设计视图”窗口下面第 1 个和第 2 个字段的位置。 * 表示查询学生表中的所有字段信息。

（4）取消勾选“班级”字段下方的“显示”复选框，该字段在最终的查询结果中不显示。

（5）在“班级”字段下方的“条件”单元格中输入文本“[请输入班级:例如‘软工 17-1’]”。

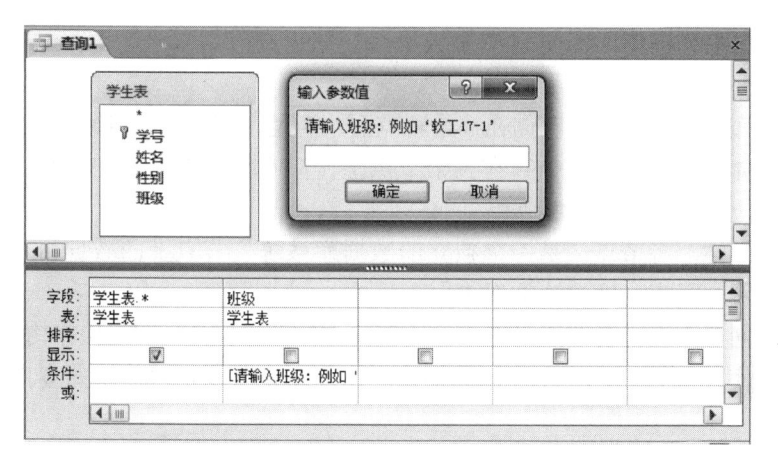

图 4-26　查询设计视图

（6）单击“查询工具”选项卡中“结果”组中的“运行”按钮[!]，弹出“输入参数值”对话框。输入“软工 17-1”后将显示参数查询的结果，如图 4-27 所示。

| 学号 | 姓名 | 性别 | 班级 |
|---|---|---|---|
| 20170101 | 丁玉 | 女 | 软工17-1 |
| 20170102 | 王明月 | 女 | 软工17-1 |
| 20170103 | 陈丽娟 | 女 | 软工17-1 |
| 20170104 | 孟庆语 | 女 | 软工17-1 |
| 20170105 | 李小杰 | 男 | 软工17-1 |
| 20170106 | 杨东平 | 男 | 软工17-1 |
| 20170107 | 胡家俊 | 男 | 软工17-1 |
| 20170108 | 陈君 | 男 | 软工17-1 |

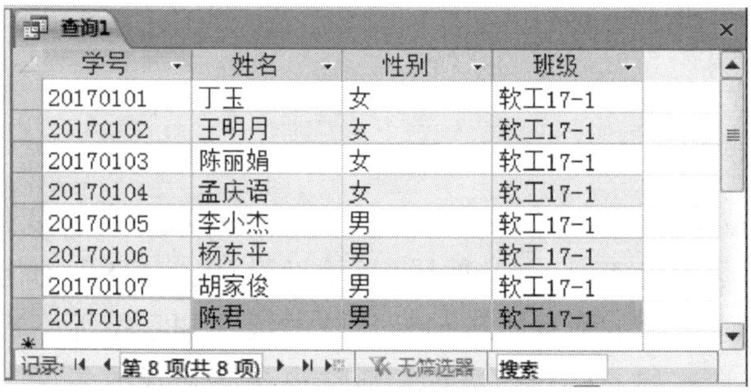

图 4-27　参数查询结果

# 4.6　新型的数据库系统

随着计算机技术的快速发展，数据库技术的应用越来越广泛。除了需要处理数字、字符等简单应用之外，还需要存储并检索复杂的数据，例如，多媒体数据、工程图纸、GIS 空间数据等。对于这些复杂数据，占主导地位的关系数据库无法实现对它们的管理，因此，涌现出许多新型数据库系统。

## 4.6.1　分布式数据库

分布式数据库（distributed database，DDB）是在集中式数据库基础上发展而来，是数据库技术、计算机网络技术和分布式处理技术相结合的产物。分布式数据库的基本思想是将原来集中式数据库中的数据分散存储到多个通过网络连接的数据存储节点上，以获取更大的存储容量和更高的并发访问量。

分布式数据库的主要特点如下。

（1）物理分布性。数据不是存储在一个节点上，而是存储在计算机网络的多个节点上。

（2）逻辑整体性。数据物理分布在各个节点上，但它们被所有用户共享，并由 DBMS 统一管理，在逻辑上是一个统一的数据库。

（3）节点自治性。各节点又是一个独立的数据库系统，节点上的数据由本地的 DBMS 管理，执行局部应用，具有高度自治处理能力。

（4）节点之间协作性。各节点虽然具有高度的自治性，但是又相互协作构成一个整体。

在大数据时代，面对日益增长的海量数据，分布式数据库相对传统的集中式数据库有如下优点。

（1）具有灵活的体系结构。

（2）适应分布式的管理和控制机构。

（3）经济性能优越。

（4）系统的可靠性高、可用性好。

（5）局部应用的响应速度快。

（6）可扩展性好，易于集成现有的系统。

### 4.6.2　多媒体数据库

多媒体数据库（multimedia database，MDB）是数据库技术与多媒体技术相结合的产物。随着信息技术的发展，数据库逐步应用到计算机辅助设计、办公自动化和人工智能等多个领域。在这些领域中，要求处理的数据不仅包括传统的数字和字符等格式化数据，还包括大量的声音和视频等多媒体形式的非格式化数据。通常将存储和管理多媒体的数据库称为多媒体数据库。

多媒体数据库的主要特点如下。

（1）数据量巨大且媒体之间的差异十分明显，使数据在数据库中的组织和存储复杂。

（2）媒体种类繁多使得数据处理变得非常复杂。多媒体数据包括图形、声音、文本、图像和动画等多种形式，即使同属于图像类，也还有黑白、彩色、高低分辨率之分。

（3）多媒体改变了数据库的查询形式。媒体的复合、分散、时序性质及其形象化的特点，使得查询不再只是通过字符查询，查询的结果也不仅是一张表，而是多媒体的一组"表现"。

（4）多媒体数据的输入和输出复杂。多媒体数据的输入方式分为多通道同步方式和多通道异步方式。多通道同步方式是指同时输入媒体数据并存储，最后按合成效果在不同的设备上表现出来；多通道异步方式是指在通道、时间都不相同的情况下，输入各种媒体数据并存储，最后按合成效果在不同的设备上表现出来。

### 4.6.3　面向对象数据库

面向对象数据库（object-oriented database，OODB）是将面向对象方法和数据库技术有机结合而形成的新型数据库。其主要思想是利用类来描述复杂对象，利用对象中封装的方法来模拟对象的复杂行为，利用继承性来实现对象结构和方法的重用。随着许多基本应用中的数据库向面向对象数据库的过渡，面向对象思想也逐渐延伸到其他涉及复杂数据的应用中。

面向对象数据库有很多优点。

（1）存储数据类型多。面向对象数据库适合存储不同类型的数据，例如，图片、声音、视频等。

（2）与面向对象程序设计相结合。面向对象程序设计与数据库技术相结合，提供了一个集成应用开发系统。

（3）提高开发效率。用户不用编写特定对象的代码就可以构成对象并提供解决方案，这些特性能有效地提高数据库应用程序开发人员的开发效率。

（4）改善数据访问。面向对象数据模型支持导航式和关联式两种方式的信息访问，比基于关系值的联系更能提高数据访问性能。

### 4.6.4　云数据库

云计算是一种基于互联网的超级计算模式。在远程的数据中心成千上万台计算机和服务器连接成一片，用户可以通过互联网接入数据中心，按自己的需求进行计算。计算分布在大量的分布式计算机上，而非本地计算机或远程服务器中，可以随时随地计算庞大的数据。云计算的迅猛发展带来了很多云应用，包括云建站、云物联、云安全、云存储、云通信等。

云数据库（cloud database）是部署和虚拟化在云计算环境中的数据库。云数据库是在云计算的大背景下发展起来的一种新兴的共享基础架构的方法，它极大地增强了数据库的存储能力，消除了人员、硬件、软件的重复配置，让软、硬件升级变得更加容易。云数据库具有高可扩展性、高可用性、采用多种形式和支持资源有效分发的特点。

从数据模型的角度来说，云数据库并非一种全新的数据库技术，而只是以服务的方式提供数据库功能。云数据库并没有专属于自己的数据模型，云数据库所采用的数据模型可以是关系数据库所使用的关系模型，也可以是 NoSQL 数据库所使用的非关系模型。

云数据库的主要特点如下。

（1）实例创建快速。选择好需要的套餐后，关系数据库服务（relational database service，RDS）控制台会根据选择的套餐优化配置参数，短短几分钟就可以创建一个数据库实例。

（2）故障自动切换。当主库发生不可预知的故障时，RDS 将自动切换该实例下的主库实例，恢复时间一般小于 5 分钟。

（3）数据备份。RDS 自动开启备份，自动备份保留期为 7 天。

（4）监控与消息通知。通过 RDS 控制台可以详细了解数据库运行状态。可以通过控制台定制需要的监控策略，当监控项达到监控设置的阈值时，RDS 将通过短信的方式进行提醒和通知。

### 4.6.5　NoSQL 数据库

NoSQL（not only SQL），泛指非关系型数据库。随着互联网 Web 2.0 网站的兴起，传统的关系数据库在支持 Web 2.0 网站，特别是超大规模和高并发的社交网络服务（SNS）类型的

Web 2.0 纯动态网站时已经显得力不从心，暴露了很多难以克服的问题。NoSQL 数据库的产生就是为了解决大规模数据集合、多重数据种类带来的挑战，尤其是大数据应用难题。

NoSQL 数据库分为四大类。

（1）键值存储数据库

键值存储数据库主要用于处理大量数据的高访问负载，也用于一些日志系统等。键值存储数据库主要使用到一个哈希表，这个表中有一个特定的键和一个指针指向的特定数据。键值存储模型对于 IT 系统来说，优势在于简单、易部署、查找速度快。缺点是数据无结构，通常只被当作字符串或者二进制数据处理。如果 DBA 只对部分值进行查询或者更新，键值存储就显得效率低下。常见的键值存储数据库有 Tokyo Cabinet/Tyrant、Redis、Oracle BDB 等。

（2）列存储数据库

列存储数据库通常用于分布式的文件系统。在数据库中，键仍然存在，但是它们是以列簇式存储，将同一列数据存在一起。优点是查找速度快，可扩展性强，更容易进行分布式扩展。缺点是功能局限性比较大。常见的列存储数据库有 Cassandra、HBase、Riak 等。

（3）文档型数据库

文档型数据库主要用于网络数据交换。数据库的灵感来自于 Lotus Notes 办公软件，它同第一种键值存储类似。该类型的数据模型是版本化的文档，半结构化的文档以特定的格式进行存储，比如 JSON 格式。文档型数据库可以看作是键值数据库的升级版，它允许键值嵌套，而且文档型数据库比键值数据库的查询效率更高。优点是数据结构要求不严格，表结构可变，不需要像关系型数据库一样预先定义表结构。缺点是查询性能不高，缺乏统一的查询语法。常见的文档型数据库有 CouchDB、MongoDb、SequoiaDB 等。

（4）图形数据库

图形结构数据库专注于构建关系图谱，主要用于社交网络、推荐系统等。这种类型的数据库使用灵活的图形模型，能够扩展到多个服务器上。NoSQL 数据库没有标准的查询语言（SQL），因此进行数据库查询需要制定数据模型。许多 NoSQL 数据库都有 REST 式的数据接口或者查询 API。优点是可以利用图结构相关算法，比如最短路径寻址、N 度关系查找等。缺点是很多时候需要对整个图做计算才能得出需要的信息，而且这种结构不太适合做分布式的集群方案。常见的图形数据库有 Neo4J、InfoGrid、Infinite Graph 等。

### 4.6.6　演绎数据库

演绎数据库（deductive database，DEDB）是数据库技术与逻辑理论相结合的产物，是具有演绎推理能力的数据库。一般情况下，它用一个数据库管理系统和一个规则管理系统来实现。将推理用的事实数据存放在数据库中，称为外延数据库；用逻辑规则定义要导出的事实，称为内涵数据库。主要研究内容为，如何有效地计算逻辑规则推理，具体为：递归查询的优化、规则的一致性维护等。

演绎数据库由三部分组成。

（1）传统数据库管理。由于演绎数据库建立在传统数据库之上，因此传统数据库是演绎数据库的基础。

（2）具有对一阶谓词逻辑进行推理的演绎结构。这是演绎数据库全部功能特色所在，推理功能由此结构完成。

（3）数据库与推理机构的接口。由于演绎结构是逻辑的，而数据库是非逻辑的，因此必须有一个接口实现物理上的连接。

演绎数据库是在关系数据库的基础上发展起来的，不仅继承了关系数据库中数据高度的独立性、非过程性查询语言和面向集合的存取方式等优点，并且演绎数据库使用逻辑作为数据模型便于理论研究，其特点是处理大量数据，具备逻辑推理能力。逻辑语言具有非过程性的特征，是最理想的查询语言。

### 4.6.7　数据仓库

数据仓库（data warehousing，DW）是用于存储数据信息，并提供查询、分析和决策的集成化信息仓库。数据仓库的信息源来自不同地点的数据库，具有分布和异构的特点，其中的主要信息可以视为定义在信息源上的实体化视图集合。数据仓库管理系统通常先把实体化视图对应的数据从信息源中提取出来，然后存储到数据仓库中，将这些视图转变成物理存储的数据实体。

数据仓库可以看作一个联机的系统，专门为分析统计和决策支持提供服务，它的数据可以从联机的事务处理系统、异构的外部数据源、脱机的历史业务数据中得到，通过它可满足决策支持和联机分析应用所要求的一切。

数据仓库的主要特点如下。

（1）数据存储是面向主题的。操作型数据库的数据组织面向事务处理任务，而数据仓库中的数据是按照一定的主题域进行组织的。主题是指用户使用数据仓库进行决策时所关心的重点方面，一个主题通常与多个操作型信息系统相关。

（2）数据是集成的。数据仓库先对原有分散的数据库中的数据进行抽取和清洗，然后再经过系统加工、汇总和整理后得到最终数据，保证数据仓库内的全局信息的一致性和完整性。

（3）数据是相对稳定的。数据仓库的数据主要提供查询、分析和决策服务，在数据仓库中数据查询操作很多，修改和删除操作相对很少，通常只需要定期加载和刷新。

（4）反映历史变化的。数据仓库中的数据记录全部的历史信息，包括从过去某一时间点到目前的各个阶段的信息，通过这些信息可以对企业未来发展趋势做出定量分析和预测。

数据仓库的出现，并不是要取代数据库，大部分数据仓库还是用关系数据库管理系统来管理的。两者的区别如下。

（1）出发点不同。数据库是面向事务的设计；数据仓库是面向主题设计的。

（2）存储数据不同。数据库一般存储在线交易数据；数据仓库一般存储历史数据。

（3）设计规则不同。数据库设计是尽量避免冗余，一般采用符合范式的规则来设计；数据仓库在设计时有意引入冗余，采用反范式的方式来设计。

（4）提供的功能不同。数据库是为捕获数据而设计；数据仓库是为分析数据而设计。

（5）基本元素不同。数据库的基本元素是事实表；数据仓库的基本元素是维度表。

（6）容量不同。数据库在基本容量上要比数据仓库小得多。

（7）服务对象不同。数据库是为了高效的事务处理而设计的，服务对象是企业业务处理方面的工作人员；数据仓库是为了分析数据进行决策而设计的，服务对象是企业高层决策人员。

许多公司在计算机系统中存储大量的数据，记录着企业购买、销售、生产过程中的大量信息和客户的信息，通常这些数据都存储在许多不同的地方。使用数据仓库之后，企业将所有收集来的信息存放在唯一的地方——数据仓库，仓库中的数据按照一定的方式进行组织，使得信息容易存取。数据仓库为企业带来了一些"以数据为基础的知识"，它们主要应用于对市场战略的评价和为企业发现新的市场商机，同时也用来控制库存、检查生产和定义客户群。通过数据仓库，可以建立企业的数据模型，这对于企业的生产与销售、成本控制与收支分配有着重要的意义，极大地节约了企业的成本，提高了经济效益。同时，数据仓库可以分析企业人力资源与基础数据之间的关系，保障人力资源的最大化利用，也可以进行人力资源绩效评估，使企业管理更加科学合理。数据仓库将企业的数据按照特定的方式组织，从而产生新的商业知识，为企业的运作带来新的视角。

# 第 5 章
# 算法基础

第 5 章电子教案

　　人们要使用计算机处理各种不同的问题，需要事先对各类问题进行分析，确定解决问题的具体方法和步骤，然后让计算机按照人们指定的步骤自动有效地工作。这些具体的方法和步骤，其实就是解决问题的计算机算法。计算机算法是计算机科学和计算机应用的核心，是计算机软件的灵魂。 因此要想让计算机能够帮助人们解决学习、工作和生活中遇到的实际问题，培养一定的算法思维是非常必要的。

# 5.1　算法的定义

所谓算法是指对解题方案的准确而完整的描述，本章要介绍的是计算机算法。计算机算法是对特定问题求解步骤的一种描述，是由若干条指令组成的有穷集合，它规定了解决某一特定类型问题的一个运算序列。本章接下来所提到的算法都是指计算机算法。

算法的一个著名例子是欧几里得算法，也称辗转相除法，是求两个整数的最大公约数的算法。

**【例 5-1】**　欧几里得算法。求两个正整数 $m$ 和 $n$ 的最大公约数。

输入：正整数 $m$ 和 $n$。

输出：$m$ 和 $n$ 的最大公约数。

（1）把 $m$ 除以 $n$，记余数为 $r$。

（2）如果 $r \neq 0$，令 $m=n$，$n=r$，转（1）继续执行；否则输出最大公约数 $n$，算法结束。

按照例 5-1 的算法规则，对于任意输入的两个正整数，经过有限的（1）和（2）步操作，总能使 $r$ 为 0，算法终止，得到最大公约数。

# 5.2　算法的性质

不是所有的解题方案都可以称之为计算机算法，计算机算法必须要满足一些特定的条件，具备以下几个重要的性质。

（1）确定性。算法的每种运算必须要有确切的定义，不能有二义性，即对于相同的一组输入只能得到相同的输出。

（2）可行性。算法中有待实现的运算都是基本运算，原理上每种运算都能由人用纸和笔在有限的时间内完成。

（3）输入。每个算法有 0 个或多个输入。这些输入是在算法开始之前给出的数据，取自于特定的对象集合。一个算法执行的结果总是与输入的初始数据有关，不同的输入将会对应不同的输出结果。

（4）输出。一个算法可以产生一个或多个输出，这些输出是与输入有某种特定关系的数据，反映对输入数据处理后的结果。

（5）有穷性。一个算法总是在执行了有限步的运算之后终止。算法的有穷性还包含了算法的执行时间必须要合理的含义，如果一个算法需要执行上百年，就没有了实用价值。

# 5.3 算法的描述

在给计算机要处理的问题设计好算法以后，为了能够让他人看懂，相互交流，理解算法，需要用一定的方式对算法进行描述。常用的算法描述方法有自然语言、流程图、伪代码和程序设计语言等。

## 5.3.1 自然语言

自然语言就是人们日常使用的语言，如汉语、英语等，例 5-1 的欧几里得算法就是用自然语言描述的算法。用自然语言描述的算法优点是通俗易懂，比较容易掌握；缺点是算法不直观，而且容易出现歧义。

## 5.3.2 流程图

流程图是最早出现的用图形来表示算法的工具，它使用美国国家标准化学会（American National Standards Institute，ANSI）规定的一组几何图形来描述算法，在图形上使用简明的文字和符号表示各种不同性质的操作。在流程图中，常见的基本符号如图 5-1 所示，其中圆角矩形表示算法的开始和结束；菱形框表示条件判断；平行四边形表示数据的输入或输出；圆圈表示连接点；矩形框表示各种处理功能；注释框用来解释算法功能；流程线指示算法执行的方向；另外还用大写字母"Y"和"N"分别表示条件成立和条件不成立等。使用流程图描述的欧几里得算法如图 5-2 所示。

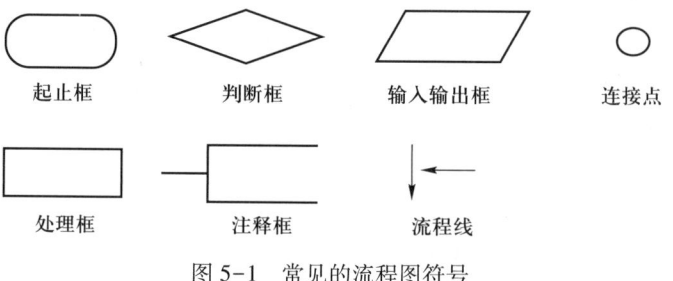

起止框　　判断框　　输入输出框　　连接点

处理框　　注释框　　流程线

图 5-1　常见的流程图符号

用流程图描述算法的优点是简单、直观，缺点是篇幅大，修改麻烦，不适合描述复杂的大型算法。对于专业从事软件工程的人来说，更愿意使用符合结构化程序要求的 N-S 图，如图 5-3 所示，由图可以看出 N-S 图去掉了表示程序开始和结束的标识以及表示程序流程的箭头等，使得算法的结构化特征非常明显，但对于大多数的非专业人员来说，仍然喜欢采用流程图的方法来表示算法。

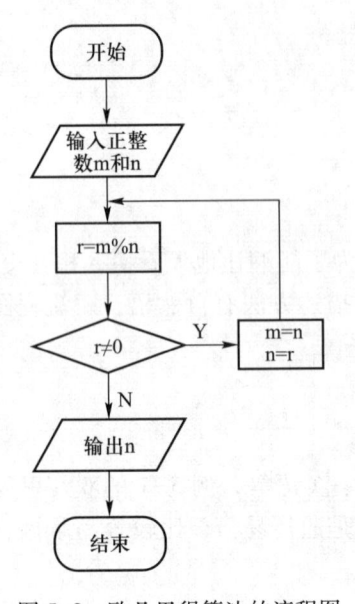

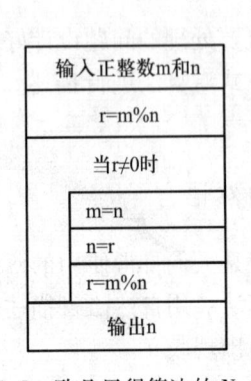

图 5-2 欧几里得算法的流程图          图 5-3 欧几里得算法的 N-S 图

### 5.3.3 伪代码

算法的终极目标是用程序设计语言编程实现并在计算机上执行，但不管是用自然语言描述的算法，还是用流程图描述的算法都很难直接转化为程序代码，而用伪代码描述的算法可以很容易地转化成程序代码。伪代码介于自然语言和程序设计语言之间，是一种与程序设计语言相似但更简单易学的算法描述方式。伪代码不拘泥于程序设计语言的语法规则和实现的具体细节，在语法结构上比较随意，目前还没有一种通用的伪代码语法标准。人们往往以某种具体的高级程序设计语言为基础，把与算法表述无关的部分省略，简化以伪代码的形式来表示算法，由此产生的伪代码相应地被称为"类 C 语言"、"类 Algol 语言"等。

经典算法设计教科书《算法导论》的作者 Thomas H. Cormen 提出的伪代码语法标准是目前广为接受的伪代码标准之一，本书的伪代码算法描述采用的就是 Thomas H. Cormen 的伪代码标准。该伪代码的常用语句表示如下。

赋值语句：←

分支语句：if…then…[else]

循环语句：while，for，repeat …until

转向语句：goto

返回语句：return

【例 5-2】 利用伪代码描述欧几里得算法。

1　　输入正整数 m 和 n

2　　r ← m % n

3　　while( r≠0)

4　　{

5　　　m ← n

```
6       n ← r
7       r ← m % n
8     }
9   输出 n
```

使用伪代码描述算法的优点是没有严格的语法限制，书写比较自由，更侧重对算法本身的描述，很容易转化为程序语言代码，缺点是不能直接上机运行。

### 5.3.4　程序设计语言

因为计算机不能直接识别用自然语言、流程图或伪代码描述的算法，因此用自然语言、流程图或伪代码描述一个算法后，还需要把它转化为计算机程序，也就是用程序设计语言描述的算法。用程序设计语言描述的算法可以直接在计算机上运行并获得运行结果。但程序设计语言多达上千种，不同的程序设计语言在设计思想、语法规则和适用范围上都有很大差异，因此在用程序设计语言描述算法时必须要考虑所用语言的具体细节。现在人们在用程序设计语言描述算法时，一般用的都是比较常用的计算机高级语言，如 C 语言、Java 语言、Python 语言等。

【例 5-3】　利用 Python 语言描述欧几里得算法。

```
m=int(input("输入 m:"))        #输入一个整数 m
n=int(input("输入 n:"))        #输入一个整数 n
r=m% n                         #在 Python 中% 是求余运算符
while(r!=0):                    #在 Python 中!=是不等于运算符
    m=n
    n=r
    r=m% n
print(n)                       #输出最大公约数 n
```

对于以上介绍的几种算法描述方法，算法设计者可以根据自己的习惯，选择其中的一种。通常情况下，初学者喜欢用流程图，因为它比较直观，容易理解；而具有一定编程基础的人喜欢用伪代码，因为它不受语法细节约束，又能很容易地翻译成程序；而对编程比较熟悉的程序员，通常喜欢选用自己常用的程序设计语言来描述算法。

# 5.4　算法的分析与评价

在日常生活中，同一问题往往可以有很多不同的解决方案。同样在用计算机处理问题时，也有很多种不同的算法可以选择。如何选择算法，选择哪一种算法，要从算法的质量入手，一个算法的质量优劣将影响算法乃至整个程序的效率。算法分析的目的在于选择一个合适的算法。算法的评价要从算法的正确性、算法的可读性、算法的健壮性以及算法的复杂度等多个方面来进行考量。

算法的正确性是指算法能满足具体问题的要求，即对任何合法的输入，算法都会得出正确的结果。算法的正确性是评价一个算法优劣的最重要的标准。一个正确的算法是对每一个输入数据都能产生对应的正确结果并顺利终止，而错误的算法对于某些输入数据，程序要么不会终止，要么给出的不是预期的正确结果。

算法的可读性是指算法被写好之后，该算法被理解的难易程度。一个算法可读性的好坏非常重要，如果一个算法比较抽象，难于理解，那么这个算法就很难推广和交流，对程序以后的修改、扩展、维护都十分不利。所以在写算法时，要尽量将算法表述得简明易懂。

算法的健壮性是指一个算法对输入不合理数据的反应能力和处理能力，也称为容错性。一个程序完成后，运行该程序的用户对程序的理解因人而异，任何人都不能保证每一个用户都能按照要求进行输入。健壮性就是指当输入的数据非法时，算法能做出相应的判断，而不会因为错误数据的输入造成程序瘫痪。

算法的复杂度包括时间复杂度和空间复杂度。算法的时间复杂度，简单地说就是算法运行所需要的时间。常见的时间复杂度包括多项式时间复杂度和指数时间复杂度。多项式时间复杂度分为 $\log_2 n$、$n$、$n\log_2 n$、$n^2$、$n^3$ 等几种情况；指数时间复杂度包括 $2^n$ 和 $n!$。影响程序执行时间的因素很多，比如算法本身、输入数据量、计算机硬件配置、编程语言和编译器等。由于同一个算法使用不同的计算机语言实现的效率各不相同，使用不同的编译器编译效率也不相同，在不同的计算机系统中运行的效率也不相同，因此，通常使用程序中语句的执行次数作为一个算法时间复杂度的度量。不同的算法具有不同的时间复杂度，当问题的规模较小时，通常感觉不到时间复杂度的重要性，但当问题的规模不断变大时，时间复杂度的重要性就慢慢体现出来了，所以让算法更高效一直是算法不断改进的目标。

空间复杂度是指算法运行所需的存储空间的大小。一个算法在计算机存储器上所占用的存储空间包括算法本身所占的存储空间、算法的输入/输出数据所占的存储空间以及算法运行过程中所占用的临时存储空间。现在随着计算机硬件的发展，空间复杂度已经显得不再那么重要了，但在算法设计时空间复杂度也是必须要考虑的因素之一。

在实际的算法设计中，还可以采用以空间换时间，或以时间换空间的算法策略，通常要针对具体问题选择一个比较折中的算法。

扩展学习
5-1
程序设计与算法（二）算法基础——中国大学 MOOC

# 5.5　算法策略

在遇到一个用现有软件无法解决的问题时，首先要确定这个问题是不是可以用计算机算法解决的问题，因此需要知道计算机算法能够解决哪类问题，这样在遇到具体问题时才可以对症下药，找到正确的解决方法。本节通过介绍几个经典的算法策略，让大家熟悉用计算机解决问题时常用的算法设计思想。

## 5.5.1　迭代法

迭代法是利用计算机运算速度快，适合做重复工作的特点，让计算机重复执行一组指令，不断地用变量的旧值推出新值的过

视频
5-1
迭代法

程。迭代法也称辗转法，前面介绍的欧几里得算法就是一种经典的迭代法，这也是欧几里得算法也被称为辗转相除法的原因。利用迭代算法解决问题，需要做好以下三个方面的工作。

（1）确定迭代变量

在可以用迭代算法解决的问题中，至少存在一个直接或间接地不断由旧值递推出新值的变量，这个变量就是迭代变量。

（2）建立迭代关系式

所谓迭代关系式，是指如何从变量的前一个值推出其下一个值的公式（或关系）。迭代关系式的建立是解决迭代问题的关键。

（3）对迭代过程进行控制

什么时候结束迭代过程？这是编写迭代程序必须考虑的问题，为的是不让迭代过程无休止地重复执行下去。迭代过程的控制通常可分为两种情况：一种是所需的迭代次数是个确定的值，可以计算出来；另一种是所需的迭代次数无法确定。对于前一种情况，可以构建一个固定次数的循环来实现对迭代过程的控制；对于后一种情况，需要进一步分析出用来结束迭代过程的条件。

【例 5-4】　求 $\sum\limits_{i=1}^{n} a_i$ 的累加和。

问题分析：这是一个基本的求和问题，对于 $n$ 值较小的情况，比如 $n=3$ 时，可以直接用数学表达式 $S=a_1+a_2+a_3$ 求和，但是当 $n$ 值较大，成百上千时，用数学表达式的方法直接求和就太麻烦了。此类问题可以归纳为一个数学模型：$S_i=S_{i-1}+a_i$，递推过程为

$S_1=a_1$

$S_2=S_1+a_2$

…

$S_n=S_{n-1}+a_n$

把所有的 $S_i(i=1,\cdots,n)$ 统一用 $S$ 表示，并令 $S$ 初值为 0，就可以得到一个迭代关系式 $S=S+a_i$；同理把所有的 $a_i(i=1,\cdots,n)$ 统一用一个变量 $a$ 表示，$a$ 用来存放每次输入的不同数据，可以得到迭代关系式 $S=S+a$，再引入一个变量 $i$ 用来控制迭代次数，并令 $i$ 初值为 0，这就是对迭代过程进行控制的第一种情况的典型例子。求解该问题的算法的流程图如图 5-4 所示。

用 Python 程序求解该问题的程序代码如下所示：

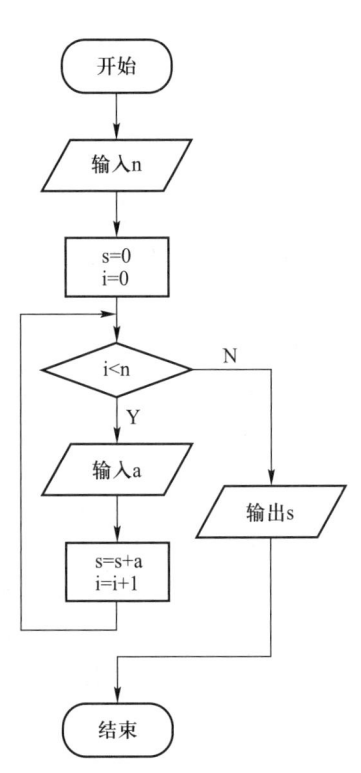

图 5-4　求累加和算法的流程图

```
n=int(input("请输入n:"))
s=0
i=0
while(i<n):
```

```
        a = eval(input("输入第% d 个数:"% (i+1)))
        s = s+a
        i = i+1
print(s)
```

欧几里得算法属于对迭代过程进行控制的第二种情况。欧几里得算法的迭代终止条件是被除数除以除数的余数等于 0，当余数等于 0 时，除数就是所求的最大公约数，如果余数不等于 0，则用除数除以余数，再判断新求得的余数是否为 0，如果余数为 0，新的除数就是最大公约数，否则再用除数除以余数……直到得到的新余数为 0 时为止。如果用 m 表示被除数，n 表示除数，r 表示 m 除以 n 的余数，则有 r=m%n。当 r 不等于 0 时，被除数 m 将变成除数 n 的值，除数 n 将变成余数 r 的值，然后再求一个新的余数 r，即有迭代语句 m=n、n=r、r= m%n，直到 r 变成 0 为止。

### 5.5.2 穷举法

穷举法是指在问题的解空间范围内进行逐一测试，找出问题所有解的方法。穷举法是一种比较耗时、低效的方法，但正是由于计算机的出现才使得穷举法有了用武之地。穷举法常用于解决问题答案不唯一却有限，但又没有有效的解析方法排除大量的疑似答案的情况。

穷举法是一种检验所有可能的解，通过牺牲时间来换取答案全面性的算法策略。虽然巧妙和高效的算法很少来自于穷举法，但穷举法仍是一种重要的算法设计策略。穷举法具有以下特点。

（1）穷举法几乎可以通用于任何领域的问题求解，可能是唯一一种可以解决所有问题的一般性方法。

（2）穷举法虽然效率低下，但可用于求解一些小规模的问题实例。

（3）如果解决的问题规模较大，但穷举法可以用一种可接受的速度对问题求解时，使用穷举法解决问题仍是一种比较明智的选择。

穷举法是解决问题时常用的一种方法，比如国王的婚姻中大数学家孔唤石使用的算法、旅行商问题中逐条路线计算的算法、密码学中的暴力破解法、图论中四色定理的证明以及我国古代的百钱买百鸡问题等都属于穷举法。

**【例 5-5】** 中国古代的数学家张丘建在其《算经》中提出了著名的"百钱买百鸡问题"：鸡翁一，值钱五；鸡母一，值钱三；鸡雏三，值钱一。问翁、母、雏各几何？翻译成现代语言即公鸡每只 5 元、母鸡每只 3 元、小鸡 3 只 1 元，用 100 元钱买 100 只鸡，求公鸡、母鸡、小鸡的只数。

问题分析：设公鸡、母鸡、小鸡的只数分别为 $x$、$y$、$z$，根据题意可以得到两个方程。

（1）$x+y+z=100$

（2）$5x+3y+z/3=100$

很显然，用两个方程无法求解 3 个变量的值，只能把可能满足要求的 $x$、$y$、$z$ 的值代入上述方程组，逐一进行测试，找到能使两个方程同时成立的解。由问题本身可知 $x$、$y$、$z$ 一定是整数，鸡和钱的总数都是 100，从而确定 $x$、$y$ 的取值范围如下。

（1）$x$ 的取值范围为 0~20，步长为 1。

（2）$y$ 的取值范围为 0~33，步长为 1。

测试条件如下。

（1）$z = 100 - x - y$

（2）$5x + 3y + z/3 = 100$

百钱买百鸡的算法流程图如图 5-5 所示，用 Python 实现的求解百钱买百鸡问题的程序代码如下：

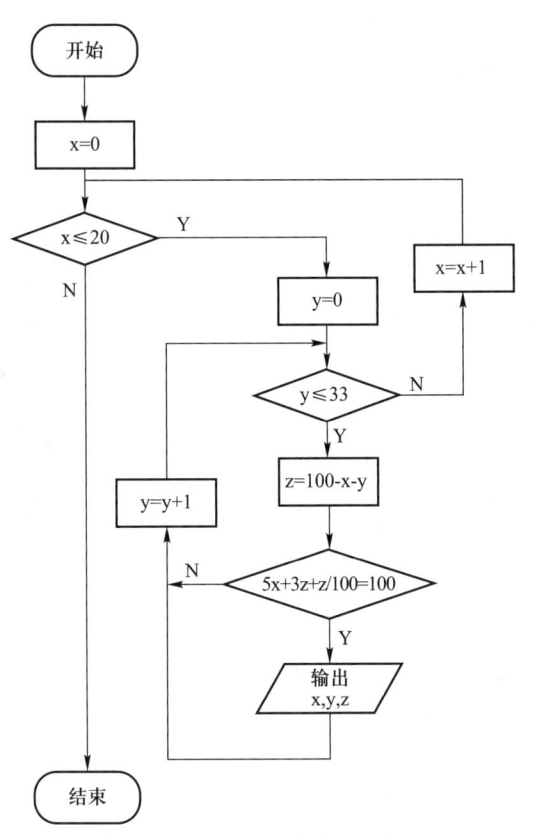

图 5-5　百钱买百鸡算法流程图

```
for x in range(21):
    for y in range(34):
        z=100-x-y
        if (5*x+3*y+z/3==100):
            print("公鸡:%d,母鸡:%d,小鸡:%d"%(x,y,z))
```

程序的运行结果如下：

```
公鸡:0,母鸡:25,小鸡:75
公鸡:4,母鸡:18,小鸡:78
```

```
公鸡:8,母鸡:11,小鸡:81
公鸡:12,母鸡:4,小鸡:84
```

### 5.5.3 递归法

递归是一种直接或间接地调用自身的算法。递归的思想就是用与自身问题相似但规模较小的问题来描述自己。德罗斯特效应是递归的一种视觉形式，它指一张图片的某个部分与整张图片相同，如此产生无限循环，如图5-6所示。算法中的递归不同于德罗斯特效应，递归算法必须有终止计算的时刻，不能是无限循环的。

斐波那契数列（Fibonacci sequence）问题是一个比较典型的递归问题。斐波那契数列，又称黄金分割数列，因意大利的数学家斐波那契以兔子繁殖为例子而引入，因此又称为"兔子数列"，指的是这样一个数列：1、1、2、3、5、8、13、21、34、……在数学上，斐波那契数列以递归的方法定义：$f(1)=1$，$f(2)=1$，$f(n)=f(n-1)+f(n-2)(n \geqslant 2)$。在现代物理、准晶体结构、化学等领域，斐波那契数列都有直接的应用，为此，美国数学会从1963年起出版了以《斐波那契数列季刊》为名的一份数学杂志，用于专门刊载这方面的研究成果。斐波那契数列还有许多很好的性质，与自然界的很多现象巧合，例如很多植物的花瓣、叶子等呈现出斐波那契数列的特性。

图5-6 德罗斯特效应

【例5-6】 意大利数学家斐波那契（Fibonacci）在他的书中提出了一个关于兔子繁殖的问题，即斐波那契数列问题：如果一对兔子每月能生一对小兔（一雄一雌），而每对小兔在它们出生后的第三个月里，又能开始生一对小兔，假定在不发生死亡的情况下，由一对出生的小兔开始，$n$个月后会有多少对兔子？

问题分析：第一个月只有一对兔子，第二个月仍只有一对兔子，第三个月兔子对数为第二个月兔子对数加第一个月兔子新生的对数。同理，第$i$个月兔子对数为第$i-1$个月兔子对数加第$i-2$个月兔子新生的对数。即从第一个月开始计算，每月兔子对数依次为1,1,2,3,5,8,13,21,34,55,89,144,233,…。

斐波那契数列的规律即后一项是前两项的和，可以用下面的分段函数表示：

$$F_n = \begin{cases} 1 & n \leqslant 2 \\ F_{n-1}+F_{n-2} & n > 2 \end{cases}$$

斐波那契数列递归算法的Python程序代码如下：

```
def fib(n):              #定义求Fibonacci数列第n项值的函数fib
    if(n<=2):
        return(1)        #当n≤2时返回1
```

```
    else:
        return (fib(n-1)+fib(n-2)))    #当 n>2 时返回 Fibonacci 数列第 n-1 项和第 n-2 项的和
```

其实斐波那契数列问题既可以用递归算法解决，也可以用迭代算法解决。用递归算法解决斐波那契数列问题时，算法比较直观，很容易理解，但是当 $n$ 值较大时算法的运行速度相对较慢，效率比较低，所以一般不提倡用递归算法来解决问题。但对于有些问题来说，除了递归算法就没有其他任何可用的算法了，比如梵天塔问题就是只能用递归算法来解决的问题。

相传，印度教的天神梵天在创建地球时建了一座神庙，有一座钻石宝塔（塔 A），其上有 64 个金盘子。所有盘子按从大到小的次序从塔底堆放至塔顶。紧挨着这座塔有另外两个钻石宝塔（塔 B 和塔 C）。从世界创始之日起，婆罗门的牧师们就一直试图把塔 A 上的盘子移动到塔 C 上去，其间借助于塔 B 的帮助。每次只能移动一个盘子，任何时候都不能把一个盘子放在比它小的盘子上面。天神说："当这 64 个盘子全部移动到第三个塔后，世界末日就要到了"。这就是著名的梵天塔（也称汉诺（Hanoi）塔）问题。

梵天塔问题算法分析：将移动 $n$ 个盘子的问题转化为移动 $n-1$ 个盘子的问题，先将 A 塔上面的 $n-1$ 个圆盘，借助 C 塔，移到 B 塔上；再将 A 塔上最后的一个盘子移到 C 塔上；然后将 B 塔上的 $n-1$ 个盘子，借助 A 塔，移到 C 塔上。同理，将移动 $n-1$ 个盘子的问题转化为移动 $n-2$ 个盘子的问题，以此类推，直到转化成仅剩移动一个盘子的梵天塔问题。

解决梵天塔问题的 Python 递归程序代码如下：

```
def hanoi(n,A,B,C):    #把 A 塔上的 n 个盘子借助 y 塔移动到 z 塔上
    if(n==1):
        print('把%s 上的第%d 个盘子移到%s 上'%(A, n, C))
        #把 A 塔上的第 1 个盘子移到 C 塔上
    else:
        hanoi( n−1, A, C, B)
        #调用函数自己,先把 A 塔上的 n-1 个盘子借助 C 塔移动到 B 塔上
        print('把%s 上的第%d 个盘子移到%s 上'%(A, n, C))
        #把 A 塔上的最后 1 个盘子移动到 C 塔上
        hanoi( n−1, B, A, C)
        #调用函数自己,把 B 塔上的 n-1 个盘子借助 A 塔移动到 C 塔上
```

递归算法结构清晰、可读性强，而且容易用数学归纳法来证明算法的正确性，因此它为设计算法、调试程序带来了很大方便。但是递归算法的运行效率相对较低，无论是耗费的计算时间还是占用的存储空间都比非递归算法要多。

### 5.5.4　分治法

分治法的本质就是各个击破、分而治之。它的基本原理就是将一个难以直接解决的大问题，分解成若干与原问题同类型的一些规模较小的子问题进行解决，然后对各子问题的结果进行合并得到原问题的解。如果分解之后的子问题还比较大，可反复使用分治法，直到最后的

子问题可以直接求解为止。分治法是学习、工作和生活中常用的一种方法，它在组织管理和军事领域应用广泛。比如 Google 的 MapReduce 技术采用的就是分治法，常用的二分查找法也是典型的分治法。

【例 5-7】 使用二分查找法在一个有序数列中查找某一个值是否存在。

算法分析：二分查找法也称折半查找法。算法的思路是先确定待查目标元素所在的范围，然后逐步缩小范围直至找到该元素，或者当查找区间缩小到 0 也没有找到目标元素为止。

设序列 a 中的 n 个数是按升序排好的，要查找目标元素 key 是否在序列 a 中。算法如下。

（1）最初查找的范围为整个序列，则下标从 0 到 n-1，用 low 和 high 表示查找范围的左右端点，则 low=0，high=n-1。

（2）取查找范围的中点 mid=(low+high)/2。

（3）将待查找的数 key 和中间的数 a[mid] 比较，如果 key=a[mid]，则在序列中找到了要查找的数，输出 key 在序列中的位置 mid，结束循环；否则，如果 key<a[mid]，表示 key 一定在序列的前半部分，这样可以把查找范围缩小一半，将查找范围的右端点变为中间的元素的前面一个元素的位置，即 high=mid-1。如果 key>a[mid]，表示 key 一定在序列的后半部分，则将 low 变为 mid+1，然后在新的范围内用二分法继续查找，直到 low>high 或查找到 key 为止。如果 low>high 说明待查的数不在序列中，则输出没有找到的信息。二分查找法的算法流程图如图 5-7 所示。

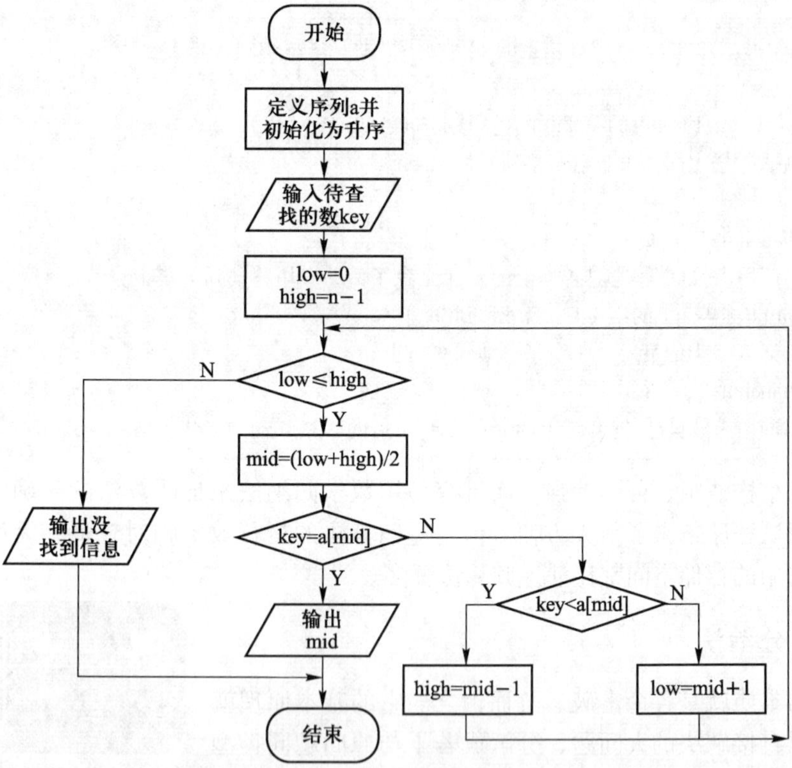

图 5-7 二分查找算法流程图

二分查找法用 Python 程序实现的代码如下：

```
a=[1,2,3,4,5,6,8,9,10]
key=eval(input("请输入要查找的数据:"))
n=len(a)        #n 表示 a 列表元素的个数
low=0
high=n-1
while(low<=high):
    mid=(low+high)//2
    if(key==a[mid]):
        break
    elif(key<a[mid]):
        high=mid-1
    else:
        low=mid+1
if(low>high):
    print("没有找到")
else:
    print("%d 在序列中的下标为%d"%(key,mid))
```

【例 5-8】　假设 16 枚金币中有一枚是伪造的，真假金币的区别仅是重量不同（伪币轻一些），利用一个没有砝码的天平作工具，找出这枚伪造的金币。

问题分析：将 16 个金币分为两组，每组 8 个，比较两组的重量，伪币一定在较轻的一组。将轻的一组再分为两组，每组 4 个……继续划分下去，依次每组 2 个，每组 1 个，轻的一个就是伪币。

设序列 a 中的 16 个元素分别代表 16 个金币的重量，金币的编号对应 0~15 中的一个数字。算法如下。

（1）用 n 表示每次要检验的金币的数量，low 表示要验证的金币的最小编号，最开始 low=0。

（2）用 s1 存放要验证的第 1 组金币的重量，s2 存放要验证的第 2 组金币的重量。

（3）如果 s1>s2，说明伪币在第 2 组金币中，否则说明伪币在第 1 组金币中，无论是哪一种情况，查找伪币的范围都将缩小为原来的一半；接下来再将要验证的金币分成两组，仍然让 s1 存放第 1 组金币的重量，s2 存放第 2 组金币的重量，比较 s1 和 s2 的大小，把查找范围缩小到重量较轻的一组，直到每组只剩 1 个金币为止，较轻的那一个金币就是伪币。

该算法的流程图如图 5-8 所示。

用 Python 语言实现的算法程序如下所示：

```
a=[2,2,2,2,2,2,2,2,2,2,2,2,2,1,2,2]
n=16
low=0
while(n>1):
```

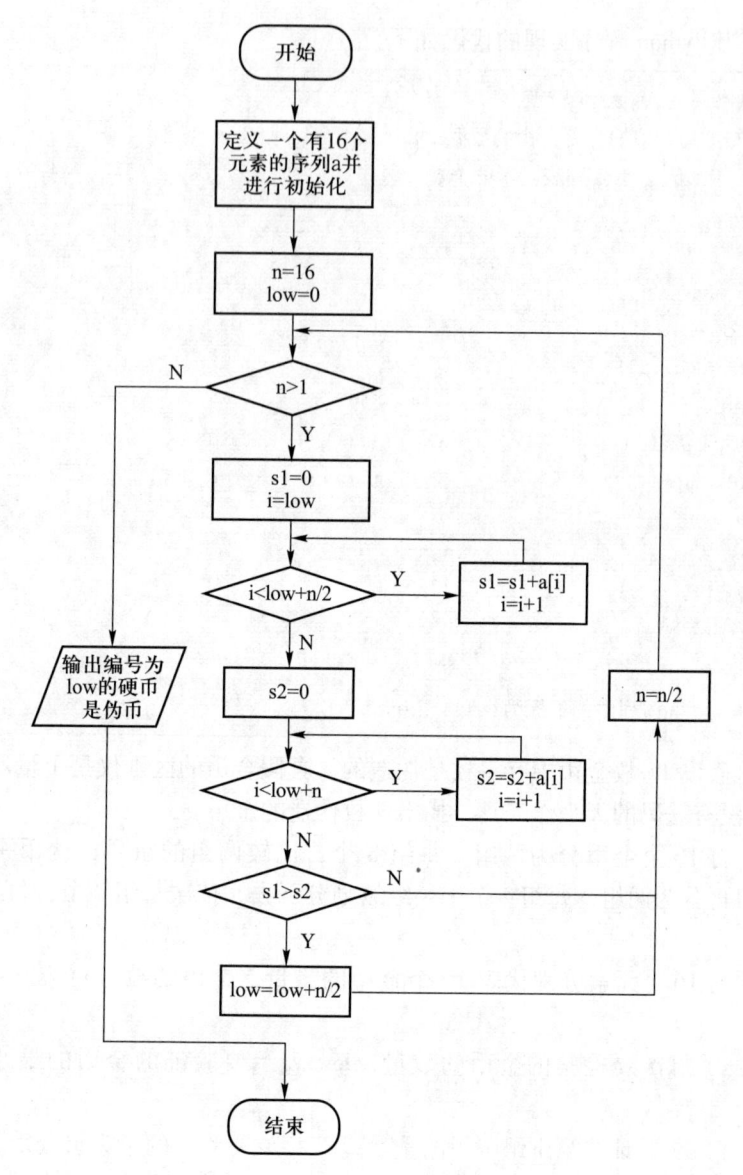

图 5-8　查找伪币的算法流程图

```
s1 = 0
i = low
while(i<low+n//2):        #第1组金币的重量放在 s1 中
    s1 = s1+a[i]
    i = i+1
s2 = 0
while(i<low+n):           #第2组金币的重量放在 s2 中
    s2 = s2+a[i]
    i = i+1
```

```
    if(s1>s2):                    #如果第 1 组金币的重量大于第 2 组金币的重量
        low=low+n//2              #low 赋值为第 2 组金币的最小编号
    n=n//2
print("第% d 个硬币是伪币 "% low)
```

另外，各种大型体育赛事的比赛规则也包含了分治思想，比如世界杯足球赛要从报名参赛的 200 多支球队中选出成绩最好的 32 支球队，如果采用两两交战，再根据最终成绩的高低来选择球队的方法，难度很大，成本也很高，而通过分区预选赛选出成绩最好的 32 支球队进入决赛圈，相对就降低了评选的难度和复杂度。

### 5.5.5　回溯法

回溯法的基本思想是能进则进，不能进则退。为了求得问题的解，先选择某一种可能情况向前探索，在探索过程中，一旦发现原来的选择是错误的，就退回一步重新选择，继续向前探索，如此反复进行，直到得到解或确定该问题无解为止。回溯法是一种选优搜索法，按选优条件向前搜索，以达到目标。通过此种方式可以提高搜索效率，减少不必要的测试。

回溯法的简单应用是老鼠走迷宫问题。老鼠从迷宫入口出发，任选一条路线向前走，在到达一个岔路口时，任选一个路线走下去……如此继续，直到前面没有路可走时，老鼠退回到上一个岔路口，重新在没有走过的路线中任选一条路线往前走。按这种方式走下去，直到走出迷宫为止。

搜索引擎中的网络爬虫问题，八皇后问题都是回溯法的经典案例。

**【例 5-9】**　八皇后问题。在 8×8 格国际象棋的棋盘上摆放 8 个皇后，使其不能互相攻击，即任意两个皇后都不能处于同一行、同一列或同一斜线上，问 8 个皇后该如何摆放？

回溯法解八皇后问题的思路：逐行摆放皇后。初始第 1 行皇后放第 1 列；在摆放第 $i$ 行皇后时，从第 1 列开始，逐列判定是否与前 $i-1$ 行皇后攻击，直到找到一个不攻击的位置，接着继续第 $i+1$ 行的摆放；若第 $i$ 行无摆放位置，则拿掉该行皇后，回溯至第 $i-1$ 行，第 $i-1$ 行皇后从当前位置的下一列开始判定，继续搜索，直到最后一行的皇后找到合适的位置为止。如图 5-9 所示就是满足八皇后条件的一组解。

求解八皇后的算法流程图如图 5-10 所示，其中列表 a 的下标从 0 到 7，全部元素都初始化为 0，a[i] 用来存放第 i 行的皇后所在的列号。第 i 行第 j 列可放置皇后的条件为，从第 0 行到第 $i-1$ 行放置的皇后都满足：

图 5-9　八皇后问题

$$k \neq i \text{ 且 } a[k] \neq j \text{ 且 } k-a[k] \neq i-j \text{ 且 } k+a[k] \neq i+j, k=(0,1,\cdots,i-1)$$

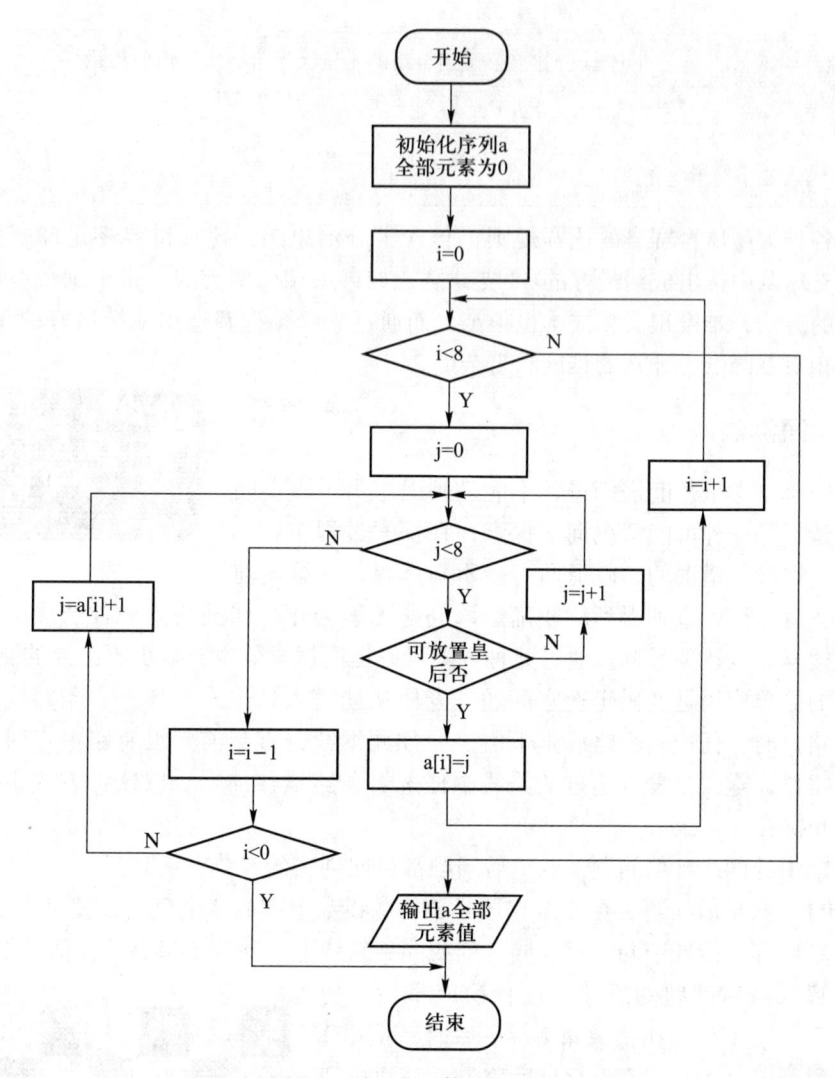

图 5-10 八皇后算法流程图

八皇后算法的 Python 程序实现代码如下：

```
a=[0,0,0,0,0,0,0,0]              #列表 a 的第 i 个元素存放的是第 i 行的皇后所在的列号
i=0
j=0
while(i<8):
    while(j<8):
        for k in range(i):
            if k==i or a[k]==j or k-a[k]==i-j or k+a[k]==i+j:
                #第 i 行第 j 列不可以放皇后的条件
                j=j+1           #若第 i 行第 j 列不能放皇后,则继续检验第 j+1 列是否可以放皇后
                break           #跳出 for 循环,继续执行 while(j<8)的循环
```

```
        else:                      #经检验第 i 行第 j 列可以放皇后
            a[i]=j                 #在第 i 行第 j 列放上皇后
            i=i+1                  #接下来将在第 i+1 行放皇后
            j=0                    #从第 0 列开始查找第 i 行皇后的位置
            break                  #跳出 while(j<8)的循环
        else:                      #在第 i 行找不到放皇后的位置时
            i=i-1                  #回溯到第 i-1 行
            j=a[i]+1               #从 a[i]+1 列重新查找第 i 行放皇后的位置
    print(a)                       #输出一组解
```

八皇后问题共有 92 组解，而本题所给的算法只能求出一组解，读者可在本题算法的基础上，把判断求解过程结束的条件修改为当第 0 行皇后的摆放位置超出棋盘时的条件 i<0，即求解进行的条件是 i≥0，且在放置完第 i 行的皇后以后，判断是否已经放置完 8 个皇后，如果放置完成就输出一组解，这样就可以求出八皇后问题全部的 92 组解。

回溯法的思想与穷举法是一致的，因此都有通用解法之称，当一个问题没有显而易见的解法时，可尝试使用回溯法或穷举法求解，因此回溯法和穷举法能求解很多问题，但其算法效率都比较低。

## 5.5.6 贪心法

贪心法也称贪婪法，一般应用于最优化问题求解中。它的基本思路是在对问题求解时，总是做出在当前看来最好的选择。也就是说，贪心法不从整体最优上加以考虑，仅是求某种意义上的局部最优解。贪心法虽然不能对所有问题都能得到整体最优解，但对范围相当广泛的许多问题都能产生整体最优解或者整体最优解的近似解。

贪心法是接近于人类日常思维的一种问题求解方法，在生活和工作中应用非常广泛。例如商场收银员的找零问题，如果现在有 1 元、2 元、5 元、10 元三种面值的货币，需要找零 29 元，问如何找零才能使找的货币张数最少？收银员通常的做法一定是贪心地先从当前面值最大的 10 元货币中取尽可能多的张数，然后再从 5 元货币中取尽可能多的张数，以此类推最后再从 1 元货币中选取尽可能多的张数。事实证明用这种方法得到的 2 张 10 元、1 张 5 元、2 张 2 元的找零方法确实是该问题的最优解。

贪心法还可以用来解决数学上有名的旅行商（traveling salesman problem，TSP）问题。

【例 5-10】 TSP 问题是数学家克克曼于 19 世纪初提出的一个数学问题，问题是说有一个旅行家要旅行 n 个城市然后再回到出发城市，任何两个城市之间的距离都是确定的，要求各个城市经历且仅经历一次，问如何规划才能使得旅行家所走的路程最短。

算法分析：设图 5-11 中 a、b、c、d 代表 4 个城市，边上的权值代表两个城市之间的距离，旅行家从城市 a 出发的算法如下。

（1）从 {a->b,a->d,a->c} 选取距离最短的线路 a->b，距离为 2。

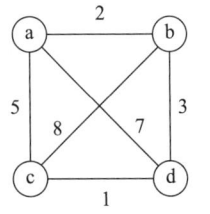

图 5-11 旅行商问题

（2）从{b->c,b->d}中选取距离最短的线路 b->d，距离为3。

（3）选择线路 d->c，距离为1。

（4）返回 a 城市线路 c->a，距离为5。

由此，用贪心法得到的局部最优解是 a->b->d->c->a，经过的距离为11。

用 Python 程序求解 TSP 问题实现的程序代码如下：

```
dist = [[0,2,5,7],[2,0,8,3],[5,8,0,1],[7,3,1,0]]   #dist 存放各城市之间的距离矩阵
visited = ['a']            #visited 存放访问过的城市
i = 0                      #i 存放访问过的城市数目
pos = 0                    #pos 存放当前所在的城市编号,'a'为 0,'b'为 1,'c'为 2,'d'为 3
s = 0                      #s 存放访问城市走过的距离
while( i<4):
    i = i+1
    min_dist = 10   #min_dist 存放两个城市之间的最小距离,初值设为比任意两个城市之间的距离都大
    flag = False    #flag 表示是否访问完所有城市的标志,flag 赋值为 False 假定所有城市已经访问完
    for j in range( 4):   #在没有访问过的城市中,找一个与编号为 pos 的城市距离最小的城市
        if( chr( j+ord( 'a'))  not in visited and min_dist>dist[ pos][ j]) :
            min_dist = dist[ pos][ j]
            pos = j
            flag = True    #flag 赋值为 True,说明还有没被访问过的城市
    if( flag = = True) :    #如果编号为 pos 的城市没有被访问过,则访问编号为 pos 的城市
        visited.append( chr( pos+ord( 'a')))
        s = s+min_dist
    else:                  #如果已访问完所有城市,则返回'a'城市
        visited.append( 'a')
        s = s+dist[ pos][ 0]
print( visited)            #输出城市的访问次序[ 'a', 'b', 'd', 'c', 'a']
print( s)                  #输出访问全部城市的最短距离 11
```

与旅行商问题类似的还有实际的工程建设问题，比如要在 *n* 个城市之间敷设光缆，问如何铺设光缆能使得花费最低，且 *n* 个城市之间可以互相通信。这类问题都可以使用贪心算法求解，用贪心法可解决的问题通常都有如下的特性。

（1）有一个以最优方式来解决的问题。为了构造问题的解决方案，有一个候选的对象的集合：比如不同面值的货币。

（2）随着算法的进行，将积累起两个集合：一个集合包含已经被考虑过并被选出的候选对象，另一个集合包含已经被考虑过但被丢弃的候选对象。

（3）有一个函数来检查一个候选对象的集合是否提供了问题的解答。该函数不考虑此时的解决方法是否最优。

（4）还有一个函数检查一个候选对象的集合是否是可行的，也即是否可能往该集合上添加更多的候选对象以获得一个解。和上一个函数一样，这个函数也不考虑解决方法的最优性。

（5）选择函数可以指出哪一个剩余的候选对象最有希望构成问题的解。

（6）最后由目标函数给出解的值。

用贪心算法解决问题时，需要寻找一个构成解的候选对象集合。起初，算法选出的候选对象的集合为空，在接下来的每一步中，根据选择函数，算法从剩余候选对象中选出最有希望构成解的对象。如果集合中加上该对象后不可行，那么该对象就被丢弃并不再考虑；否则就加到集合里。每一次都扩充集合，并检查该集合是否构成解。如果贪心算法能够正确工作，一般情况下找到的第一个解都是最优的。

本章仅在众多的经典算法策略中选出了 6 个常用的进行了重点介绍，主要介绍了算法策略及其设计思路、面向的问题及优缺点等，其他的算法有待读者以后在其他的课程中进行深入学习。例如解线性方程组、数值积分等数值算法可在数值计算方法课程学习，求解判定问题、最优化问题等需要掌握的算法可在算法设计与分析课程中学习，其他如遗传算法、粒子群算法、蚁群算法、人工神经网络等可在计算机智能技术课程中学习。

# 第 6 章
# 数据结构

第 6 章电子教案

　　利用计算机进行数据处理是计算机应用的一个重要领域,通常用计算机处理的数据量都比较大,而这些大量的数据在计算机中该如何组织,才能既节省计算机的存储空间,又能提高数据处理的效率,是数据处理要解决的关键问题。而数据结构主要研究的就是计算机存储和组织数据的方式。一个好的算法必须选择合理的数据结构,才能获得更高的运行效率和存储效率。

# 6.1 数据结构概述

## 6.1.1 数据结构定义

数据结构是计算机存储、组织数据的方式。通常情况下，选择合适的数据结构可以带来更高的运行或者存储效率。数据结构往往与高效的检索方法和索引技术有关。数据结构用来定义数据之间的相互关系，即某一数据对象的所有成员之间的关系，也就是数据的组织形式。至今对数据结构还没有一个标准的定义，但一般包括三个方面。

（1）数据集合中各数据元素之间的逻辑关系，即数据的逻辑结构。

（2）数据元素及其关系在计算机存储器中的表示，即数据的存储结构。

（3）对各种数据结构进行的运算。

## 6.1.2 数据的逻辑结构和存储结构

数据的逻辑结构是对数据元素之间存在的逻辑关系的描述，它可以用一个数据元素的集合和定义在此集合上的若干关系表示。数据的逻辑结构与数据在计算机中的存储位置无关，是独立于计算机的。数据的逻辑结构分为线性结构和非线性结构。简单地说，线性结构是多个数据元素的有序集合，线性结构只有一个根结点，且每个结点最多有一个直接前驱和一个直接后继。非线性结构，其逻辑特征是一个结点元素可能有多个直接前趋和多个直接后继。

数据的存储结构是数据元素及其关系在计算机存储器中的表示。存储结构的主要内容是指在存储空间中使用一个存储结点来存储一个数据元素，在存储空间中建立各存储结点之间的关联，来表示数据元素之间的逻辑关系。

常见的存储结构有以下几种。

（1）顺序存储结构。在计算机中用一组地址连续的存储单元依次存储逻辑上相邻的各个数据元素。

（2）链式存储结构。在计算机中用一组任意的存储单元来存储数据元素，这组存储单元的地址可以是连续的，也可以是不连续的。它并不要求逻辑上相邻的元素在物理位置上也相邻。

（3）索引存储结构。除建立存储结点信息外，还建立附加的索引表来标识结点的地址。索引表由若干索引项组成。

（4）散列存储结构。散列技术是一种力图将数据元素的存储位置与关键码之间建立确定对应关系的查找技术。散列技术除了可以用于查找外，还可以用于存储。散列存储的基本思想是由结点的关键码值决定结点的存储地址。

# 6.2　线性结构

常用的线性结构有线性表、栈、队列等。

## 6.2.1　线性表

线性表是一种线性结构，是由 $n(n \geqslant 0)$ 个数据元素组成的一个有限序列，表中的每一个数据元素，除了第一个外，有且只有一个前驱，除了最后一个外有且只有一个后继。数据元素的位置只取决于自己的序号，元素之间的相对位置是线性的。线性表有顺序存储和链式存储两种方式。

**1. 线性表的顺序存储**

在计算机内部，可以用不同的方式来表示线性表，其中顺序存储是最简单和最常用的方式。顺序存储指的是用一组地址连续的存储单元依次存储线性表的数据元素，称为线性表的顺序存储结构。它以"物理位置相邻"来表示线性表中数据元素间的逻辑关系，可随机存取表中任一元素。

在程序设计语言中，通常用一维数组或列表来表示线性表的顺序存储结构，因为程序设计语言中的一维数组或列表与计算机中实际的存储空间结构是类似的。在线性表的顺序存储结构下，可以对线性表进行各种运算，比如插入、删除、查找、排序、分解、合并、复制、逆序等。下面主要讨论线性表在顺序存储结构下的插入和删除运算。

（1）顺序表的插入运算

一般来说，设长度为 $n$ 的线性表为 $a(a_1, a_2, \cdots, a_i, \cdots, a_n)$，现在要在线性表的第 $i$ 个元素 $a_i$ 之前插入一个新元素 $b$，得到长度为 $n+1$ 的线性表 $(a_1', a_2', \cdots, a_j', \cdots, a_n', a_{n+1}')$，则插入前后两线性表的元素满足如下关系，线性表在顺序存储结构下的插入操作示意图如图 6-1 所示。

$$a_j' = \begin{cases} a_j & 1 \leqslant j \leqslant i-1 \\ b & j = i \\ a_{j-1} & i+1 \leqslant j \leqslant n+1 \end{cases}$$

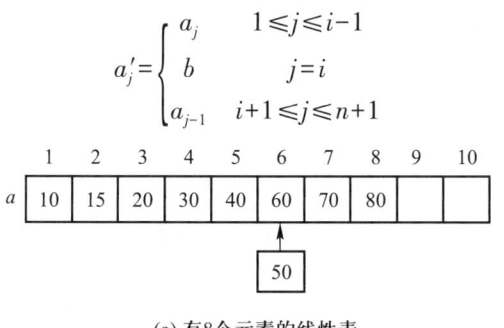

(a) 有8个元素的线性表

(b) 插入元素50后的线性表

图 6-1　线性表在顺序存储结构下的插入操作示意图

显然，在线性表采用顺序存储结构时，如果插入运算在线性表的末尾进行，即在第 $n$ 个元素之后插入新元素，只要在表的末尾增加一个元素即可，不需要移动表中的元素；但如果要在第 $i(1 \leqslant i \leqslant n)$ 个元素之前进行插入运算，则原来的第 $i$ 个元素之后（包括第 $i$ 个元素）的所有元素都必须向后移动一个位置。

（2）顺序表的删除运算

一般来说，设长度为 $n$ 的线性表为 $a(a_1, a_2, \cdots, a_i, \cdots, a_n)$，现在要删除线性表的第 $i$ 个元素，则删除后得到长度为 $n-1$ 的线性表 $(a_1', a_2', \cdots, a_j', \cdots, a_{n-1}')$，则删除前后两线性表的元素满足如下关系，线性表在顺序存储结构下的删除操作示意图如图 6-2 所示。

$$a_j' = \begin{cases} a_j & 1 \leqslant j \leqslant i-1 \\ a_{j+1} & i \leqslant j \leqslant n-1 \end{cases}$$

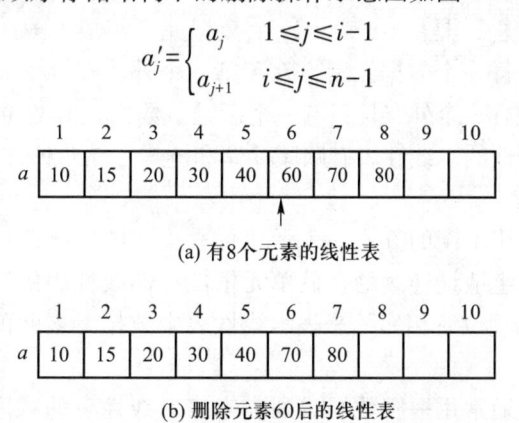

(a) 有8个元素的线性表

(b) 删除元素60后的线性表

图 6-2　线性表在顺序存储结构下的删除操作示意图

显然，在线性表采用顺序存储结构时，如果删除运算在线性表的末尾进行，即删除第 $n$ 个元素，只要在表的末尾减少一个元素即可，不需要移动表中的元素；但如果要删除第 $i(1 \leqslant i \leqslant n-1)$ 个元素，则原来的第 $i$ 个元素之后（不包括第 $i$ 个元素）的所有元素都必须向前移动一个位置。

由线性表在顺序存储结构下的插入与删除运算可以看出，线性表的顺序存储结构对于小线性表和元素不常变动的线性表是合适的，但对于元素经常需要变动的大线性表就不太合适了，因为插入与删除的效率比较低。

**2. 线性表的链式存储**

顺序存储结构简单、方便，适用于小线性表和元素不常变动的线性表，而对于元素变动频繁的大线性表则应采用链式存储结构。线性表的链式存储结构指的是用一组任意的存储单元来存储线性表中的数据元素，它的存储单元可以是连续的，也可以是不连续的，也就是说它不要求逻辑上相邻的元素在物理位置上也相邻。另外，链式存储结构是一种动态管理的存储结构，它所占有的存储空间根据需要进行动态分配或收回。

（1）线性链表

在链式存储结构中，计算机存储空间被划分成一个一个的小块，每个小块占若干字节，称为一个存储结点，简称结点。结点由两部分组成：一部分用于存储数据元素的值，称为数据域；另一部分用于存放下一个数据元素的存储地址，称为指针域。指针域中存储的信息称为指针或链，由多个结点可以链接成一个链表，即为线性表的链式存储结构。由于此链表的每个结点只包含一个指针域，因此又称为线性链表或单链表。

在线性链表中，有一个专门的指针 HEAD 指向线性链表的第一个结点，当 HEAD 为 NULL 或 0 时，此链表称为空链表。线性链表的最后一个结点没有后继，因此该结点的指针域为 NULL 或 0，表示链表终止。

一般来说，在线性表的链式存储结构中，各数据结点的存储序号是不连续的，各结点之间的前后继关系由指针域给出。比如为了表示数据元素 $a_i$ 与其直接后继元素 $a_{i+1}$ 之间的逻辑关系，对数据元素 $a_i$ 来说，除了存储其本身的信息（数据域）之外，还需要存储其后继元素的存储位置信息（指针域）。设某存储空间具有 8 个存储结点，线性表 $a$ 有 4 个结点（$a_1, a_2, a_3, a_4$），该线性表在存储空间中的存储情况如图 6-3 所示。为了直观地表示线性链表中各元素之间的前后关系，还可以用图 6-4 所示的逻辑状态表示，其中每一个结点上的数字表示这个结点的存储序号。

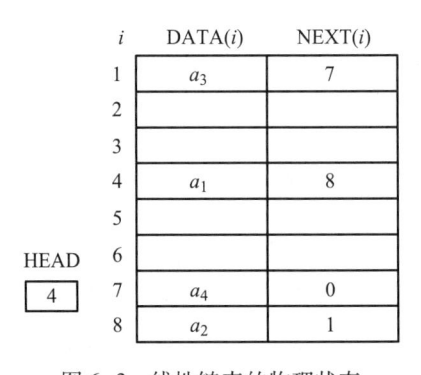

图 6-3　线性链表的物理状态

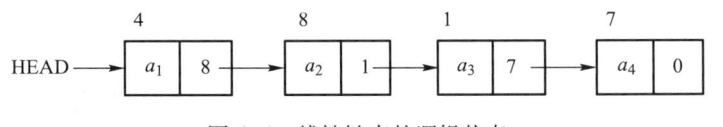

图 6-4　线性链表的逻辑状态

线性链表的基本运算有查找、插入和删除。

① 查找指定元素。在线性链表进行插入或删除操作时，需要先找到插入或删除的位置，这就需要对线性链表进行扫描，先在线性链表中查找包含指定元素值的前一个结点的位置，然后就可以在该结点后插入新结点或删除该结点后面的结点了。

② 线性链表的插入。线性链表的插入是指在线性链表中插入一个新结点。要在线性链表中插入一个新元素，首先要给该元素分配一个新结点，用来存储该元素的值。比如在线性表 $a$ 中增加一个结点 $a'$，首先分配存储序号为 5 的存储结点给 $a'$，然后把 $a'$ 插入到 $a_2$ 结点的后面，插入后的链表如图 6-5 所示。

③ 线性链表的删除。线性链表的删除是指在线性链表中删除一个结点。要删除线性链表的一个元素，首先要找到该元素所在的结点和它的直接前驱结点，然后把它的前驱结点的指针域替换成要删除结点的指针域的值就可以了。比如在线性表 $a$ 中删除结点 $a_3$，则只需把 $a_2$ 结点的指针域替换成 $a_3$ 结点的指针域 7 的值就可以了，删除 $a_3$ 后的链表如图 6-6 所示。

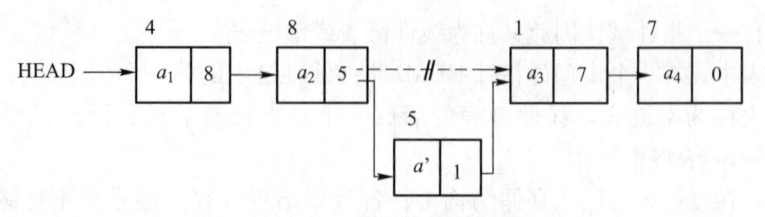

图 6-5　线性链表的插入操作

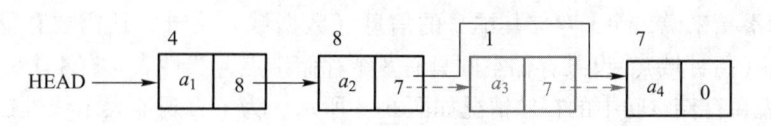

图 6-6　线性链表的删除操作

（2）双向链表

在线性链表中，只能从某个结点出发顺指针向链尾方向扫描，如果想要访问某个结点的直接前驱，则只能从表头指针开始重新查找。为了弥补线性链表的这个缺点，在某些应用中，对线性链表的每个结点设置两个指针，一个指向直接前驱，一个指向直接后继，这样的线性链表被称为双向链表，其逻辑状态如图 6-7 所示。

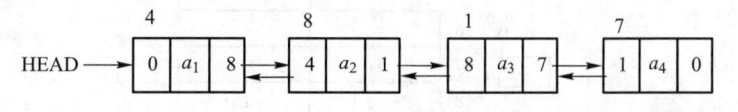

图 6-7　双向链表的逻辑状态

（3）循环链表

将单链表中的最后一个结点的指针由空指针改为指向头结点，这样就使整个单链表形成一个环，使得链表的头尾相接，这种链表称为单循环链表，简称为循环链表。据此，从表中任一结点出发均可找到表中其他结点，循环链表的逻辑状态如图 6-8 所示。

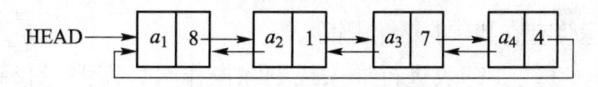

图 6-8　循环链表的逻辑状态

## 6.2.2　栈

栈其实可以看成是一种特殊的线性表，它是一种只能在一端进行插入与删除的线性表。在栈中，允许插入与删除的一端称为栈顶，不允许插入与删除的另一端称为栈底。栈顶的第一个元素被称为栈顶元素，栈顶元素总是最后一个被插入，或者最早一个被删除的元素。相对地，栈底元素一定是最早一个被插入，最后一个被删除的元素，即栈是按照"先进后出"或"后进先出"的原则组织数据的，因此，栈也被称为"先进后出"表或"后进先出"表。

栈有三种基本运算：进栈、出栈与读栈顶元素。在日常生活中，有许多类似栈的例子，如刷洗盘子时，依次把每个洗净的盘子放到洗好的盘子上，相当于进栈；使用盘子时，从一摞盘子上一个接一个地往下拿，相当于出栈。又如向枪支弹夹里装子弹时，子弹被一个接一个地压入，则为进栈；射击时子弹总是从顶部一个接一个地被射出，此为出栈。

**1. 栈的顺序存储**

与一般的线性表一样，在程序设计语言中用一维数组或列表作为栈的顺序存储空间。图 6-9 演示了一个容量为 8，原有 6 个元素的顺序栈 S，在进栈与出栈后的状态示意图。其中 S(bottom) 表示栈底元素，S(top) 为栈顶元素，当 top = -1 时表示栈空，top = 7 表示栈满。

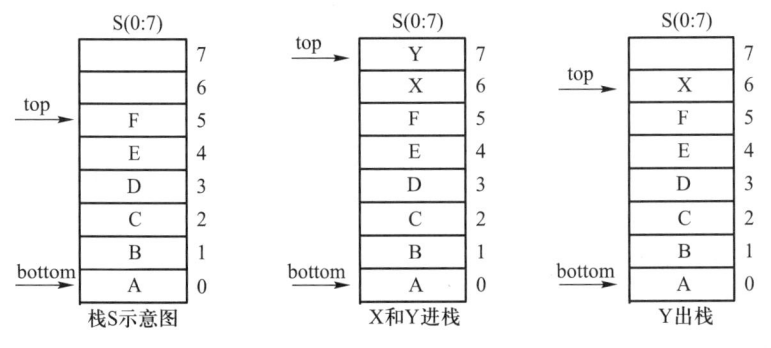

图 6-9　栈在顺序结构下的运算

下面介绍顺序存储结构下进栈、出栈与读栈顶元素三种基本运算的操作过程。

（1）进栈运算，向一个栈插入新元素的操作称为进栈，它是把该元素放到栈顶元素的上面，使之成为新的栈顶元素。操作的过程是先对栈顶指针进行运算 top = top+1，然后将新元素插入到栈顶指针指向的位置。

（2）出栈运算，从一个栈删除元素的操作称为出栈，它是把栈顶元素删除掉，使其下面的相邻元素成为新的栈顶元素。操作的过程是先将栈顶指针 top 指向的元素赋给一个指定的变量，然后进行运算 top = top-1。

（3）读栈顶元素，是将栈顶元素赋给一个指定的变量，此时栈顶指针 top 没有变化。

**2. 栈的链式存储**

栈也是线性表，因此也可以采用链式存储结构。在实际应用中，带链的栈可以用来收集计算机存储空间中所有空闲的存储结点，这种带链的栈称为可利用栈或链栈。由于链栈链接了计算机存储空间中所有的空闲结点，因此，当计算机系统或用户程序需要一个存储结点时，就可以取出栈顶结点；当计算机系统或用户程序释放一个存储结点时，则要将该结点放回到链栈的栈顶。由此可知，计算机中所有可利用空间都可以以结点为单位链接在链栈中，随着其他线性链表结点的插入和删除，链栈处于动态变化中。链栈的基本操作也包括进栈、出栈等操作。图 6-10 是原有 3 个元素 $(a_1, a_2, a_3)$ 的一个链栈进栈和出栈操作的示意图。

**3. 栈的应用简介**

计算机对栈的应用非常广泛，比如表达式求值，实现递归过程等。计算机要对一个表达式求值，首先必须能够正确地解释表达式，在实际的求值过程中需要用到两个工作栈：一个是 OPND，用于存放操作数或运算结果；一个是 OPTR，用于存放运算符。用栈进行表达式求

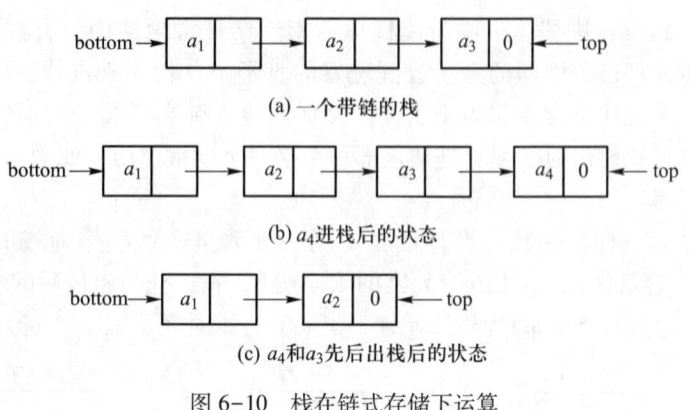

(a) 一个带链的栈

(b) $a_4$ 进栈后的状态

(c) $a_4$ 和 $a_3$ 先后出栈后的状态

图 6-10　栈在链式存储下运算

值的基本思想如下。

（1）首先置操作数栈 OPND 为空栈，表达式的起止符"#"为运算符栈 OPTR 的栈底元素。

（2）依次读入表达式中的每个字符，如果是操作数则进 OPND 栈，如果是运算符，则和 OPTR 栈顶的运算符进行优先级比较后做出相应的操作，直至整个表达式求值结束。

例如：计算机对一个算术表达式 $4*(5-3)$ 求值的操作过程如表 6-1 所示。

表 6-1　算术表达式的求值过程

| 步　骤 | OPTR 栈 | OPND 栈 | 输入字符 | 主要操作 |
|---|---|---|---|---|
| 1 | # | | # | #进 OPTR 栈 |
| 2 | # | 4 | 4 | 4 进 OPND 栈 |
| 3 | # * | 4 | * | * 进 OPTR 栈 |
| 4 | # * ( | 4 | ( | ( 进 OPTR 栈 |
| 5 | # * ( | 4 5 | 5 | 5 进 OPND 栈 |
| 6 | # * ( – | 4 5 | – | –进 OPTR 栈 |
| 7 | # * ( – | 4 5 3 | 3 | 3 进 OPND 栈 |
| 8 | # * | 4 2 | ) | 操作符–、操作数 5 和 3 出栈，5–3 的计算结果 2 进 OPND 栈，操作符 (出栈，消除一对小括号 |
| 9 | # | 8 | # | 操作符*、操作数 4 和 2 出栈，4*2 的计算结果 8 进 OPND 栈，表达式求值结束 |

栈的另一个重要应用是在程序设计语言中实现递归调用。假设调用递归函数的主调函数是第 0 层，则从主调函数调用递归函数为第 1 层，从第 $i$ 层递归调用本函数为进入第 $i+1$ 层。反之，退出第 $i$ 层应返回至第 $i-1$ 层。为了保证递归能够正确执行，系统需设置一个递归工作栈，作为整个递归调用期间使用的数据存储区。每一层递归所需信息构成一个工作记录，其中包括所有的实参、局部变量以及上一层的返回地址。每进入一层递归，就产生一个工作记录压入栈顶，每退出一层递归，就从栈顶弹出一个工作记录，因此当前执行层的工作记录必

是递归工作栈栈顶的工作记录。递归调用的过程比较烦琐，运行效率比较低，无论是时间还是空间都比非递归程序需要的更多，但是递归函数的结构清晰、程序易读，可以为用户进行程序设计带来很大的方便，且递归工作栈由计算机系统自动管理，并不需要用户参与，因此在很多时候，程序结构简单，可读性比运行时间和空间的缩减更有意义。

### 6.2.3　队列

队列是一种"先进先出"（FIFO）或"后进后出"（LILO）的线性表。队列是指允许在一端（队尾）进行插入，而在另一端（队首）进行删除的线性表。向队列中插入新元素称为入队，新元素进队后就成为新的队尾元素；从队列中删除元素称为出队，元素离队后，其后继元素就成为队首元素。由于队列的插入和删除操作分别是在各自的一端进行的，每个元素必然按照进入的次序离队，所以又把队列称为先进先出表（first in first out，FIFO）或后进后出表（last in last out，LILO）。

在日常生活中，人们在购物或等车时所排的队就是一个队列，新来购物或等车的人接到队尾（即入队），站在队首的人购到物品或上车后离开（即出队），当最后一人离队后，则队列为空。例如，假定有 a、b、c、d 4 个元素依次进队，则得到的队列为（a,b,c,d），其中 a 为队首元素，d 为队尾元素。若从此队中删除一个元素，则 a 出队，b 成为新的队首元素，此队列变为（b,c,d）；若接着向该队列插入一个元素 e，则 e 成为新的队尾元素，此队列变为（b,c,d,e）；若接着做三次出队操作，则队列变为（e），此时只有一个元素 e，它既是队首元素又是队尾元素，当它出队后队列变为空。

**1. 队列的顺序存储**

与栈类似，在程序设计语言中用一维数组或列表作为队列的顺序存储结构。在图 6-11 所示的队列中，front 指向队首元素，rear 指向队尾元素。队列有两种基本运算：入队和出队，图 6-12 演示了顺序存储结构下入队和出队两种基本运算的操作过程。

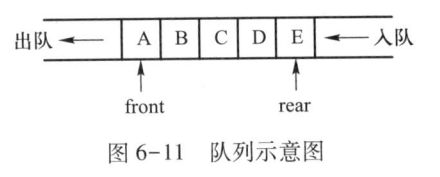

图 6-11　队列示意图

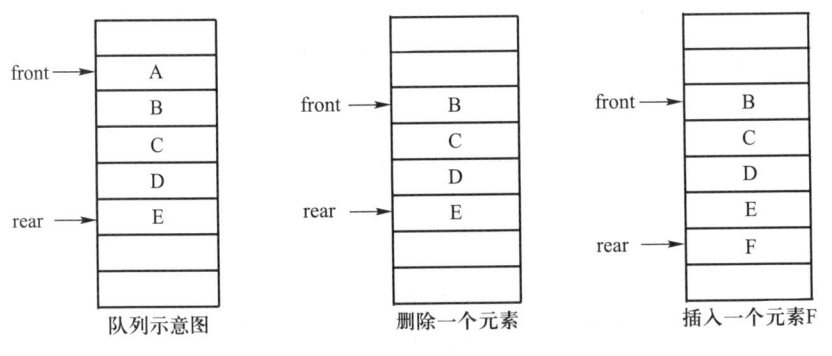

图 6-12　队列的入队和出队操作示意图

（1）入队运算：在队尾插入一个元素，即 rear 指针向后移动一个位置，把新元素放在 rear 所指向的位置。

（2）出队运算：从队首删除一个元素，即 front 指针向后移动一个位置，指向新的队首元素。

**2. 循环队列**

在实际应用中，队列的顺序存储结构一般采用循环队列的形式。所谓循环队列就是将队列存储空间的最后一个位置绕到第一个位置，形成逻辑上的环状空间。

在循环队列中，用队尾指针 rear 指向队列中的队尾元素，用头指针 front 指向队列中的第一个元素的前一个位置，因此从 front 指针指向的后一个位置直到队尾指针 rear 指向的位置之间所有的元素均为队列中的元素。在循环队列结构中，当存储空间的最后一个位置已被使用而要进行入队运算时，只要存储空间的第一个位置空闲，就可将元素加入到第一个位置，即将存储空间的第一个位置作为队尾。循环队列的入队和出队的操作示意图如图 6-13 所示。

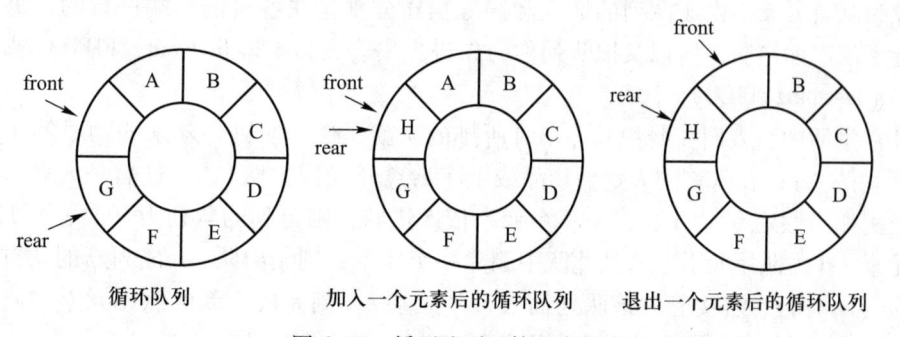

图 6-13　循环队列运算示意图

很显然，当循环队列的初始状态为空时，rear＝front；当循环队列满时，rear＝front。为区别是队满还是队空，增加一个标志 s。s＝0 表示队列空，s＝1 且 front＝rear 表示队列满。

**3. 队列的链式存储**

与栈类似，队列也是线性表，也可以采用链式存储结构。与顺序队列和循环队列一样，带链队列的基本操作包括入队运算和出队运算。图 6-14 是原有 3 个元素（$a_1, a_2, a_3$）的带链队列在入队和出队后的示意图。

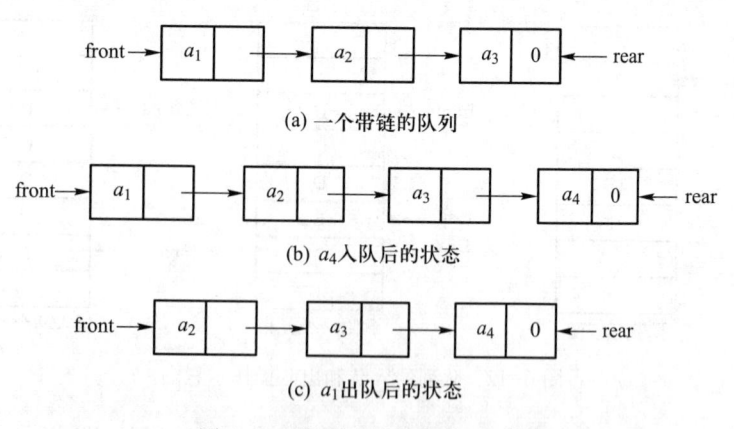

图 6-14　队列在链式存储下运算

#### 4. 队列的应用简介

队列在计算机科学领域的应用非常广泛，主要用来解决主机与外部设备之间速度不匹配的问题以及解决由多用户引起的资源竞争问题。对于第一个方面，仅以主机和打印机之间速度不匹配的问题为例作简要说明，主机输出数据给打印机打印，输出数据的速度比打印数据的速度要快得多，若直接把输出的数据送给打印机打印，由于速度不匹配，肯定会产生一些问题，解决此问题的方法是设置一个打印数据缓冲区，主机把要打印输出的数据依次写入到这个缓冲区中，写满后就暂停输出，转去做其他的事情；打印机就从缓冲区中按照先进先出的原则依次取出数据并打印，打印完后再向主机发出请求，主机接到请求后再向缓冲区写入打印数据，这样做既保证了打印数据的正确性，又使主机提高了工作效率。由此可见，打印数据缓冲区中所存储的数据就是一个队列。对于第二个方面，CPU（即中央处理器，它包括运算器和控制器）资源的竞争就是一个典型的例子。在一个带有多终端的计算机系统上，有多个用户需要 CPU 各自运行自己的程序，它们分别通过各自终端向操作系统提出占用 CPU 的请求，操作系统通常按照每个请求在时间上的先后顺序，把它们排成一个队列，每次把 CPU 分配给队首请求的用户使用，当相应的程序运行结束或用完规定的时间间隔后，则令其出队，再把 CPU 分配给新的队首请求的用户使用，这样既满足了每个用户的请求，又使 CPU 能够正常运行。

# 6.3　树结构

树结构是一种简单常见的非线性结构。树结构在客观世界中广泛存在，比如人类社会的族谱、各种社会组织机构都可以用树来形象表示。树在计算机领域中也得到了广泛应用，比如计算机文件的组织形式、数据库中数据表的组织形式、程序设计源程序的语法结构等都可以用树来表示。树的所有元素之间具有明显的层次特性，因此有层次关系的数据都可以用树这种数据结构来描述。

## 6.3.1　树

图 6-15 看上去像一棵倒置的树，"树"因此得名。树是由 $n(n \geq 0)$ 个元素组成的有限集合，树中的每个元素称为结点，集合为空的树简称为空树；在任意一棵非空树中，每一个结点只有一个前驱，称为父结点，没有前驱的结点只有一个，称为树的根结点，简称树的根。每一个结点可以有一个或多个后继，称为该结点的子结点。没有后继的结点称为叶子结点。比如在图 6-15 中的树有 A、B、C、D、E、F、G、H、I、J 共 10 个结点，其中结点 A 为根结点，结点 D、F、G、I、J 均为叶子结点，结点 B 是 A 的子结点，同时又是 D 和 E 的父结点，结点 C 是 A 的子结点，同时又是 F、G 和 H 的父结点，等等。

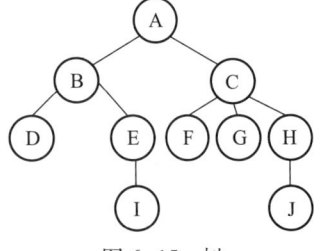

图 6-15　树

在树中，一个结点拥有的子结点个数称为该结点的度。例如图 6-15 中结点 E 和 H 的度为 1，结点 A、B 的度为 2，结点 C 的度为 3，叶子结点 D、F、G、I、J 的度为 0。在树中，所有结点中最大的度称为树的度。图 6-15 中的树的度为 3。

前面已经说过树是一种具有明显层次特性的数据结构，在树中按以下原则来分层：根结点在第 1 层，其余结点的层数为父结点的层数加 1。例如图 6-15 中根结点 A 在第 1 层，结点 B 和 C 在第 2 层，结点 D、E、F、G、H 在第 3 层，结点 I 和 J 在第 4 层。树的最大层次称为树的深度。图 6-15 中的树的深度为 4。

在树中，以某结点的子结点为根构成的树称为该结点的一棵子树。在图 6-15 中结点 A 有 2 棵子树，它们分别以 B 和 C 为根结点；结点 C 有 3 棵子树，它们分别以 F、G、H 为根结点。在树中，叶子结点没有子树。

### 6.3.2　二叉树

二叉树也是一种常见的树结构，它与前面介绍的树很相似，树的所有术语都可以用到二叉树这种数据结构上，但二叉树又有自己的特点，即二叉树的每个结点至多有两棵子树，并且二叉树的子树有左右之分，其顺序不能颠倒。

由此可见，在二叉树中，每个结点的度可以是 0、1 或 2，即结点的度最大为 2。二叉树的每一个结点的子树被明显地分为左子树和右子树，且一个结点可以只有左子树或右子树，当一个结点没有左子树也没有右子树时，该结点是叶子结点。图 6-16 是一棵深度为 4 的二叉树。

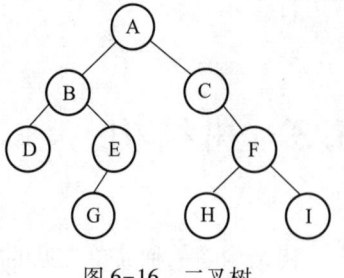

图 6-16　二叉树

二叉树具有以下几个基本性质。

（1）在二叉树的第 $k$ 层上，最多有 $2^{k-1}(k \geqslant 1)$ 个结点。

（2）深度为 $m$ 的二叉树最多有 $2^m-1$ 个结点。

（3）度为 0 的结点（即叶子结点）总是比度为 2 的结点多一个。

（4）具有 $n$ 个结点的二叉树，其深度至少为 $[\log_2 n]+1$，其中 $[\log_2 n]$ 表示取 $\log_2 n$ 的整数部分。

### 6.3.3　满二叉树和完全二叉树

满二叉树和完全二叉树是两种特殊形态的二叉树。

**1. 满二叉树**

满二叉树是指除最后一层外，每一层上的所有结点有两个子结点的二叉树。也就是说，在满二叉树中，每一层上的结点数都达到了最大值，即满二叉树的第 $k$ 层上有 $2^{k-1}$ 个结点，深度为 $m$ 的满二叉树有 $2^m-1$ 个结点。图 6-17 是一棵深度为 3 的满二叉树。

**2. 完全二叉树**

完全二叉树是指除最后一层外，每一层上的结点数均达到最大值，但在最后一层上只缺少右边的若干结点的二叉树。对完全二叉树来说，叶子结点只可能在层次最大的两层上出现。图 6-18 是一棵深度为 4 的完全二叉树。

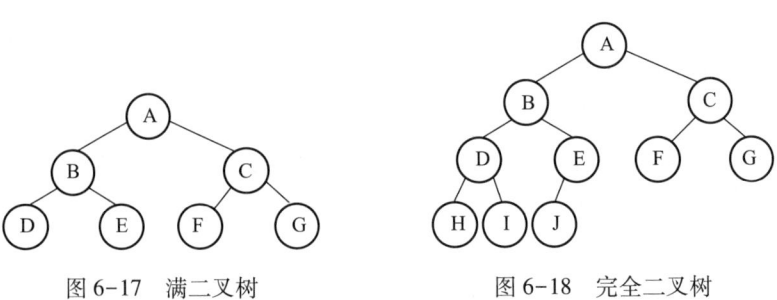

图 6-17　满二叉树　　　　　　　　图 6-18　完全二叉树

完全二叉树的性质如下。

（1）具有 $n$ 个结点的完全二叉树的深度为 $[\log_2 n]+1$。

（2）设完全二叉树共有 $n$ 个结点。如果从根结点开始，按层序（每一层从左到右）用自然数 $1,2,\cdots,n$ 给结点进行编号（$k=1,2,\cdots,n$），有以下结论。

① 若 $k=1$，则该结点为根结点，它没有父结点；若 $k>1$，则该结点的父结点编号为 $k/2$ 的整数部分。

② 若 $2k\leqslant n$，则编号为 $k$ 的结点的左子结点编号为 $2k$；否则该结点无左子结点（也无右子结点）。

③ 若 $2k+1\leqslant n$，则编号为 $k$ 的结点的右子结点编号为 $2k+1$；否则该结点无右子结点。

由满二叉树与完全二叉树的特点可以看出，满二叉树也是完全二叉树，完全二叉树一般不是满二叉树。

### 6.3.4　二叉树存储结构

在计算机中，二叉树常用链式存储结构。与线性链表类似，用于存储二叉树中各元素的存储结点也由数据域与指针域两部分组成，但不同的是二叉树的每个结点的指针域有两个，分别用来存放左子结点的存储地址和右子结点的存储地址。图 6-19 列出了图 6-16 所示的二叉树的链式存储形式。

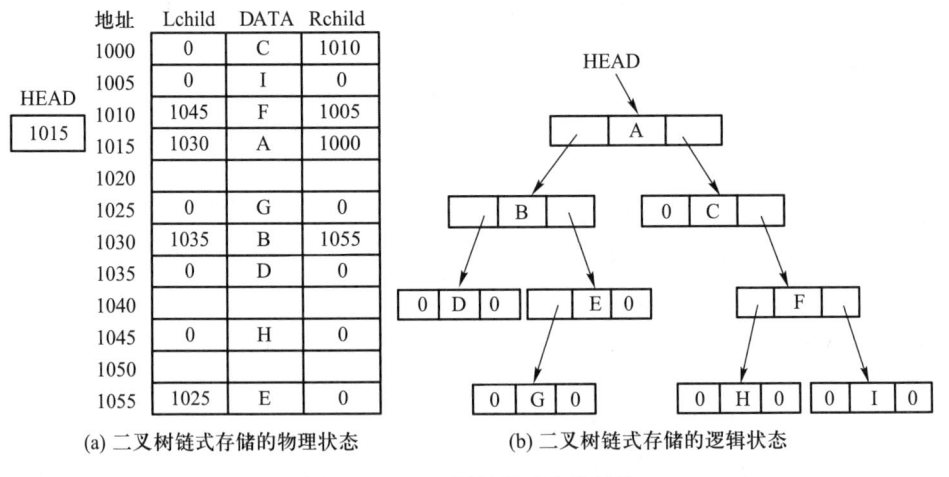

(a) 二叉树链式存储的物理状态　　　　　(b) 二叉树链式存储的逻辑状态

图 6-19　二叉树的链式存储结构

满二叉树与完全二叉树可以按层序进行顺序存储，这样不仅节省存储空间，还可以方便地确定每个结点的父结点与左右子结点的位置，但顺序存储结构对于一般的二叉树不适用。在程序设计语言中，满二叉树与完全二叉树的顺序存储结构由一维数组或列表构成，结点按次序分别存入该数组的各个单元。例如：图6-18所示的完全二叉树，在数组中的存放形式如图6-20所示。很显然，通过一维数组或列表的下标编号很容易计算出结点之间的父子关系，比如下标为 $i$ 的结点的左孩子下标一定是 $2i+1$，右孩子的下标一定是 $2i+2$。

| 数组元素 | A | B | C | D | E | F | G | H | I | J |
|---|---|---|---|---|---|---|---|---|---|---|
| 数组下标 | 0 | 1 | 2 | 3 | 4 | 5 | 6 | 7 | 8 | 9 |

图6-20　完全二叉树的顺序存储结构

### 6.3.5　二叉树的遍历

二叉树的遍历指不重复地访问二叉树的所有结点。从二叉树的结构定义得知，二叉树是由"根结点"、"左子树"和"右子树"三部分构成，则遍历二叉树的操作可分解为"访问根结点"、"遍历左子树"和"遍历右子树"三个子操作，并且由二叉树的递归定义可知，遍历左子树和遍历右子树可如同遍历二叉树一样递归进行。

（1）前序遍历（data leftchild rightchild，DLR）：首先访问根结点，然后遍历左子树，最后遍历右子树。

（2）中序遍历（leftchild data rightchild，LDR）：首先遍历左子树，然后访问根结点，最后遍历右子树。

（3）后序遍历（leftchild rightchild data，LRD）：首先遍历左子树，然后遍历右子树，最后访问根结点。

设有如图6-21所示的一棵二叉树。

其前序遍历（DLR）的结果为ABDEHICFG。

其中序遍历（LDR）的结果为DBHEIAFCG。

其后序遍历（LRD）的结果为DHIEBFGCA。

如果知道了某二叉树的前续序列和中序序列可以唯一地恢复该二叉树，同样如果知道了某二叉树的后续序列和中序序列也可以唯一地恢复该二叉树。

例如，根据前序遍历序列ABDEHICFG、中序遍历序列DB-HEIAFCG，恢复该二叉树的分析过程如下。

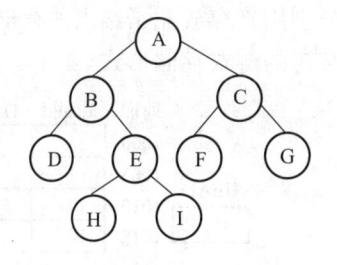

图6-21　二叉树

由前序遍历二叉树首先访问根结点，可知A为二叉树的根结点；由中序遍历二叉树首先访问左子树，再访问根结点，最后访问右子树，可知中序遍历A的左子树序列为DBHEI，右子树序列为FCG；由前序遍历二叉树访问完根结点A后，一定访问A的左子树的根结点，可知B为A的左子树的根结点；由中序遍历A的左子树序列DBHEI，可知D为B的左子树，中序遍历B的右子树序列为HEI；由前序遍历B的右子树序列EHI，可知E为B的右子树的根结点；由中序遍历B的右子树序列HEI，可知H为E的左子树，I为E的右子树；同理，由中序遍历 A 的右子树序列 FCG, 前序遍历 A 的右子树序列 CFG, 可知 C 为 A 的右子树的根结点, 从而推出 F 为 C 的左子树, G 为 C 的右子树, 至此二叉树恢复构造完成。

读者可用类似的分析方法, 根据二叉树的后序序列和中序序列推导出二叉树的恢复过程。

# 6.4　查找技术

查找是指在一个给定的数据结构中查找某个指定的元素, 是数据处理领域中一个重要的内容, 查找的效率将直接影响到数据处理的效率。常用的查找技术有顺序查找和二分查找。通常, 根据不同的数据结构, 可以采用不同的查找方法。

如果线性表为无序表, 即表中元素的排列是无序的, 则不管线性表采用的是顺序存储还是链式存储, 都必须使用顺序查找。如果线性表有序, 且采用顺序存储结构, 则既可以使用顺序查找也可用使用二分查找; 如果线性表有序, 但采用链式存储结构, 则必须使用顺序查找。

**1. 顺序查找**

顺序查找一般是指在线性表中查找指定元素, 基本方法如下: 从线性表的第一个元素开始, 依次将线性表中的元素与被查找元素进行比较, 若相等则表示找到, 即查找成功; 若线性表中的所有元素与被查找元素都不相等, 则查找失败。

顺序查找适用于以下两种情况。

（1）线性表为无序表, 不管是顺序存储结构还是链式存储结构。

（2）线性表采用链式存储结构, 即使是有序线性表。

**2. 二分查找**

二分查找是分治法的一种典型算法, 在第 5 章已经介绍过, 这种查找方法只适用于顺序存储的有序表。算法的思路是先确定待查目标元素所在的范围, 然后逐步缩小范围直至找到该元素, 或者当查找区间缩小到 0 也没有找到目标元素为止。显然, 二分查找的效率比顺序查找高得多。可以证明, 对于长度为 $n$ 的有序线性表, 最坏情况下, 用二分查找只需比较 $\log_2 n$ 次, 而顺序查找需要比较 $n$ 次。

# 6.5　排序技术

排序是指将一个无序序列整理成按值递增或递减排列的有序序列。排序可以在各种不同的存储结构上实现, 本节主要介绍以顺序存储的线性表为例的正向递增排序。排序的算法种类很多, 主要包括交换类排序、插入类排序、选择类排序等。

### 6.5.1 交换类排序法

交换类排序法是借助数据元素之间的互相交换进行排序的一种方法。冒泡排序和快速排序法都属于交换类的排序方法。

**1. 冒泡排序法**

冒泡排序的基本思想：以升序排序为例，从表头开始扫描线性表，在扫描的过程中依次比较相邻两个元素的大小，若前面的元素大于后面的元素，则交换它们的位置。显然，在扫描过程中，不断地将相邻元素间较大的向后移动，最后将线性表中最大的元素移到了表尾（这个已经就位的元素下一轮不必再参加比较）。图 6-22 是对有 5 个元素的线性表进行冒泡排序第一轮排序的示意图。

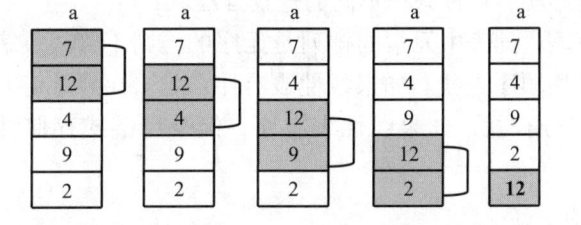

图 6-22　冒泡排序的第 1 轮排序过程

然后，再扫描剩下的线性表元素，同样在扫描的过程中依次比较相邻两个元素的大小，若后面的元素小于前面的元素，则交换两个元素的位置。在扫描过程中，不断地将相邻元素中较大的向后移动。

对剩下的线性表重复上述过程，直到线性表只剩最后一个元素为止，此时线性表元素变为有序排列。

在最坏情况下，$n$ 个元素的线性表使用冒泡排序需要比较 $n(n-1)/2$ 次。但这个工作量不是必需的，一般情况下要小于这个工作量。

在冒泡排序过程中，极有可能提前完成排序，但是程序却不能提前结束，因此会做许多无用功，为了解决这一不足，可设置一个标志位 flag，在每一轮排序开始前设置 flag 值为 1，在比较过程中发生了数据交换时，修改 flag 为 0。在每一轮排序结束后，检查此标志，若此标志为 1，表示在这轮比较过程中没有做过交换，则结束排序；否则继续进行下一轮的排序。

当要排序的数据量比较大时，使用冒泡排序的时间会比较长，这时可使用快速排序法。

**2. 快速排序法**

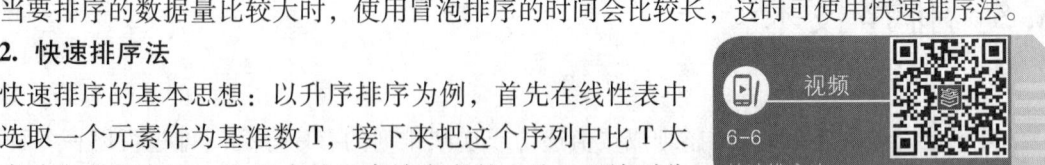

快速排序的基本思想：以升序排序为例，首先在线性表中任意选取一个元素作为基准数 T，接下来把这个序列中比 T 大的元素放在它的右边，比 T 小的元素放在它的左边，T 放到分界线的位置，将线性表分为两个部分（子表），这个过程称为线性表的分割。通过一次分割，就以 T 为分界将线性表分为两个子表，前面的子表中的所有

元素均不大于 T，而后面子表中的元素均不小于 T。按照上述原则对子表继续进行分割，直到子表为空，则整个线性表有序排列。

实际在对线性表或子表进行分割时，为了方便通常选取第一个元素作为基准数 T，设两个指针 i、j 分别指向线性表 a 或子表的起始和最后位置，反复操作以下两步。

（1）将 j 逐渐减小，并逐次比较 a[j] 和 T(a[i])，直到发现一个 a[j]<T 为止，并将 a[j] 和 a[i] 进行交换。

（2）将 i 逐渐增大，并逐次比较 a[i] 和 T(a[j])，直到发现一个 a[i]>T 为止，并将 a[i] 和 a[j] 进行交换。

上述两步操作交替进行，直到 i 和 j 指向同一个位置，完成一次分割。图 6-23 是快速排序第一次分割的示意图。

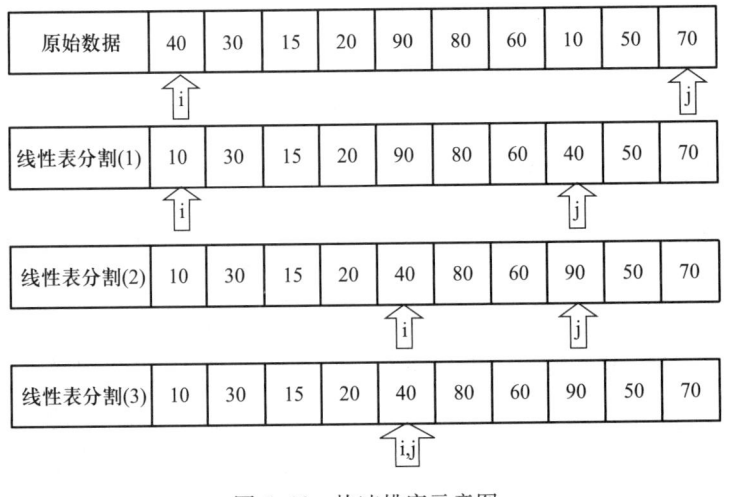

图 6-23　快速排序示意图

接下来对子表{10,30,15,20}进行分割，选定基准数 10，i 指向第一个元素 10，j 指向最后一个元素 20，然后 j 自右向左寻找小于基准数的第一个元素，直到 j=i 停止，可知基准数 10 就位；再对{30,15,20}进行分割，选定基准数 30，i 指向第一个元素 30，j 指向最后一个元素 20，然后 j 自右向左找到小于基准数的第一个元素 20，交换 30 和 20 的位置，接着 i 自左向右寻找大于基准数的元素，直到 j=i 停止，可知基准数 30 就位；对{20,15}进行分割，选定基准数 20，i 指向第一个元素 20，j 指向最后一个元素 15，然后 j 自右向左找到小于基准数的第一个元素 15，交换 20 和 15 的位置，接着 i 自左向右寻找大于基准数的元素，直到 i=j 停止，可知基准数 20 就位；至此子序列 {15} 只剩一个数，不需要再进行任何处理，由此得到已排序的序列{10,15,20,30}。

对子表{80,60,90,50,70}也模拟刚才的过程，可以得到序列{50,60,70,80,90}。最终可得已排序序列{10,15,20,30,40,50,60,70,80,90}，排序完全结束。

快速排序在最坏情况下需要进行 $n(n-1)/2$ 次比较，但实际的排序效率比冒泡排序高得多。

### 6.5.2 插入类排序法

所谓插入排序，是指将无序序列中的各元素依次插入到已经有序的线性表中。常用的插入类排序方法有简单插入排序法和希尔排序法。

#### 1. 简单插入排序法

简单插入排序的思路：在线性表中，可以把只包含第一个元素的子表看成是一个有序表，然后从线性表的第 2 个元素开始直到最后一个元素，依次插入到前面有序的子表中。图 6-24 给出了一个简单插入排序的示意图。

视频
6-7
简单插入排序法

| | | | | | | | | | |
|---|---|---|---|---|---|---|---|---|---|
| 原始数据 40 | 30 | 15 | 20 | 90 | 80 | 60 | 10 | 50 | 70 |
| | ↑$i=1$ | | | | | | | | |
| 第1次插入 30 | 40 | 15 | 20 | 90 | 80 | 60 | 10 | 50 | 70 |
| | | ↑$i=2$ | | | | | | | |
| 第2次插入 15 | 30 | 40 | 20 | 90 | 80 | 60 | 10 | 50 | 70 |
| | | | ↑$i=3$ | | | | | | |
| 第3次插入 15 | 20 | 30 | 40 | 90 | 80 | 60 | 10 | 50 | 70 |
| | | | | ↑$i=4$ | | | | | |
| 第4次插入 15 | 20 | 30 | 40 | 90 | 80 | 60 | 10 | 50 | 70 |
| | | | | | ↑$i=5$ | | | | |
| 第5次插入 15 | 20 | 30 | 40 | 80 | 90 | 60 | 10 | 50 | 70 |
| | | | | | | ↑$i=6$ | | | |
| 第6次插入 15 | 20 | 30 | 40 | 60 | 80 | 90 | 10 | 50 | 70 |
| | | | | | | | ↑$i=7$ | | |
| 第7次插入 10 | 15 | 20 | 30 | 40 | 60 | 80 | 90 | 50 | 70 |
| | | | | | | | | ↑$i=8$ | |
| 第8次插入 10 | 15 | 20 | 30 | 40 | 50 | 60 | 80 | 90 | 70 |
| | | | | | | | | | ↑$i=9$ |
| 第9次插入 10 | 15 | 20 | 30 | 40 | 50 | 60 | 70 | 80 | 90 |

图 6-24　简单插入法排序示意图

#### 2. 希尔排序法

希尔排序法对简单插入排序做了较大的改进，它的基本思想是将整个无序序列分割成若干小的子序列分别进行插入排序。

视频
6-8
希尔排序法

子序列的分割方法：将相隔某个增量 $h$ 的元素构成一个子序列进行插入排序，在排序过程中，逐次减小这个增量，最后当 $h$ 减到 1 时，再进行一次插入排序，排序即完成。

增量序列一般取 $h=n/2^k (k=1,2,\cdots,[\log_2 n])$，其中 $n$ 为待排序序列的长度。图 6-25 为希尔排序法的示意图。

在希尔排序过程中，虽然对于每一个子表采用的仍是插入排序，但是在子表中每进行一次比较就可能移去整个线性表中的多个逆序，从而改善了整个排序过程的性能。

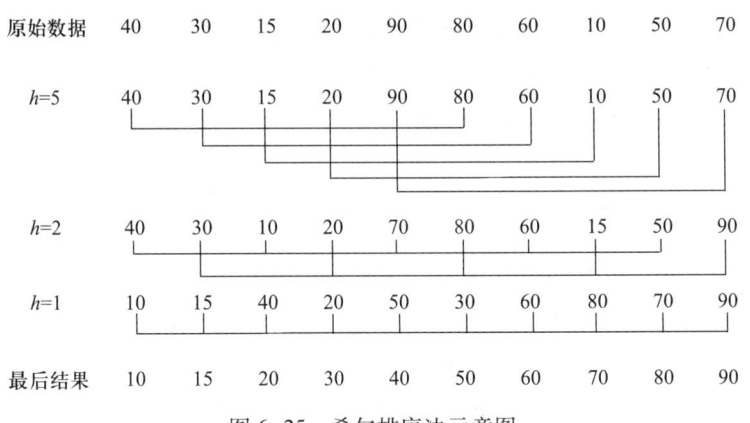

图 6-25　希尔排序法示意图

### 6.5.3　选择类排序法

选择排序的基本思想是：遍历线性表的所有元素，依次从剩余的元素中找出最大或最小的元素，生成一个有序序列。常用的选择类排序法有简单选择排序法和堆排序法。

**1. 简单选择排序法**

简单选择排序法的基本思想：以升序为例，扫描整个线性表，从中选择最小的元素，把它与最前面的元素交换，使得最小元素就位；然后再对剩下的元素使用相同的方法，依次使得第二小的元素、第三小的元素……最大的元素就位。

对于 $n$ 个元素的线性表，选择排序需要扫描 $n-1$ 遍，每一遍扫描从剩下的子表中选出最小的元素，然后将最小的元素与子表中的第一个元素进行交换。图 6-26 是对 10 个元素进行简单选择排序的示意图。

| 原始数据 | 40 | 30 | 15 | 20 | 80 | 90 | 60 | 10 | 50 | 70 |
|---|---|---|---|---|---|---|---|---|---|---|
| 第1次选择 | 10 | 30 | 15 | 20 | 80 | 90 | 60 | 40 | 50 | 70 |
| 第2次选择 | 10 | 15 | 30 | 20 | 80 | 90 | 60 | 40 | 50 | 70 |
| 第3次选择 | 10 | 15 | 20 | 30 | 80 | 90 | 60 | 40 | 50 | 70 |
| 第4次选择 | 10 | 15 | 20 | 30 | 80 | 90 | 60 | 40 | 50 | 70 |
| 第5次选择 | 10 | 15 | 20 | 30 | 40 | 90 | 60 | 80 | 50 | 70 |
| 第6次选择 | 10 | 15 | 20 | 30 | 40 | 50 | 60 | 80 | 90 | 70 |
| 第7次选择 | 10 | 15 | 20 | 30 | 40 | 50 | 60 | 80 | 90 | 70 |
| 第8次选择 | 10 | 15 | 20 | 30 | 40 | 50 | 60 | 70 | 90 | 80 |
| 第9次选择 | 10 | 15 | 20 | 30 | 40 | 50 | 60 | 70 | 80 | 90 |

图 6-26　简单选择排序法示意图

简单选择排序法需要进行 $n(n-1)/2$ 次比较，最坏情况下需要进行 $n-1$ 次交换。

**2. 堆排序法**

堆排序是利用堆这种数据结构所设计的一种排序算法。堆

分为"最大堆"和"最小堆"。最大堆通常被用来进行"升序"排序,而最小堆通常被用来进行"降序"排序。鉴于最大堆和最小堆是对称关系,理解其中一种即可。下面将对最大堆实现的升序排序进行详细说明。最大堆满足堆性质,即子结点的键值或索引总是小于它的父结点。在实际处理中,对于有 $n$ 个元素的堆序列,可以使用一维数组或列表 $a[0:n-1]$ 来存储堆序列中的元素,也可以用完全二叉树来直观地表示堆的结构。

用最大堆进行升序排序的基本思想:首先,将 $n$ 个元素的待排序序列构造成一个最大堆,此时整个序列的最大值就是堆顶的根结点,然后将其与末尾元素进行交换,此时末尾元素就为最大值。然后将剩余的 $n-1$ 个元素重新构造成一个最大堆,得到 $n$ 个元素的次大值。如此反复执行,最后便能得到一个升序序列了。

下面通过图文来解析当一维数组 a 的元素依次为 $\{40,30,15,20,70,90,60,10,50,80\}$,即 $n=10$ 时,构造成最大堆 $\{90,80,60,50,70,15,40,10,20,30\}$ 的实现过程。

一维数组 a 可以直观地表示成一个完全二叉树的形式,如图 6-27 所示。从最后一个非叶子结点开始(叶子结点不需要调整,最后一个非叶子结点的序号为 $n/2-1$),从下至上、从右至左进行调整。在本例中,$n=10$,$n/2-1=4$,依次将下标 $i$ 为 4、3、2、1、0 的这 5 个结点,与它自己的子结点进行比较并调整最终形成最大堆。

第 1 步:$i=4$ 时,将 $a[4]$ 与它的子结点 $a[9]$ 进行比较,最大者作为父结点(元素 80 作为父结点),如图 6-28 所示。

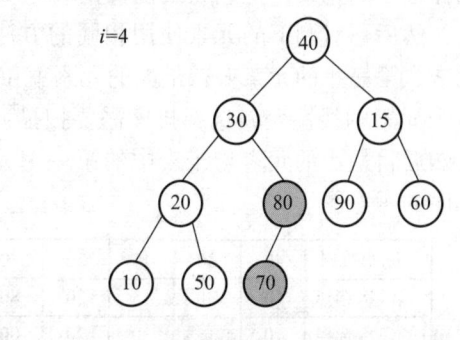

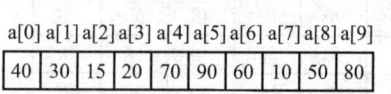

图 6-27　数组 a 对应的完全二叉树表示形式　　图 6-28　初始化堆第 1 步示意图

第 2 步:$i=3$ 时,将 $a[3]$ 与它的子结点 $a[7]$ 和 $a[8]$ 进行比较,最大者作为父结点(元素 50 作为父结点),如图 6-29 所示。

第 3 步:$i=2$ 时,将 $a[2]$ 与它的子结点 $a[5]$ 和 $a[6]$ 进行比较,最大者作为父结点(元素 90 作为父结点),如图 6-30 所示。

第 4 步:$i=1$ 时,将 $a[1]$ 与它的子结点 $a[3]$ 和 $a[4]$ 进行比较,最大者作为父结点(元素 80 作为父结点),在这里由于交换了 $a[1]$ 和 $a[4]$ 的值,而 $a[4]$ 还有子结点 $a[9]$,因此还要继续比较 $a[4]$ 和 $a[9]$,把最大者作为父结点(元素 70 作为父结点),如图 6-31 所示。

第 5 步:$i=0$ 时,将 $a[0]$ 与它的子结点 $a[1]$ 和 $a[2]$ 进行比较,最大者作为父结点(元素 90 作为父结点),在这里由于交换了 $a[0]$ 和 $a[2]$ 的值,而 $a[2]$ 还有子结点 $a[5]$ 和

a[6]，因此还要继续比较 a[2] 和两个子结点的大小，把最大者作为父结点（元素 60 作为父结点），如图 6-32 所示。至此，把一维数组 a 构造成了最大堆 {90,80,60,50,70,15,40,10,20,30}。

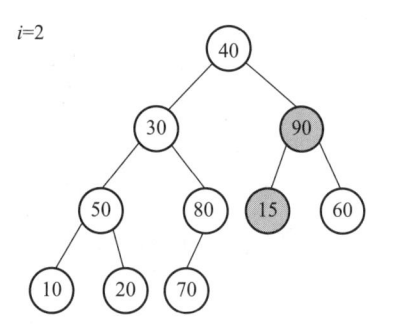

图 6-29　初始化堆第 2 步示意图　　　　图 6-30　初始化堆第 3 步示意图

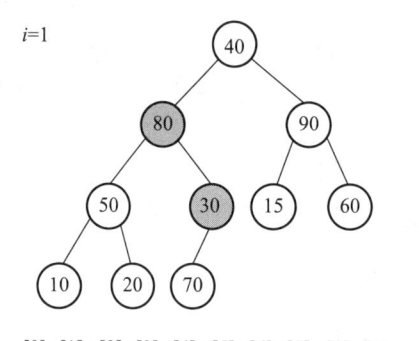

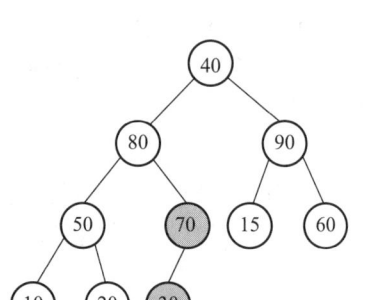

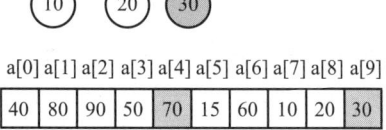

图 6-31　初始化堆第 4 步示意图

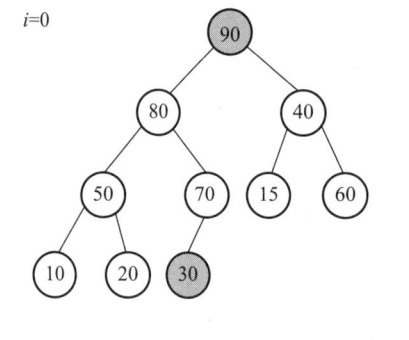

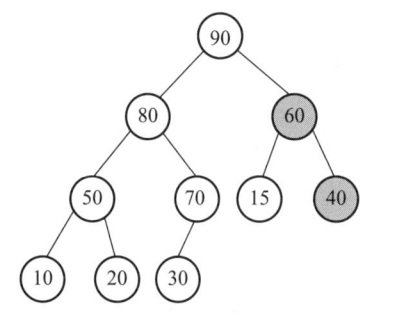

图 6-32　初始化堆第 5 步示意图

在将数组转换成最大堆之后，首先交换 a[0] 和 a[9]，使得 a[9] 是 a[0]~a[9] 之间的最大值，如图 6-33 所示。

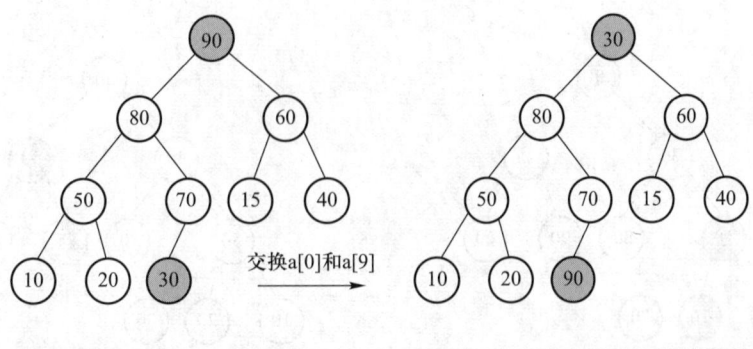

图 6-33 交换数据示意图

然后，调整 a[0]~a[8] 使它成为最大堆，交换 a[0] 和 a[8]，使得 a[8] 是 a[0]~a[8] 之间的最大值；依此类推，直到 a[0]~a[9] 的全部元素有序，从而使数组成为一个真正的有序数组。

堆排序的方法对于规模较小的线性表并不适合，但对于较大规模的线性表来说是很有效的。在最坏的情况下，堆排序需要比较的次数为 $n \log_2 n$。

## 推 荐 读 物

[1] 徐士良，等. 全国大学计算机等级考试二级教程——公共基础知识（2017 版）[M]. 北京：高等教育出版社，2017.

[2] 严蔚敏，等. 数据结构 [M]. 北京：清华大学出版社，2016.

[3] 唐良荣，等. 计算机导论——计算思维和应用技术 [M]. 北京：清华大学出版社，2017.

# 第7章
# 程序设计基础

　　在计算机上，对于一些比较简单的文本编辑、数据计算、图像处理等工作，使用相应的应用软件就可以进行处理，但是如果面对的是必须要用算法才能实现处理和计算的问题时，那就涉及计算机语言和程序设计了。计算机语言是人与计算机之间实现信息交流的工具，是用来编写计算机程序的符号和语法规则的集合。如果说计算机的硬件是身体，那么计算机程序就是计算机的灵魂，而计算机语言就是组成灵魂的各种概念和思想。

# 7.1　计算机语言和程序设计

## 7.1.1　计算机语言的发展过程

计算机语言是计算思维形式化的表现，人们可以用计算机语言来编写解决学习、工作和生活中遇到的实际问题的算法程序，让计算机帮助人们解决依靠人类自身难以解决或很难解决的问题，从而让计算机更好地服务于人类。计算机语言和自然语言一样，也是经过了一步步的发展才逐渐完善的。从发展的历程看，计算机语言的发展可以分为 3 个阶段。

第一代计算机语言是机器语言。机器语言是由二进制的 0 和 1 代码指令构成的，而不同的 CPU 又有不同的指令系统。机器语言可以直接被计算机识别，但是用机器语言编写程序异常困难，且程序难以修改和维护，非常不利于推广，因此这种语言渐渐地被淘汰了。

第二代计算机语言是汇编语言。汇编语言也是面向机器的计算机语言，可以利用计算机硬件的所有特性，直接控制硬件。汇编语言是机器语言的指令化，虽然汇编语言也和机器语言一样，存在着难学难用、容易出错、维护困难等缺点，但相对于机器语言来说，汇编语言更易于读写、调试和修改，用汇编程序翻译的机器语言程序的执行效率较高，因此在实际应用中，某些高级语言无法胜任的工作，可以利用汇编语言来实现。

第三代语言是高级语言。高级语言种类繁多，如目前流行的 C/C＋＋、C＃、Java、VB. NET、Python 等，这些语言的语法、命令格式各不相同。高级语言是相对于机器语言、汇编语言等低级语言来说的。虽然高级语言种类多，每种语言都有各自的语法与命令格式，但高级语言最大的优点是在形式上更接近自然语言和数学语言，在概念上更接近于人们所熟悉的日常概念。这样的特点使得高级语言很容易进行编写、修改与维护，通用性强、易于学习。因此，高级语言是一种面向用户的语言，即使不是程序员，也可以使用高级语言来编写程序。

## 7.1.2　高级语言的分类

目前，世界上已经公布的计算机高级语言多达千种，但是只有一小部分得到了广泛的应用。对于如此多的高级语言，按照程序设计方法的不同，分为面向过程的语言和面向对象的语言两大类。

### 1. 面向过程的语言

面向过程就是分析出解决问题所需要的步骤，然后用函数把这些步骤一步一步实现，在使用时一个一个依次调用就可以了。用面向过程的语言编写程序时，不仅要告诉计算机"做什么"，还要告诉它"如何做"，先做什么后做什么。常见的面向过程的语言有 C、FORTRAN、Pascal、Python 等。

### 2. 面向对象的语言

面向对象就是把客观事物看作是具有属性和行为的对象，通过抽象找出同一类对象的共同属性和行为，形成类。通过类的继承和多态可以很方便地实现代码复用，从而大大提高程序的开发效率。常见的面向对象的语言有 C++、C#、Java、Python 等。显然，Python 是一种既支持面向过程又支持面向对象的语言。

例如：在开发一个五子棋程序时，面向过程的设计思路是首先分析问题的步骤：① 开始游戏；② 黑子先走；③ 绘制画面；④ 判断输赢；⑤ 轮到白子；⑥ 绘制画面；⑦ 判断输赢；⑧ 返回步骤②；⑨ 输出最后结果。把上面每个步骤分别用函数来实现，问题就解决了。

而面向对象的设计则是从另外的思路来解决问题。整个五子棋可以分为以下几个对象：① 玩家对象，即黑白双方，这两方的行为是一模一样的；② 棋盘对象，负责绘制画面；③ 规则系统，负责判定诸如犯规、输赢等。玩家对象负责接受用户输入，并告知棋盘对象棋子布局的变化，棋盘对象接收到了棋子的变化就要负责在屏幕上面显示出这种变化，同时利用规则系统来对棋局进行判定。

可以明显地看出，面向对象是以功能来划分问题，而不是步骤。同样是绘制棋局，这样的行为在面向过程的设计中分散在了众多步骤中，很可能出现不同的绘制版本。而面向对象的设计中，绘图只可能在棋盘对象中出现，从而保证了绘图的统一性。

面向对象设计在功能上的统一保证了程序的可扩展性。比如要加入悔棋的功能，如果要改动面向过程的设计，那么从输入到判断再到显示这一连串的步骤都要改动，甚至步骤之间的顺序都要进行大规模调整。如果是面向对象的话，只需改动棋盘对象即可，棋盘系统保存了黑白双方的棋谱，简单回溯就可以了，而显示和规则判断则不用考虑，同时对对象功能的调用顺序都没有变化，改动只是局部的。

总结来说面向过程是一种基础的方法，它考虑的是实际的实现，是面向对象的基础。一般情况下，面向过程采用的是模块化的思想方法，当程序较小时，面向过程就会体现出明显的优势，其程序流程十分清楚；而面向对象的底层还是面向过程，也可以说面向对象是面向过程的抽象，面向过程抽象成类，然后封装，方便使用就是面向对象，但是使用面向对象编程更贴近于实际生活的思想。

高级语言的下一个发展目标是面向应用，也就是说，在未来用户只需要告诉程序要干什么，程序就能自动生成算法，自动进行处理，这就是非过程化的程序语言。

## 7.1.3　程序的解释和编译

用高级语言编写的程序称为高级语言源程序。高级语言源程序和汇编程序一样不能被计算机直接识别，需要在专门的翻译程序的帮助下，将源程序翻译成用二进制代码表示的机器指令后才能被计算机识别和执行。对高级语言源程序的翻译有解释和编译两种方式，采用解释方式的高级语言也称为解释型语言，对应的翻译程序称为解释器；采用编译方式的高级语言也称为编译型语言，对应的翻译程序称为编译器。

### 1. 解释方式

解释方式的工作过程，是在运行高级语言源程序时，由解释器从源程序中逐条读取语句，并进行语法检查，如果语法有错，则输出错误提示信息；否则，把该指令翻译成机器指令，并执行相应操作，整个过程类似于"同声翻译"。采用解释方式的语言是脚本语言，比如JavaScript、PHP、Python 语言等。

解释方式的优点如下。

（1）程序的交互性好。程序纠错和维护非常方便，对程序设计的初学者来说非常方便。

（2）程序的可移植性好。不管是什么操作系统，只要安装了解释器，源程序就可以运行。

**2. 编译方式**

编译方式的工作过程，是由编译器对高级语言源程序进行语法检查，若有语法错误，则输出错误提示信息；否则生成一个与源程序等价的目标程序，由于在目标程序中有可能还要用到一些系统程序或其他的用户程序，因此还需要把该目标程序与相关的目标程序连接生成一个可执行程序。以后程序在运行时，运行的都是可执行程序，而不是高级语言的源程序。整个过程类似于"书面翻译"。由于编译是在程序运行之前做的，因此程序的运行速度比较快，但是编译会产生额外的目标文件和可执行文件，而且源程序一旦发生改动，必须要重新编译才能得到新的可执行文件。采用编译方式的语言是静态语言，比如常用的 C、C++等。

编译方式的优点如下。

（1）程序的运行速度快。在程序运行时直接运行的是编译生成的可执行程序。

（2）程序的独立性好。可执行程序不需要编译器就可以直接运行。

解释和编译的区别在于编译是一次性地翻译，一旦程序被编译生成可执行程序后，可以直接运行可执行程序，不再需要源程序和编译器的参与，因此程序的执行效率较高，但由于可执行程序是直接作用于操作系统的，所以对运行它的软硬件平台有较强的依赖性，可移植性不好，不能实现跨平台；解释则是在每次运行程序时都需要源程序和解释器，由解释器对源程序边解释边运行，因此程序的执行效率比较低，但程序的可移植性好，可以很好地支持跨平台。由此可见解释方式和编译方式优势互补，都有继续存在和发展的理由，在短时间内很难实现融合统一。值得欣慰的是现在比较流行的 Python 语言虽然采用的是解释执行方式，但它的解释器也保留了编译器的部分功能，随着程序的运行，解释器也能生成一个完整的目标程序，这种把解释器和编译功能相结合的新解释器为提高程序设计性能提供了全新的思路。

### 7.1.4 程序设计的意义

程序设计俗称编程，为什么要学习编程，是每个首次接触编程的人，都会在心底发出的疑问。其最重要的一个原因是编程可以训练思维，用来解决实际问题。在当今社会，计算机已经成为学习、工作和生活中不可缺少的工具，掌握一定的编程技术，将有助于更好地用计算机解决遇到的计算问题。编程是从问题抽象到问题解决的一个完整过程，首先对问题进行分析，设计解决问题的算法，然后再根据算法编写、调试和运行程序代码来解决问题。通过这样的编程训练能够促进人类思考，培养计算思维能力。

初次学习编程的很多人都觉得编程很难学，这是因为人们向来有把学不会的技能神秘化的倾向，觉得自己学不会是正常的。但学习编程的难度实在是被过分高估了，导致很多人因为被误导才望而却步。事实上编程并不是什么难以获得的技能，因为编程有一定的框架和模式，只要理解了这些框架和模式，稍加练习就会收到不错的学习成效。

要学编程先要学习一门编程语言，考虑到 Python 语言易学，上手快，学习曲线非常低的特点，本章将通过介绍 Python 语言的基本语法以及几个简单的 Python 实例，使读者了解程序设计的基础知识和整个编程过程，体会程序设计的基本思想和方法，掌握简单程序的编写。

# 7.2　Python 语言入门

Python 是一种简单易学、功能强大的面向对象的解释型高级计算机程序设计语言。Python 语言常被称为胶水语言，因为它能够把其他语言编写的各种程序模块（尤其是 C/C++）很轻松地联结在一起。Python 语言应用广泛，适用于系统编程、图形处理、网络编程、游戏开发、科学计算和人工智能等众多领域，是近几年非常流行和受欢迎的语言之一。

## 7.2.1　Python 简介

### 1. Python 的发展

Python 的创始人是荷兰的 Guido van Rossum。1989 年圣诞节期间，Guido 为了打发圣诞节的无趣时间，决心开发一种功能全面、易学易用、可拓展的语言。之所以选中 Python 作为程序的名字，是因为他是一个叫 Monty Python 的喜剧团体的爱好者。

Python 语言发展到现在主要有两个版本：Python 2. x 和 Python 3. x。Python 2. x 系列版本的，统称为 Python 2；Python 3. x 系列版本的，统称为 Python 3。Python 3 是对 Python 2 的一次重大升级。2008 年，Python 3 的第一个版本 Python 3.0 发布，该版本在设计时没有考虑向下兼容，这使得用 Python 2 编写的程序一般无法在 Python 3 上执行，Python 3 经过多年的发展，目前最新版本已到 3.6，但由于大量的 Python 2 程序库的存在，使得对 Python 2 的使用依然存在。但更新换代是趋势，Python 2 必将逐步退出历史舞台，因此本书在实例讲解时采用的都是 Python 3 的版本。

### 2. Python 的优点

（1）简单易学：Python 是一种代表简单主义思想的语言，语法简单，容易上手，它使程序员能够专注于解决问题而不是去搞明白语言本身。

（2）免费开源：Python 是自由开放的源码软件。使用者可以自由地发布这个软件的副本，阅读它的源代码，对它进行改动，或者把它的一部分用于新的自由软件中。

（3）可移植性：由于它的开源本质，Python 已经被移植在许多平台上（经过改动使它能够工作在不同平台上）。这些平台包括 UNIX、Linux、Windows、Android 等。

（4）可扩展性：如果需要一段关键代码运行得更快或者希望某些算法不公开，可以选择部分程序用 C 或 C++编写，然后在 Python 程序中调用它们。

（5）可嵌入性：可以把 Python 嵌入 C/C++程序，从而向程序用户提供脚本功能。

（6）丰富的库：Python 标准库很庞大。它可以帮助处理各种工作，包括正则表达式、文档生成、单元测试、线程、数据库、网页浏览器等。除了标准库以外，还有许多其他高质量的库，如 wxPython、Twisted 和 Python 图像库等。

（7）代码规范：Python 采用强制缩进的方式使得代码具有较好的可读性。

### 3. Python 的下载与安装

要使用 Python 编写程序，首先必须在计算机上安装一个
Python 的解释器。读者可登录 Python 的官方网站，主页面如
图 7-1 所示，下载适合自己操作系统的 Python 安装程序。如果
读者的计算机安装的是 32 位的 Windows 操作系统，可以直接

单击主页面上矩形框 1 中的按钮下载 Python 3 的最新版本。截至本书成稿时，Windows 下的
Python 3 的最新版本是 Python 3.6.4。双击下载后的安装程序 Python 3.6.4.exe，启动安装向
导如图 7-2 所示，勾选该页面内"Add Python 3.6 to PATH"复选框配置环境变量，然后单击
Install Now 按钮进行默认安装即可，Python 3.6.4 的默认安装路径是 C:\Python3.6，也可以在
安装时根据向导提示修改安装路径。

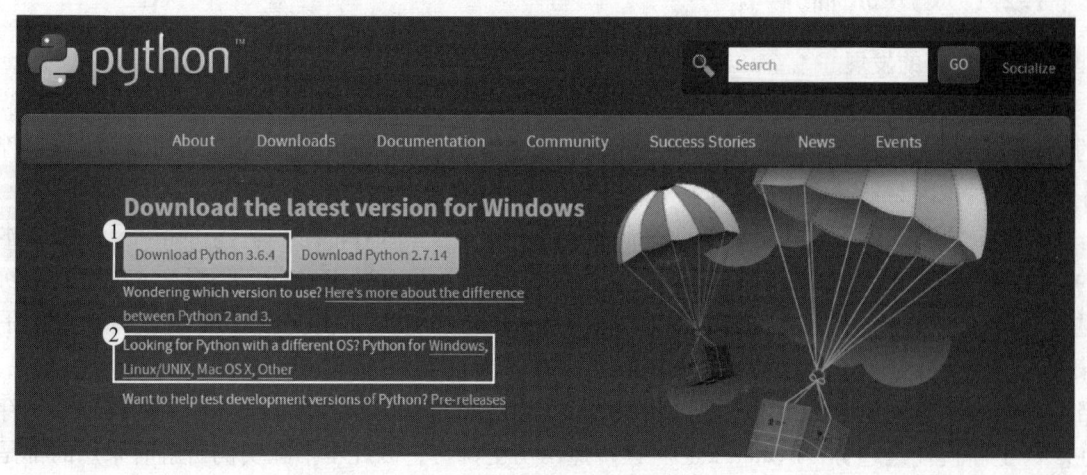

图 7-1　Python 下载主页

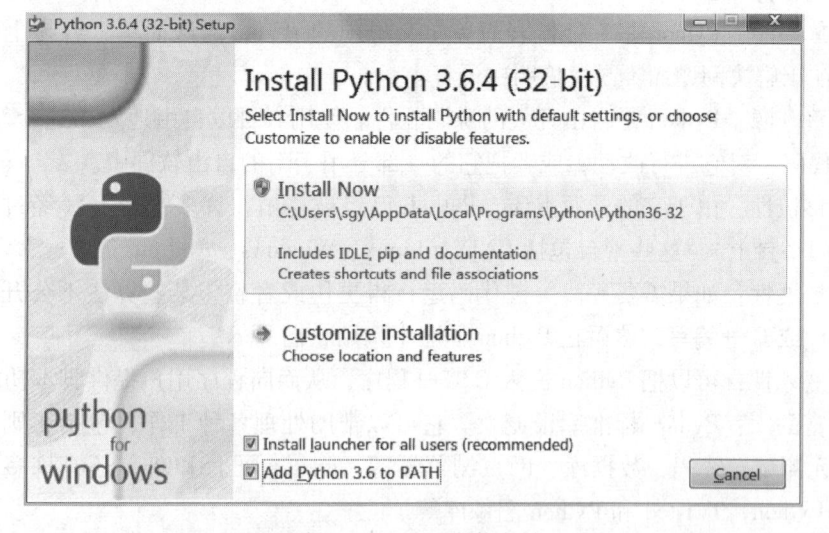

图 7-2　Python 安装向导

如果读者的计算机安装的是 64 位的 Windows，则需要单击图 7-1 中矩形框 2 中的 Windows 文字链接，在弹出来的网页内下载 Python 3.6.4 在 64 位 Windows 上的版本，如图 7-3 所示。其中 x86 支持的是 32 位的 Windows 操作系统，x86-64 支持的是 64 位的 Windows 操作系统，web-based installer 是需要通过联网才能完成安装的程序版本，executable installer 是可以直接安装（*.exe）的程序版本，embeddable zip file 是可以集成到其他应用中的嵌入式版本。

- Python 3.6.4 - 2017-12-19
    - Download Windows x86 web-based installer
    - Download Windows x86 executable installer
    - Download Windows x86 embeddable zip file
    - Download Windows x86-64 web-based installer
    - Download Windows x86-64 executable installer
    - Download Windows x86-64 embeddable zip file
    - Download Windows help file

图 7-3　选择适合的 Python 程序版本

#### 4. 编辑和运行 Python 程序

运行 Python 程序有两种方式：交互式和文件式。交互式是指 Python 解释器及时响应用户输入的每行程序代码，并输出运行结果；文件式是指用户先将 Python 程序保存在文件中，然后再启动 Python 解释器批量执行文件中的代码。Python 自带了两款编辑和运行程序的软件，一款是只能用于交互式执行程序的命令行解释器；另一款是既能采用交互式又能采用文件式执行程序的集成开发环境 IDLE。本书以在 32 位的 Windows 7 操作系统上安装的 Python 3.6.4 为例，对 Python 自带的两款工具进行讲解。

（1）交互式解释器的使用

从"开始"菜单中选择"所有程序"→Python 3.6→Python 3.6（32-bit）命令，即可启动 Python 的命令行交互式解释器窗口，如图 7-4 所示。

在命令行"〉〉〉"提示符的后面直接输入语句，输入完成后按 Enter 键，即可在下一行输出运行结果。如输入 print("Hello World")后按 Enter 键，就会在下一行输出运行结果 Hello World，如图 7-5 所示。如果想在一个命令行上写多条语句，可以在多条语句之间用"；"隔开。

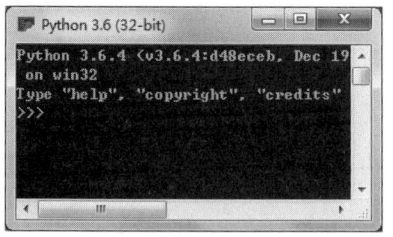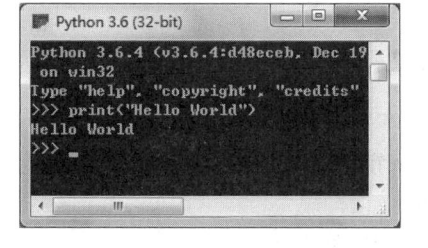

图 7-4　Python 命令行交互式解释器　　图 7-5　在 Python 交互式解释器中输入程序

（2）IDLE 工具的使用

① 启动工具。从"开始"菜单中选择"所有程序"→Python 3.6→IDLE（Python 3.6 32-

bit）命令，单击启动 IDLE 窗口，如图 7-6 所示，在"〉〉〉"提示符的后面可以直接输入程序
语句，进行交互式编程。

② 编辑和保存程序。选择图 7-6 窗口中的 File→New File 命令（或按 Ctrl+N 键）打开一
个类似于记事本的文本编辑窗口，如图 7-7 所示。在该窗口中输入程序代码后，选择 File→
Save 命令即可保存为扩展名为 .py 的 Python 源文件。比如在图 7-7 的窗口中输入了一行代码
print("Hello World")，保存后的文件名为 hello.py，保存路径选择的是 e:\sgy。

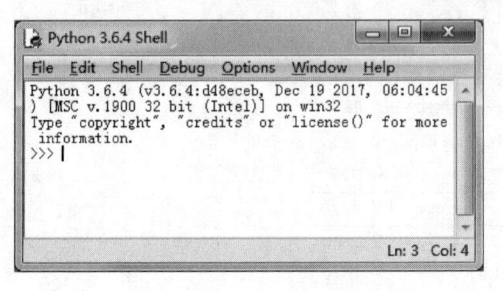 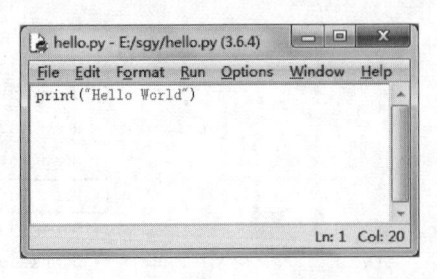

图 7-6　IDLE 工具窗口　　　　　　　　　图 7-7　IDLE 编辑 Python 文件

③ 运行程序。在程序的编辑窗口中，选择 Run→Run Module 命令（或按 F5 键）即可运
行程序，显示运行结果。比如程序 hello.py 的运行结果如图 7-8 所示。

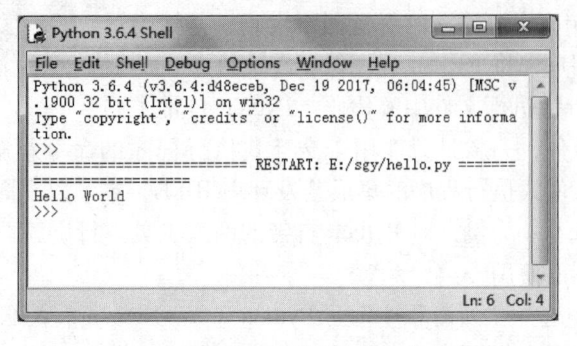

图 7-8　IDLE 运行 Python 程序

本书所有程序都可以通过 IDLE 编写并运行，对于验证某条语句的写法、观察运行结果、
讲解少量代码等情况，一般采用 IDLE 交互式；对于编写大段代码的情况，一般采用 IDLE 文
件式。

### 7.2.2　Python 语法基础

**1. 基本数据类型**

Python 能够处理各种各样不同类型的数据，其中最常见有整数类型、浮点数类型和序列
数据类型。

（1）整数类型

整数类型有 4 种不同进制表示方法：十进制、二进制、八进制和十六进制。整数默认采
用十进制表示，其他进制需要增加引导符号。二进制整数以 0b 或 0B 开头，只能由 0 和 1 组
成，比如 0b1101、0B1001；八进制以 0o 或 0O 开头，只能由 0 到 7 之间的数字组成，比如

0o357、0O256；十六进制由 0x 或 0X 开头，只能由 0 到 9、a 到 f、A 到 F 这些字符组成，比如 0x13A4、0Xabc。

Python 整数类型理论上的取值范围是 $[-\infty, +\infty]$，实际上受运行 Python 程序的计算机的内存限制。除极大数的运算外，一般认为整数类型没有取值范围限制。

（2）浮点数类型

Python 语言要求浮点数必须带有小数点，如果浮点数的整数部分或小数部分是 0，可以省略不写，这种表示方式可以把浮点数类型和整数类型严格区分开。浮点数有小数形式和科学计数法两种表示方法，比如：1.23、123.、.123、1.23e2、2.5E-5 都是合法的浮点型数据，其中科学计数法中用字母 e 或 E 来表示底数 10，1.23e2 表示的是 $1.23 \times 10^2$。浮点数类型与整数类型的计算由计算机的不同硬件单元执行，因此处理方法也不相同。需要注意的是数值相同的整数和浮点数，在计算机内部的表示方法也是不一样的。

Python 的浮点型遵循的是 IEEE 754 双精度标准，每个浮点数占 8 字节，能表示的数的范围大概是 $-2.2 \times 10^{-308} \sim 1.8 \times 10^{308}$。

（3）序列数据类型

序列数据类型简称序列，是具有先后关系的一组元素，元素之间由序号引导，可以通过下标访问序列中的特定元素。序列中又包括字符串、列表和元组三种类型。序列元素的索引是从 0 开始的，可以通过下标索引来访问序列中的元素。

① 字符串。

几乎在每一个 Python 程序中都要用到字符串。Python 字符串以 Unicode 编码方式存储，字符串的英文字符和中文字符都算作一个字符。字符串是由一对单撇号（'）、双撇号（"）或三撇号（'''）括起来的字符序列。单撇号和双撇号都可以用来表示单行的字符串，使用单撇号时，双撇号可以作为字符串的一部分，比如' "How are you?",I asked. '；使用双撇号时，单撇号可以作为字符串的一部分，比如："I'm a student. "。三撇号可以用来表示单行或者多行的字符串，在使用三撇号时，单撇号、双撇号和换行符都可以作为字符串的一部分，比如：

```
'''This is a short conversation.
"What's your name? ",I asked.
He said,"My name is Linlin. "
'''
```

字符串中的每个字符对应一个下标，正向递增时下标编号从 0 开始，反向递减时下标编号从 -1 开始。

② 列表。

列表是一种序列类型，创建后允许随意修改。列表可以使用小括号 [] 或 list 创建，元素之间用逗号分隔。列表中的各元素类型可以相同也可以不相同，列表元素无长度限制。比如：a = ['张三', '20 岁',565,'东北石油大学']、b=[18,[20,24],56] 都是合法的列表。列表除了继承序列类型的全部通用操作外，还有一些特有的函数和方法。

③ 元组。

Python 的元组与列表类似，不同之处在于元组是封闭的列表，它一旦定义就不可修改，不可插入、修改或删除任意一个元素。元组可以使用小括号（）或 tuple 创建，元素之间用逗号分隔。比如：a = ('张三', '20 岁',565,'东北石油大学')、b=(18,[20,24],56) 都是合法的元组。元组继承了序列类型的全部通用操作，因为元组在创建后不能修改，因此没有特殊操作。

**2. 常用运算符**

Python 语言具有很强的数据处理能力，提供了大量的运算符，常见的有算术运算符、关系运算符和逻辑运算符。在运算时只需要一个操作数的运算符称为单目运算符，需要两个操作数才能运算的运算符称为双目运算符。通过运算符把操作数连接起来的式子称为表达式。在表达式进行计算时，先计算优先级高的运算，再计算优先级低的运算。对于优先级相同的运算符，如果运算规则是自左向右来计算的，就说这个运算符是左结合的，否则这个运算符就是右结合的。一个表达式是什么类型的表达式，取决于这个表达式最后一步做的是什么运算，如果最后一步做的是算术运算，这个表达式就是算术表达式，如果最后一步做的是关系运算，这个表达式就是关系表达式，比如 a+b>c 是一个关系表达式，而 a+（b>c）则是一个算术表达式。

（1）算术运算符

基本的算术运算符有加、减、乘、除、整除、求余和求幂，如表 7-1 所示。读者可使用 Python 的 IDLE 工具验证各算术运算符的用法，如图 7-9 所示。

**表 7-1　算术运算符**

| 运算符名称 | 符号表示 | 结 合 性 | 举　　例 |
| --- | --- | --- | --- |
| 加 | + | 左结合 | 3+5 得 8 |
| 减 | － | 左结合 | 3-5 得 2 |
| 乘 | * | 左结合 | 3＊5 得 15 |
| 除 | / | 左结合 | 3/5 得 0.6 |
| 整除 | // | 左结合 | 3//5 得 0 |
| 求余 | % | 左结合 | 3%5 得 3 |
| 求幂 | ** | 左结合 | 3＊＊5 得 243 |

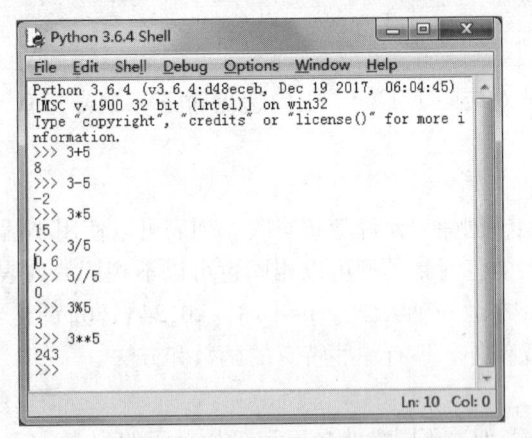

图 7-9　算术运算符的验证

（2）关系运算符

Python 提供了 6 种关系运算符，关系运算的结果是"真"或"假"，分别用 True 或 False 表示，如表 7-2 所示。

表 7-2　关系运算符

| 运　算　符 | 含　义 | 结　合　性 | 示例（若 a=3,b=4） |
|---|---|---|---|
| > | 大于 | 左结合 | a>b 的值为 False |
| < | 小于 | 左结合 | a<b 的值为 True |
| >= | 大于或等于 | 左结合 | a>=b 的值为 False |
| <= | 小于或等于 | 左结合 | a<=b 的值为 True |
| == | 等于 | 左结合 | a==b 的值为 False |
| != | 不等于 | 左结合 | a!=b 的值为 True |

（3）逻辑运算符

Python 提供了三种常用的逻辑运算符：逻辑与、逻辑或和逻辑非。逻辑运算的结果也是"真"或"假"，分别用 True 或 False 表示，如表 7-3 所示。

表 7-3　逻辑运算符

| 运算符 | 含　义 | 结　合　性 | 用　　法 | 举例（若 a=3,b=4） |
|---|---|---|---|---|
| and | 逻辑与 | 左结合 | 两个操作数都为真，结果为真 | （a>b）and（b>3）的值为 False |
| or | 逻辑或 | 左结合 | 两个操作数只要有一个为真，结果为真 | （a>3）or（b>3）的值为 True |
| not | 逻辑非 | 右结合 | 非假为真，非真为假 | not（a>b）的值为 True |

（4）序列类型通用操作符

Python 提供了 6 个序列类型的通用操作符，如表 7-4 所示。比如：字符串的切片操作可以从一个字符串中获取一个子串（字符串的一部分）。切片的语法格式为[start:end:step]，功能是对字符串从索引 start 开始到索引 end −1 结束，每隔 step 个字符提取一个字符组成一个新串，其中 start 是起始偏移量，省略时默认是 0，即从字符串的第一个字符开始；end 表示终止偏移量，省略时默认到字符串的结尾，即到字符串的最后一个字符为止，step 是可选的步长，省略时默认是 1。

```
>>> name = "abcdef"
>>> name[0:3]          #从索引为 0 的字符取到索引为 2 的字符
'abc'
>>> name[3:5]          #从索引为 3 的字符取到索引为 4 的字符
'de'
>>> name[1:-1]         #从索引为 1 的字符取到倒数第 2 个字符
'bcde'
>>> name[:4]           #从开头取到索引为 3 的字符
```

```
'abcd'
>>> name[2:]                #从索引为 2 的字符取到最后一个字符
'cdef'
>>> name[::]                #从开头取到末尾
'abcdef'
>>> name[::2]               #从开头到末尾,隔 1 个字符取一个
'ace'
>>> name[::-1]              #将字符串逆序
'fedcba'
```

表 7-4　序列类型通用操作符

| 运 算 符 | 用　法 | 含　义 | 举例（若 x='abcd'） |
|---|---|---|---|
| + | x+y | 连接两个序列 x 和 y | x+'123' 得 'abcd123' |
| * | x * n | 将序列 x 复制 n 次（n 是一个整数） | x * 3 得 'abcdabcdabcd' |
| in | x in s | 如果 x 是序列 s 的元素或子序列返回 True，否则返回 False | x in'abcdef' 结果为 True 'bd' inx 结果为 False |
| not in | x not in s | 如果 x 不是序列 s 的元素或子序列返回 True，否则返回 False | x not in'abcdef' 结果为 False 'bd'not in x 结果为 True |
| [i] | x[i] | 返回序列 x 中索引是 i 的元素 | x[0]='a',x[1]='b',x[2]='c',x[3]='d' |
| [i:j] | x[i:j] | 切片，返回序列 x 中索引从 i 到 j-1 的子序列 | x[1:3]是'bc',x[1:]是'bcd',x[:2]是'ab' |

### 3. 标识符

与数学上一样，Python 程序用变量来保存表达式的值。每个变量在命名时必须符合一定的规则：只能是由英文字母（a~z、A~Z）、数字（0~9）和下划线构成的字符串，且第一个字符不能是数字。满足这个规则的名字统称为标识符，除了变量名，函数名也满足标识符的命名规则。比如 A1、sum、_name 都是有效的标识符，可以用来做变量名或函数名，而 1A、a * b、www@ 等则不是有效的标识符。

另外，在使用标识符时需要注意以下几点。

（1）Python 中的标识符区分大小写，比如：sum 和 SUM 是两个不同的标识符。

（2）Python 语言中的关键字不能用作变量名或函数名，比如 if、for、while 等。

（3）命名标识符时尽量做到"见名知意"。比如用 r 表示半径，area 存放面积等。

### 4. 缩进和注释

要求严格的代码缩进是 Python 语法的一大特色，代码缩进和 C 语言、Java 语言中的大括号所起的作用一样。对 Python 解释器来说，每一行代码前的缩进都有语法和逻辑上的意义，这就意味着同一层次的语句必须具有相同的缩进，每一组这样的语句称为一个语句块。Python 用空格和制表符来确定代码的缩进层次，在缩进时，不要混用空格和制表符，否则可能会导致程序跨不同平台时无法正常运行，因此在编写程序时一定要注意正确地缩进。

注释是程序员为提高程序代码的可读性，在程序中加入的对变量、函数等进行说明的信息。注释在程序被编译或解释时会被忽略掉，不会被计算机执行。在 Python 中有两种注释方法：单行注释和多行注释。单行注释以#开头，多行注释以'''（三个单引号）开头和结尾。

### 7.2.3 Python 的基本语句

Python 的语句比较简单，主要包括赋值语句、输入语句、输出语句、选择结构和循环结构的语句。Python 语句在写法上采用独特的缩进格式，可以用 4 个空格或 Tab 键来达到缩进的目的，同一层次的所有语句必须具有相同的缩进量。Python 默认以回车作为语句结束的标志，还可以在同一行上写多条语句，中间用 "；" 分隔即可。

**1. 赋值语句**

在程序设计中，经常需要将一个表达式的值赋给一个变量。在 Python 中用 "＝" 表示赋值，提供了 "单个变量赋值" 和 "多个变量同步赋值" 两种赋值方式。

（1）单个变量赋值

基本格式：

```
<变量名> = <表达式>
```

在使用时，把 "＝" 右侧的表达式值赋给左侧的变量。例如：

```
>>>a = 3
>>>b = a+1
```

（2）多个变量同步赋值

基本格式：

```
<变量 1>,…,<变量 n>=<表达式 1>,…,<表达式 n>
```

在使用时，把 "＝" 右侧的多个表达式的值按照次序依次赋给左侧的变量。例如：

```
>>>a,b=3,5
```

使用多个变量的同步赋值不仅可以简化程序代码，还可以减少程序代码的使用。比如：要互换两个变量 a 和 b 的值，用单个变量赋值，需要 1 个中间变量的支持，用三条赋值语句才能实现。代码如下：

```
>>> t = a
>>> a = b
>>> b = t
```

而使用多个变量同步赋值，不需要借助任何中间变量，且只需要一行语句即可，代码如下：

```
>>>a,b=b,a
```

尽管使用多个变量同步赋值代码简洁，但是在编程时，只建议在多个单一赋值语句表达了相同和相关含义的情况下，使用多个变量同步赋值，否则会降低程序的可读性，所以应尽量避免使用多个变量同步赋值的语句。

**2. 输出语句**

在程序代码的执行过程中，如果想要知道程序的运行结果，就一定会用到输出语句。Python 的输出语句是通过调用 print 函数来实现的。在调用 print 函数时，可以实现在输出后自动换行的功能。如果要输出多个变量的值，则在各个变量之

间用逗号进行分隔，在输出的多个数据之间默认用一个空格分隔，print 函数调用的基本形式如下：

```
print(变量 1,变量 2,…,变量 n)
```

例如：

```
>>> a = 3;b = 5
>>> print(a,b)
```

输出结果如下：

```
3 5
```

可以看出 print 函数的调用很简单，但不能直接对输出进行格式控制。如果想要对输出格式进行控制，需要通过格式操作符"%"才能实现。用 print 函数实现格式控制的基本格式如下：

```
print("格式字符串"% (变量 1,变量 2,…,变量 n))
```

其中，%左侧的格式字符串是包含了普通字符和以%开头的格式控制字符的字符序列，%右侧的是用一对小括号括起来的输出表列，当输出多个变量时，变量中间用逗号分隔，只输出一个变量时可以省略小括号。在输出时，普通字符原样输出，格式控制字符的位置用输出表列中对应变量的值替换，如：

```
>>>print("a=% d,b=% 4d"% (a,b))
```

输出结果如下：

```
a=3,b=    5
```

说明：%d 表示以十进制整数形式输出一个数，%4d 表示以十进制整数形式输出的整数至少占 4 列，当这个数不足 4 列时左补空格，超过 4 列时以实际宽度输出。除了%d 以外还有一些其他的常用格式符，如表 7-5 所示。在%的后面也可以加一个浮点数，小数点前面的整数部分表示输出数据占的列宽，小数点后面的整数表示小数点后要保留的位数，在输出字符串时表示要输出的字符数。比如%7.2f 表示输出的浮点数至少占 7 列，小数点后保留 2 位小数;%7.2s 表示要输出的字符串至少占 7 列，但只输出字符串的前 2 个字符。

表 7-5　常用格式字符

| 格 式 字 符 | 含 义 |
|---|---|
| %d | 以十进制整数形式输出一个数 |
| %f | 以小数形式输出一个数 |
| %e | 以指数形式输出一个数 |
| %s | 以字符串形式输出一个字符串 |
| %o | 以八进制整数形式输出一个整数 |
| %x 或%X | 以十六进制整数形式输出一个整数 |

【例 7-1】　设 a = 15，b = 12. 345678，c = "hello"，

```
>>> print("% d,%o,% x,% f,% e"% (a,a,a,a,a))
```

输出结果如下：

```
15,17,f,15.000000,1.500000e+01
```

```
>>> print("% d,% f,% 7.2f,% e"% (b,b,b,b))
```

输出结果如下：

```
12,12.345678,  12.35,1.234568e+01
```

```
>>> print("% s,% 7s,% 7.2s"% (c,c,c))
```

输出结果如下：

```
hello,  hello,     he
```

### 3. 输入语句

在前面已经介绍过通过赋值语句给变量赋值的方法，但是在编程时经常会遇到不能确定某一个变量具体数值的情况，比如要编写一个根据圆半径求面积的小程序，这时就要用到输入语句。Python 的输入语句是通过调用 input 函数来实现的，input 函数调用的一般形式如下：

```
<变量>=input(提示性文字)
```

需要注意的是，input 函数输入的数据都是当成字符串的形式处理的，如果想要输入一个数值型的数据，需要用 eval 函数把输入结果转化成数值型。

【例 7-2】　输入半径求圆的面积。

```
>>> r=eval(input("请输入半径:"))
请输入半径:5<回车>
>>> s=3.14*r**2
```

```
>>>print("圆的面积=% f"% s)
圆的面积=78.50
```

#### 4. 选择结构语句

选择结构也称为分支结构。选择结构语句是一种非常重要的控制语句，它的作用是根据 if 后面的条件表达式的值选择执行哪一个分支或语句块。条件表达式通常由关系表达式或逻辑表达式来表示，另外在 Python 中进行逻辑运算时，把"非 0"看作真，用 True 表示，把"0"看作假，用 False 表示，因此条件表达式可以是任何类型的表达式。

选择结构语句有三种基本形式：单分支结构、双分支结构和多分支结构。另外，在选择结构的分支中还可以包含分支语句，称为分支的嵌套或选择结构的嵌套。

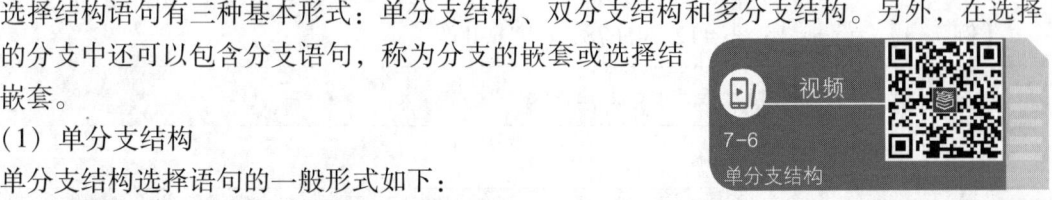

（1）单分支结构

单分支结构选择语句的一般形式如下：

```
if<条件表达式>:
    <语句块>
```

【例 7-3】 输入任意一个数，当这个数大于 0 时输出这个数。

程序源代码如下：

```
x=eval(input("input x:"))
if(x>0):
    print(x)
```

（2）双分支结构

双分支结构选择语句的一般形式如下：

```
if <条件表达式>:
    <语句块 1>
else:
    <语句块 2>
```

【例 7-4】 输入任意一个数，输出它的绝对值。

程序源代码如下：

```
x=eval(input("input x:"))
if(x>0):
    print(x)
else:
    print(-x)
```

【例 7-5】 输入三角形的三条边，判断是否能构成三角形。

程序源代码如下：

```
a = eval(input("input a:"))
b = eval(input("input b:"))
c = eval(input("input c:"))
if(a+b>c and b+c>a and a+c>b):
    print("能构成三角形")
else:
    print("不能构成三角形")
```

运行结果 1：

```
input a:3
input b:4
input c:5
能构成三角形
```

运行结果 2：

```
input a:1
input b:1
input c:0
不能构成三角形
```

（3）多分支结构

多分支结构选择语句的一般形式如下：

```
if   <条件表达式 1>:
    <语句块 1>
elif  <条件表达式 2>:
    <语句块 2>
…
Else:
    <语句块 n>
```

视频

7-8

多分支结构

【例 7-6】　输入任意两个整数 a 和 b，判断两个数的大小关系。若 a>b，输出 1；若 a=b，输出 0；若 a<b，输出 −1。

程序源代码如下：

```
a = input("input a:")
b = input("input b:")
if(a>b):
    print(1)
elif a==b:
    print(0)
else:
    print(-1)
```

运行结果1:

```
input a:3
input b:4
-1
```

运行结果2:

```
input a:4
input b:3
1
```

运行结果3:

```
input a:3
input b:3
0
```

（4）分支的嵌套

分支的嵌套语句的一般形式如下:

```
if  <条件表达式1>:
     if <条件表达式2>:
         <语句块1>
     else:
         <语句块2>
else:
         if <条件表达式3>:
             <语句块3>
         else:
             <语句块4>
```

视频
7-9
分支的嵌套

【例7-7】 输入三角形的三条边，判断是否能构成三角形。如果能构成三角形接着判断是等边三角形、等腰三角形还是一般三角形。

程序源代码如下:

```
a=eval(input("input a:"))
b=eval(input("input b:"))
c=eval(input("input c:"))
if(a+b>c and b+c>a and a+c>b):
    if(a==b==c):
        print("等边")
    elif (a==b or b==c or a==c):
        print("等腰")
```

```
    else:
        print("一般")
else:
    print("不能构成三角形")
```

运行结果 1：

```
input a:3
input b:3
input c:3
等边
```

运行结果 2：

```
input a:3
input b:4
input c:4
等腰
```

运行结果 3：

```
input a:3
input b:4
input c:5
一般
```

运行结果 4：

```
input a:1
input b:2
input c:3
不能构成三角形
```

**5. 循环结构语句**

循环结构语句用来解决需要重复处理的问题，Python 提供了 while 和 for 两种循环结构的语句。根据循环执行次数是否确定，可以把循环分为循环次数确定的循环和循环次数不确定的循环，循环次数确定的循环也称为"遍历循环"，通常用 for 语句来实现。循环次数不确定的循环通常用 while 语句来实现。

（1）for 语句

一般形式如下：

```
for <循环变量>  in  <遍历结构>:
    循环体
```

说明：for 循环的执行过程是从遍历结构中逐一提取元素，每提取一个元素执行一次循环体，直到所有元素取完结束循环。遍历结构可以是字符串、列表、文件或 range 函数等。for 循环经常和 range 函数一起使用。

① range 函数的用法。range 函数调用的一般形式如下：

```
range(初值,终值,步长)
```

说明：range 函数可以生成一个［初值，终值）上的有序数列。初值默认是 0；终值是必需的参数，所产生的序列不包含终值；步长默认是 1。当 range 函数只提供一个参数时，该参数就是终值；当 range 函数提供两个参数时，第一个参数是初值，第二个参数是终值。例如：range(10)产生的序列是[0,1,2,3,4,5,6,7,8,9]，range(1,10)产生的序列是[1,2,3,4,5,6,7,8,9]，range(1,10,3)产生的序列是[1,4,7]。

② for + range 函数的执行过程。形如

```
for i in range(初值,终值,步长):
    循环体
```

的执行过程如下 。

a. 如果该循环至少能执行一次，则令 i=初值，转 b，否则 i 不被赋值，循环结束。

b. 做循环：执行循环体语句；如果 i+步长<终值，则 i=i+步长，继续做循环，否则退出循环。

【例 7-8】 求 1~20 的累加和。

问题分析：本题可用 for 实现，累加和用 s 表示，s 的初值为 0，循环变量用 i 表示，i 从 1 开始，当 i≤20 时，进行累加求和 s=s+i，最后输出 s 的值。

源程序代码如下：

```
s=0
for i in range(1,21):
    s=s+i
print(s)
```

（2）while 语句

一般形式如下：

```
while 表达式:
    循环体
```

视频

7-11
while 语句

while 语句的执行过程：当 while 后面的表达式为 True（非 0）时，就执行循环体，循环体执行完后，再次计算 while 后面的表达式是否为 True（非 0），若为 True（非 0）接着执行循环体，直到 while 后面的表达式为 False（0）时，退出循环。

【例 7-9】 求表达式 $1+\dfrac{1}{2}+\dfrac{1}{3}+\cdots+\dfrac{1}{20}$ 的和。

问题分析：本题可用 for 实现，也可以用 while 实现，但不管用 for 还是用 while，算法都是一样的。累加和用 s 表示，s 的初值为 0，循环变量用 i 表示，i 从 1 开始，当 i≤20 时，进行累加

求和 s=s+1/i，最后输出 s 的值。读者可以参照例 7-8 用 for 实现，这里用 while 循环来实现。

源程序代码如下：

```
s=0;i=1
while(i<=20):
    s=s+1/i
    i=i+1
print(s)
```

程序运行结果：

```
3.597739657143682
```

【例 7-10】　求表达式 $1+\dfrac{1}{2}+\dfrac{1}{3}+\cdots+\dfrac{1}{n}$ 的和，直到累加项小于 0.0001 为止。

问题分析：本题只能用 while 实现。累加和用 s 表示，s 的初值为 0，循环变量用 i 表示，i 从 1 开始，当 $\dfrac{1}{i}\geq 0.0001$ 时，进行累加求和 s=s+1/i，最后输出 s 的值。

源程序代码如下：

```
s=0;i=1
while(1/i>=0.0001):
    s=s+1/i
    i=i+1
print(s)
```

程序运行结果如下：

```
9.787606036044348
```

### 7.2.4　Python 的函数编程

Python 的程序通常都是由一个个的模块组成的。前面的例子代码都比较少，所有的功能可以放在一个模块中来实现。但当要实现的功能比较复杂时，程序的规模就会很大，如果这时还把所有的功能放在一个模块中实现，就会使程序的编写和调试变得非常麻烦，程序代码的阅读和维护也变得很困难。

人们在求解复杂问题时，总是借助于分而治之、各个击破的方法，也就是把一个复杂的大问题分解成一系列简单的小问题，小问题还可以再分解成更小更简单的问题，直到问题细化到足够简单时就可以各个击破，把所有的小问题都解决了，复杂的大问题也就迎刃而解了。程序员在设计一个复杂的应用程序时，也采纳了这种分而治之、各个击破的思想，把大的应用程序分解成若干功能比较单一的模块，然后再逐个编程实现，最后再把所有的模块组装起来，整个应用程序的开发就完成了，这就是模块化程序设计的思想。模块化程序设计不仅可以降低编程难度，便于程序的调试和维护，同时还可以实现代码复用，分工协作。

在 Python 语言中，函数为程序的模块化提供了很好的支持。函数有系统函数和用户自定义函数两类，比如前面用过的 input、print 和 range 函数等都是系统函数；用户自定义函数是用户根据需要自己编写的函数。本节主要介绍用户自定义函数的定义和调用方法。

**1. 函数的定义**

程序员在设计自己的程序模块时，应先根据需要定义一些实现特定功能的函数，然后就可以像使用系统函数一样使用自己定义的函数了。

函数定义的一般形式如下：

```
def 函数名(<形参列表>):
    函数体
```

其中，def 是定义函数的关键字，函数名可以是除关键字外的任何标识符，形参列表是由调用该函数时需要接收已知条件的变量组成的，可以有 1 个、多个或 0 个，当有多个形参时，形参中间用逗号隔开，函数名后面的小括号必不可少，即使没有形参也要有小括号，小括号后面的"："也是必不可少的，表示从下一行开始的将是本函数的函数体部分。函数体是每次调用该函数时需要执行的语句块，在书写时一定要注意正确地缩进。

【例 7-11】 用辗转相除法求两个数的最大公约数，可以定义为如下函数：

```
def gys(m,n):
    r=m% n
    while(r!=0):
        m=n
        n=r
        r=m% n
    return n
```

说明：函数中的 return 语句是可选的，并且可以出现在函数的任何位置。当函数有返回值时，需要使用 return 语句结束函数调用并将结果返回给调用者，否则执行完函数体的最后一条语句后将控制权交还给调用者。在 IDLE 交互模式下测试该函数，如图 7-10 所示。

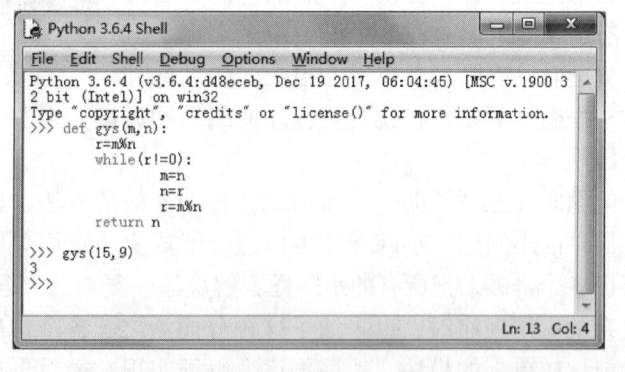

图 7-10　IDLE 交互方式下的函数定义和调用

**2. 函数的调用**

调用函数的一般形式如下：

> **函数名(实参列表)**

在图 7-10 中的 gys（15，9）就是函数调用。如果调用的是无参函数，则实参列表为空，但小括号不能省略，当有多个实参时，实参之间也用逗号进行分隔，实参和形参在个数、顺序和类型上是完全一致的。在函数调用时把实参的值按照出现的次序依次传递给对应的形参，在函数体中可以对形参进行各种操作，但实参的值不受任何影响。

Python 中的函数可以调用其他函数，也可以被其他函数调用。

**【例 7-12】** 编写函数求两个数的最小公倍数。

问题分析：求两个数的最小公倍数的函数，需要接收求最小公倍数的两个数，然后返回求得的最小公倍数。而求两个数的最小公倍数，首先必须求出两个数的最大公约数，在前面已经编写过求最大公约数的函数，可以直接拿来调用，然后再用两个数的乘积除以求得的最大公约数，从而得到最小公倍数并返回。

程序源代码如下所示：

```
def gys(m,n):
    r=m%n
    while(r!=0):
        m=n
        n=r
        r=m%n
    return n
def gbs(a,b):
    return a*b/gys(a,b)
print(gbs(9,12))
```

**3. 函数的递归**

Python 中的函数可以直接或间接地调用自己，这样的函数称为递归函数。数学上有个经典的递归例子求阶乘，$n! = n(n-1)!$，可以把求阶乘写成一种分段函数的形式：

$$n! = \begin{cases} 1 & n=0 \\ n(n-1)! & n>0 \end{cases}$$

这个定义说明 0 的阶乘是 1，其他数字的阶乘都是用这个数字乘以比这个数字小 1 的数的阶乘。

递归函数定义及调用的源代码如下所示：

```
def fact(n):
    if(n==0):
        return 1
    else:
```

```
        return n * fact(n-1)
print(fact(5))
```

#### 4. 系统函数的使用

程序员在编程时，除了可以直接调用自定义函数外，还可以调用系统函数。系统函数分为两类，一类是可以直接调用的系统内置函数，比如在前面用到过的 print、input、range 等函数；还有一类是需要使用 import 关键字导入后，才可以调用的函数。Python 中有很多模块，模块其实就是一些函数的集合，比如文件操作、数学计算等，都有相应的模块。Python 通过引入模块，在编写程序时就可以直接调用模块中的函数。Python 导入模块有三种方式。

（1）import 模块名

当使用这种导入方式时，需要在调用的函数名前加上模块名前缀。

例如，使用数学函数模块：

```
>>> import math
>>> math.sqrt(10)          # sqrt(x)是求 x 的平方根的函数
3.1622776601683795         #10 的平方根的输出结果
>>> math.exp(2)            #exp(x)是求 e^x 的函数
7.38905609893065           # e^2 的输出结果
```

（2）from 模块名 import 函数名

使用"from 模块名 import 函数名"导入的函数，在使用时不需要加模块名前缀，但不能调用该模块中没有被导入的函数。

例如：

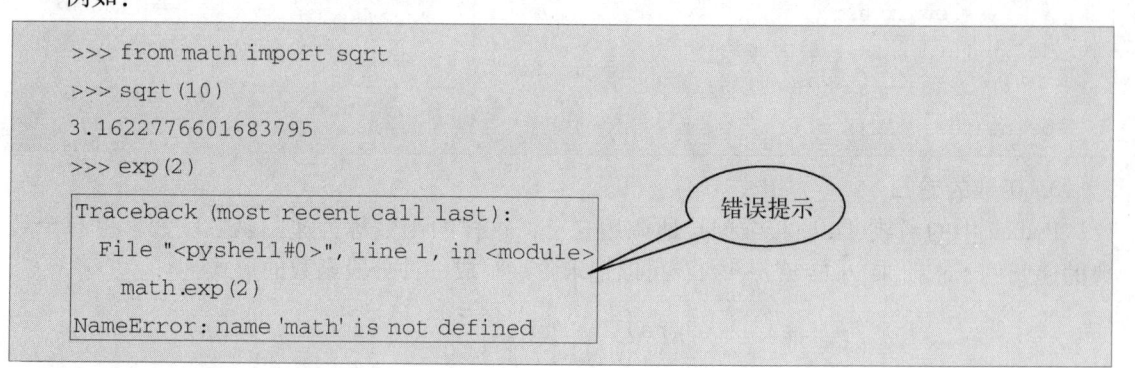

```
>>> from math import sqrt
>>> sqrt(10)
3.1622776601683795
>>> exp(2)
Traceback (most recent call last):
  File "<pyshell#0>", line 1, in <module>
    math.exp(2)
NameError: name 'math' is not defined
```

错误提示

说明：exp 函数没有被导入，不能被调用。

（3）from 模块名 import ＊

这种导入方式可以导入模块中所有的函数，且在使用时不需要加模块名前缀。

例如：

```
>>> from math import *
>>> sqrt(10)
3.1622776601683795
```

```
>>> exp(2)
7.38905609893065
```

【例 7-13】　输入三角形的三条边，判断是否能构成三角形。如果能构成三角形，用海伦公式求三角形面积。

```
import math
a = eval(input("input a:"))
b = eval(input("input b:"))
c = eval(input("input c:"))
if(a+b>c and b+c>a and a+c>b):
    p = (a+b+c)/2
    s = math.sqrt(p * (p-a) * (p-b) * (p-c))
    print("三角形面积:% f"% s)
else:
    print("不能构成三角形")
```

运行结果如下：

```
input a:1
input b:1
input c:1
三角形面积:0.433013
```

本章程序代码

扩展学习

7-1
Python 语言程序设计——
中国大学 Mooc

推 荐 读 物

［1］嵩天，等 . Python 语言程序设计基础［M］. 2 版 . 北京：高等教育出版社，2017.

［2］赵英良，等 . Python 程序设计［M］. 北京：人民邮电出版社，2016.

［3］王移芝，等 . 大学计算机［M］. 5 版 . 北京：高等教育出版社，2016.

# 第 8 章
# 计算机网络

第 8 章电子教案

　　随着网络技术的不断发展和互联网的普及与应用，计算机网络已经成为信息社会的命脉和经济发展的重要基础，计算机网络的发展水平不仅反映一个国家的计算机科学和通信技术水平，而且成为衡量国力和现代化水平的重要标志之一。同时，网络也成为人们日常学习、工作和生活中不可缺少的一个重要组成部分。可以说"有计算机的地方就有网络"，计算机网络本身已成为计算机技术发展的推动力，一个以网络为主要特征的信息社会已经来到。

# 8.1　计算机网络基础

### 8.1.1　计算机网络的形成和发展

计算机网络始于 20 世纪 50 年代，是为了满足人们对数据通信和资源共享的需求而产生的。计算机网络是计算机技术和通信技术相结合的产物。纵观计算机网络的发展历程，从形成到成熟，大体经历了 4 个阶段。

**1. 面向终端的计算机网络（20 世纪 50 年代到 60 年代中期）**

在计算机网络出现之前，信息的交换主要是通过磁盘或磁带实现的，如图 8-1 所示。

1946 年，世界上第一台电子计算机问世，当时计算机技术与通信技术并没有直接的联系。20 世纪 50 年代初，由于美国军方的需要，美国半自动地面防空系统（SAGE）将远程雷达和其他测量设施与一台 IBM 计算机连接，使分布的防空信息能够进行集中处理与控制。这项研究开始了计算机技术与通信技术相结合的尝试，从而出现了面向终端的计算机通信网，如图 8-2 所示。这种形式的网络将一台主机通过通信线路与若干台终端相连。主机控制整个系统的运行功能和通信过程，多个与其相连的终端仅提供输入输出功能，完全作为主机的从属设备，主机的负担过重，且线路利用率低。为了克服这些缺点，引入了前端处理机和集中器，如图 8-3 所示。前端处理机专门用于通信控制，解决了多个终端争用主机的问题；集中器用低速线将各终端汇集到集中器，再通过高速线与主机相连，显著地提高了通信线路的利用率；而主机专门进行数据处理，从而提高了数据处理的效率。其典型应用是美国航空公司与 IBM在 20 世纪 50 年代初开始联合研究的飞机订票系统 SABRE-Ⅰ，并于 20 世纪 60 年代投入使用，该系统由一台计算机和美国范围内 2 000 个终端组成。

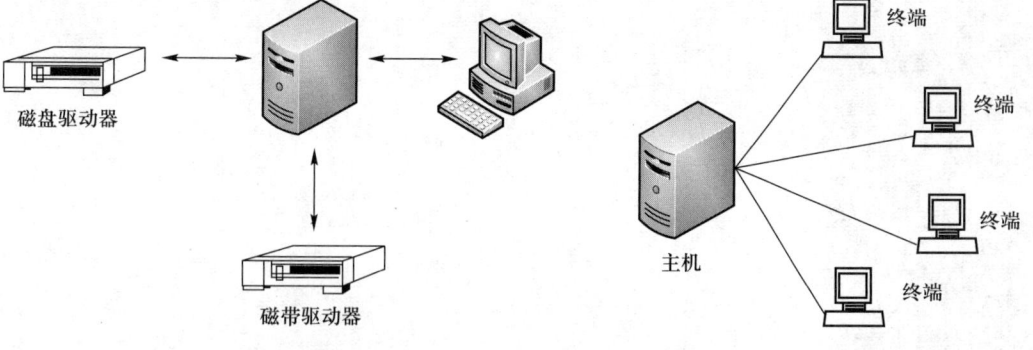

图 8-1　利用磁盘实现数据交换　　　　图 8-2　面向终端的计算机网络

**2. 计算机到计算机的网络（20 世纪 60 年代中期到 70 年代中期）**

为了克服第一代计算机网络的缺点，提高网络的可靠性和可用性，从 20 世纪 60 年代中期开始，人们开始研究将多台具有自治功能的主机通过通信线路的互连为用户提供服务，即计算机到计算机的网络，如图 8-4 所示。在这种网络中，主机之间不是直接通过线路相连，

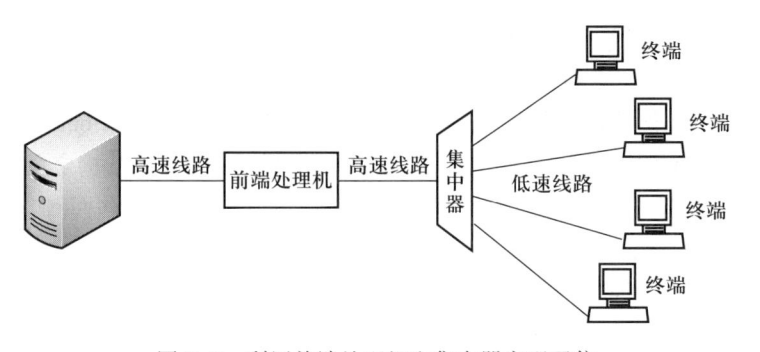

图 8-3　利用前端处理机和集中器实现通信

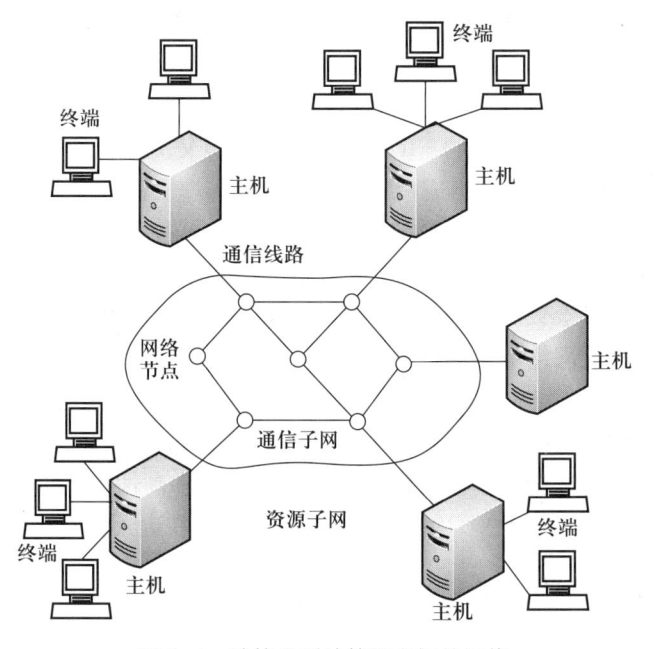

图 8-4　计算机到计算机之间的网络

而是通过接口报文处理机（interface message processor，IMP）转接后再互连在一起。IMP 与通信线路一起负责主机间的通信任务，构成"通信子网"。经由通信子网互连起来的主机负责运行程序，提供资源共享，组成"资源子网"。典型代表是美国国防部高级研究计划局于 1969 年建成的 ARPANET，它是世界上第一个采用分组交换技术的计算机网络，也是 Internet 的前身。ARPANET 最初只有 4 个节点，到 1973 年发展到 40 个节点，而到 1983 年已经达到 100 多个节点。ARPANET 通过有线、无线与卫星通信线路，使网络覆盖了从美国本土到欧洲的广阔地域。

**3. 开放式的标准化计算机网络（20 世纪 70 年代中期到 80 年代末期）**

经过 20 世纪 60 年代到 70 年代前期的发展，人们对组网技术、方法和理论的研究日趋成熟。为了促进网络产品的开发和占领市场，各大计算机公司纷纷制定自己的网络技术标准。IBM 公司 1974 年首先提出了完整的计算机网络体系结构化的概念，宣布了 SNA（system network architecture，系统网络体系结构）标准，并依据该标准建立了 SNA 网，用户可以非常容易地将 IBM 各系列和型号的计算机互连构建网络。然而，为了增强计算机产品的市场竞争能力，其他公司也公布了自己的网络体系结构标准。例如，DEC 公司公布了 DNA（digital network architecture，数字网络体系结构），Univac 公司公布了 DCA（distributed communication architecture，分布式通信体系结构）等。但是，由于不同的网络体系结构之间互不兼容，从而导致了不同厂家的设备之间无法实现互连。1984 年，国际标准化组织 ISO（International Organization for Standardization）颁布了开放系统互连参考模型 OSI/RM（open system interconnection/reference model），该模型分为 7 个层次，也称为 OSI 七层模型，从此，网络产品有了统一标准，计算机网络正式步入了标准化阶段，从而加速了计算机网络的发展。有意思的是，该标准几乎从未被执行，而真正得到广泛使用的是 ARPANET 的 TCP/IP 协议。

**4. 综合化、智能化的高速计算机网络（20 世纪 90 年代初期至今）**

进入 20 世纪 90 年代，随着局域网技术的逐渐成熟以及光纤和高速网络技术的出现，特别是 1993 年美国正式提出了"国家信息基础设施"（NII）计划，即"信息高速公路"计划之后，许多国家纷纷制定和建立本国的 NII。1994 年，美国又提出"全球信息基础设施"（GII）计划，建议将各国的 NII 互连起来组成世界范围的信息高速公路，实现全球信息共享。这极大地推动了以 Internet 为代表的计算机网络技术的发展，计算机网络进入了一个全新的阶段。

信息高速公路的建立、Internet 互联网的迅速扩大，使得计算机网络的应用更加广泛：数字通信（网络电话、视频会议等）、信息查询、在线课堂、电子商务、办公自动化、企业管理与决策等，形成了计算机网络应用的巨大市场。

进入 21 世纪，移动互联网、云计算、物联网、虚拟化、网络安全技术等成为新的计算机网络研究热点。随着网速、安全性、可靠性的不断提升，数据、语音、视频业务全方位的发展，物物相连的物联网的广泛应用，无处不在的移动网络和高性能的智能终端以及更加丰富、更加智能化、人性化的网络业务，21 世纪的计算机网络正在进入新时代、新纪元。

### 8.1.2 计算机网络的定义和组成

**1. 计算机网络的定义**

计算机网络是将处在不同地理位置且相互独立的计算机或设备，通过传输介质和网络设备按照特定的结构和协议相互连接起来，利用网络操作系统进行管理和控制，从而实现信息传输和资源共享的系统。这个广义的网络定义具有以下几个基本特征。

（1）计算机网络建立的主要目的是实现计算机资源的共享。计算机资源主要指计算机硬件、软件与数据。网络用户不但可以使用本地计算机资源，而且可以通过网络访问联网的远程计算机资源，还可以调用网络中的不同计算机共同完成某项任务。

（2）互联的计算机是分布在不同地理位置的多台独立的"自治计算机"。互联的计算机之间没有明确的主从关系，每台计算机既可以联网工作，也可以脱网独立工作。

（3）联网计算机之间的通信必须遵循共同的网络协议。

**2. 计算机网络的组成**

（1）计算机网络的系统组成

计算机网络系统由网络硬件和网络软件两部分组成。在网络系统中硬件对网络的性能起着决定的作用，是网络运行的实体；而网络软件则是支持网络运行、提高效率和开发网络资源的工具。

① 网络硬件。网络硬件是组成计算机网络系统的物质基础。随着计算机技术和通信技术的不断发展，网络硬件的种类日趋多样化，功能更强，结构也更复杂。常用的网络硬件包括计算机、网卡、通信介质和网络连接设备。

a. 计算机。网络中的计算机又分为服务器和工作站两类。服务器是具有较强的计算和存储功能的高性能计算机。它负责网络资源管理，同时给其他网络用户提供服务。一个计算机网络系统一般有多台服务器。工作站是具有独立处理能力的、通过网卡连接到网络的个人计算机，它是用户向服务器申请服务的终端设备。用户可以在工作站上处理日常工作，并随时向服务器索取各种信息及数据，请求服务器提供各种服务。

b. 网卡。网卡又称为网络适配器，它是计算机与通信介质的接口，是构成网络的基本部件。网卡不仅能实现与通信介质之间的物理连接和电信号匹配，还涉及帧的发送与接收，帧的封装与拆封、介质访问控制、数据的编码与解码以及数据缓存等功能。每一台网络服务器和工作站都至少配有一块网卡，通过通信介质将它们连接到网络上。每一个网卡都有一个被称为 MAC 地址的独一无二的 48 位串行号，它被写在网卡的 ROM 中。网卡的首要性能指标是传输速率，目前市场上可选择的网卡传输速率主要有 10/100 Mbps、1 000 Mbps、10 Gbps 等多种。

c. 通信介质。通信介质是计算机网络中发送方和接收方之间的物理通路。通信介质按其特征可分为有线介质和无线介质两大类。有线介质包括双绞线、同轴电缆、光纤等；无线介质包括微波、红外线和激光等。它们具有不同的传输速率和传输距离，适用于不同的网络类型。

d. 网络连接设备。要将若干台计算机连接成网络，只有通信介质还不够，还需要必要的网络连接设备。网络中的连接设备是在计算机与通信线路之间按照一定通信协议进行数据信号的变换及路由选择的设备。这些设备负责控制数据的发送、接收或转发，包括信号转换、格式转换、路径选择、差错检测与恢复、通信管理与控制等。目前常用的网络互联设备主要有集线器、网桥、交换机、路由器、网关等。

② 网络软件。计算机必须有软件才能运行，计算机网络也必须有网络软件系统才能运行。网络软件是负责实现数据在网络硬件和通信介质之间进行传输的软件系统。网络软件通常包括网络操作系统、网络通信协议、网络管理软件、网络服务及应用软件等。其中，网络操作系统是运行在网络硬件基础之上的，为网络用户提供共享资源管理服务、基本通信服务、网络系统安全服务及其他网络服务。

（2）计算机网络的逻辑组成

以资源共享为主要目的的计算机网络从逻辑上可分为两大部分：通信子网和资源子网。

① 通信子网。通信子网是计算机网络中实现网络通信功能的设备及其软件的集合，通信线路、通信设备、网络通信协议、通信控制软件等都属于通信子网。通信子网负责所有网络数据的传输、转发、加工和变换等通信处理工作。

② 资源子网。资源子网是计算机网络中实现资源共享的设备和软件的集合。资源子网由拥有资源的服务器、请求资源的工作站、连网外设、各种软件资源和信息资源组成。资源子网负责全网的数据处理业务，并向网络用户提供各种网络资源和网络服务。

通信子网为资源子网提供信息传输服务，资源子网用户间的通信建立在通信子网的基础上。没有通信子网，网络不能工作；而没有资源子网，通信也就失去了意义，通信子网和资源子网共同组成了计算机网络。

### 8.1.3　计算机网络的分类

在网络应用范围越来越广泛的今天，网络的样式也越来越多。从不同的角度、按照不同的方法对网络进行分类，会得到不同的分类结果。

**1. 按地理范围分类**

按照计算机网络中主机之间的通信距离与网络覆盖面积的不同，计算机网络可以分为局域网、城域网和广域网三种。

（1）局域网（local area network，LAN），是可将小区域内的计算机及各种通信设备互连在一起的网络，主要用于连接公司办公室、学校校园内的个人计算机与工作站等，以便共享资源和交换信息。其数据传输速率一般为 10 Mbps～100 Mbps，误码率较低，其网络覆盖范围通常限定在 10 km 之内。

（2）城域网（metropolitan area network，MAN），其设计目标是满足一个城市范围内的企业、机关、学校等多个局域网互连的需求，为城市内各单位的 LAN 提供互联网接入服务，是局域网连接广域网的桥梁。其网络覆盖范围通常限定在 100 km 之内。

（3）广域网（wide area network，WAN），是一种把更广区域（例如多个城市、国家、甚至全世界）内的计算机设备连接起来的网络。广域网由电信部门或公司负责组建、管理和维护，并向全社会提供面向通信的有偿服务。最具代表性的 WAN 就是 Internet。

**2. 按拓扑结构分类**

在拓扑学中，事物被抽象成节点，事物间的关系被抽象成连线所组成的图形称为拓扑。网络拓扑就是用拓扑学的方法研究计算机之间如何连接构成网络。把网络中的计算机和通信设备抽象为一个点，把传输介质抽象为一条线，由点和线组成的几何图形就是计算机网络的拓扑结构。按拓扑结构分类，计算机网络可分为星形、总线型、环形、树形和网状等结构。

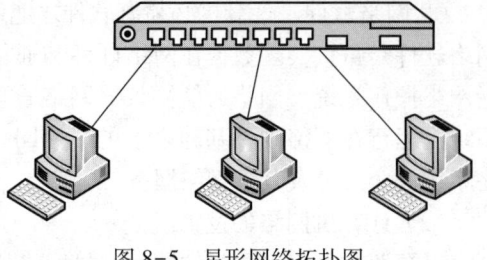

（1）星形：是最早采用的拓扑结构之一，也是局域网普遍使用的结构。它是以中央节点为中心，把若干外围节点连接起来的辐射式互联结构，如图 8-5 所示。每个节点都通过单独的链路与中央节点相连，相关节点之间的通信都通过中央节点进行。这种连网方式结构简单，便于维护和管理，且单台计算机的故障不会影响整个网络

图 8-5　星形网络拓扑图

的运行，但中央节点负担较重，其故障会导致整个网络瘫痪。

（2）总线型：这种结构中所有节点共享一根传输总线，都通过相应的硬件接口连接到这根传输线路上。由于共享一根总线，所以同一时间只能有一个节点传输信息，数据发送给网络上的所有的计算机，但只有计算机地址与信号中的目标地址相匹配的计算机才能接收到，是广播式传输结构，如图 8-6 所示。这种结构简单灵活，组网成本较低，使用方便，其缺点是总线对网络起决定性作用，总线故障将影响整个网络，故障诊断和隔离比较困难。

（3）环形：这种结构中所有的网络节点通过点到点通信线路连接成一个闭合的环路，信息可以沿着环形线路单向（或双向）传输，如图 8-7 所示。由于环线公用，一个节点发出的信息必须穿越环中所有的环路接口，信息流的目的地址与环上某节点地址相符时，信息被该节点的环路接口所接收，并继续流向下一环路接口，最后一直流回到发送该信息的环路接口为止。环形网适合那些数据不需要在中心主机上集中处理，而是主要在各站点进行处理的情况。这种方式结构简单，简化了路径选择控制，传输延迟固定，但环中每个节点与链路点之间的通信线路都会成为影响网络可靠性的瓶颈，环中任何一个节点出现故障，都会引起全网故障。

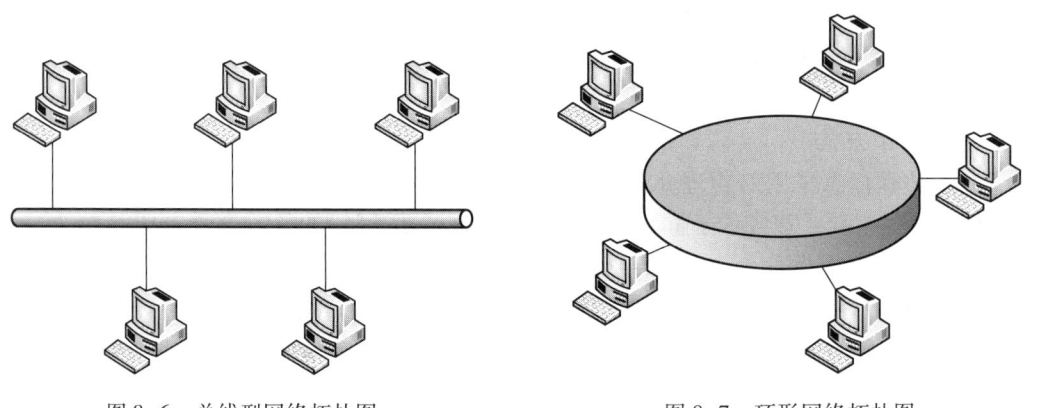

图 8-6　总线型网络拓扑图　　　　　　　图 8-7　环形网络拓扑图

（4）树形：这种结构可以认为是由多级星形结构组成的，它采用分级的集中式控制，节点按层次进行连接，信息交换主要在上、下节点之间进行，如图 8-8 所示。这种结构的优点是扩充方便，故障隔离较容易，缺点是各个节点对根节点的依赖性较大，根节点发生故障，则全网不能正常工作。

（5）网状：这种结构中节点之间的连接是任意的，没有规律，如图 8-9 所示。由于节点之间有多条通信线路相连，因此网络的可靠性较高；缺点是造价高，结构复杂，需要路由选择和流量控制。

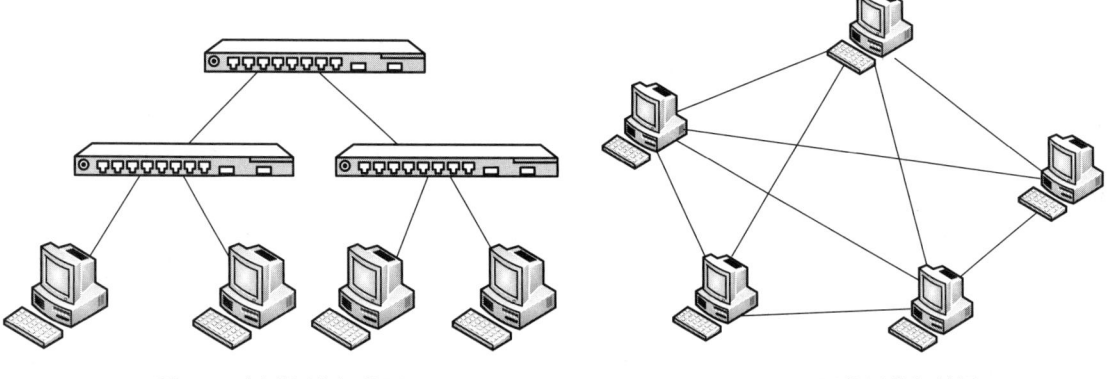

图 8-8　树形网络拓扑图　　　　　　　图 8-9　网状网络拓扑图

**3. 按交换方式分类**

按照网络的交换方式分类，计算机网络可以分为电路交换网、报文交换网和分组交换网三种。

（1）电路交换方式类似于传统的电话交换方式，用户在开始通信之前，必须申请建立一条从发送端到接收端的物理通道，并且在双方通信期间始终占用该通道。

（2）报文交换方式进行数据交换要求数据单元是一个完整报文，其长度不受限制。报文交换采用存储转发原理，每个报文中含有目的地址，每个用户节点要为经过的报文选择适当的路径，使其能最终到达目的端。

（3）分组交换方式也称包交换方式，采用分组交换方式通信前，发送端先将数据划分为一个个等长的单位（即分组），这些分组逐个由各中间节点采用存储转发方式进行传输，最终到达目的端。

**4. 其他分类方式**

（1）按传输信息采用的物理介质来分，网络可分为有线网络和无线网络。有线网络中，通信介质采用的主要是双绞线、同轴电缆和光纤等。无线网络的传输介质主要是微波、红外线和激光。

（2）按组建和管理网络的部门和单位来分，网络可分为公用网和专用网。公用网一般由一个国家的电信部门组建、控制和管理，专用网是由某部门或单位自行组建的专门为自身业务服务的网络。

（3）按信号传输速率不同，网络可分为低速网（传输速率范围是 0.3 bps ~ 1.5 Mbps）、中速网（传输速率范围是 1.5 Mbps ~ 45 Mbps）和高速网（传输速率范围是 45 Mbps 以上）。

## 8.1.4 计算机网络协议

计算机网络最大的特点就是通过不同的通信介质把不同厂家、不同操作系统的计算机和其他相关设备连接在一起，打破时间和空间的界限，共享软硬件资源和进行信息传输。这就需要计算机与相关设备按照相同的协议，也就是通信规则来进行通信。网络协议就是网络中通信各方事先约定好的通信规则的集合，它规定了通信实体之间所交换的信息的格式、意义、顺序以及针对收到的信息或发生的事件所采取的"动作"。它是一组形式化的描述，是计算机网络软硬件开发的依据。网络协议有三要素：语义、语法与时序。

（1）语义：规定了通信所要完成的功能，即需要发出何种控制信息，完成何种动作以及做出何种应答。

（2）语法：规定了通信双方应该如何操作，确定协议元素的格式，如数据和控制信息的格式或结构、编码及信号电平等。

（3）时序：是对事件发生顺序的详细说明，指出事件的顺序和速率匹配等。

## 8.1.5 计算机网络的体系结构

计算机网络的整套协议是一个庞大复杂的体系，为了便于对协议进行描述、设计和实现，减少网络协议设计的复杂性，网络设计者并不是设计一个单一、巨大的协议来为所有形式的通信规定完整的细节，而是采用把通信问题划分为许多个小问题，然后为每个小问题设计一个单独的协议的方法。这样做使得每个协议的设计、分析、编码和测试都比较容易。分层模型是一种用于开发网络协议的设计方法。本质上，分层模型描述了把通信问题分为几个小问题（称为层次）的方法，每个小问题对应于一层。通常将计算机网络的分层、各层协议和层间接口的集合称为网络的体系结构。

早在 1974 年，美国的 IBM 公司宣布了它研制的系统网络体系结构 SNA，这个著名的网络标准就是按照分层的方法制定的。特别是 1978 年国际标准化组织提出了开放系统互连参考模型（OSI/RM），并陆续推出了有关协议的国际标准，更是把网络协议分成了严格的 7 层，如图 8-10 所示。其中 1~3 层是依赖网络的，实现通信子网的功能。5~7 层是面向应用的，实现资源子网的功能。传输层在下三层提供服务的基础上，为面向应用的高层提供与网络无关的信息交换服务。

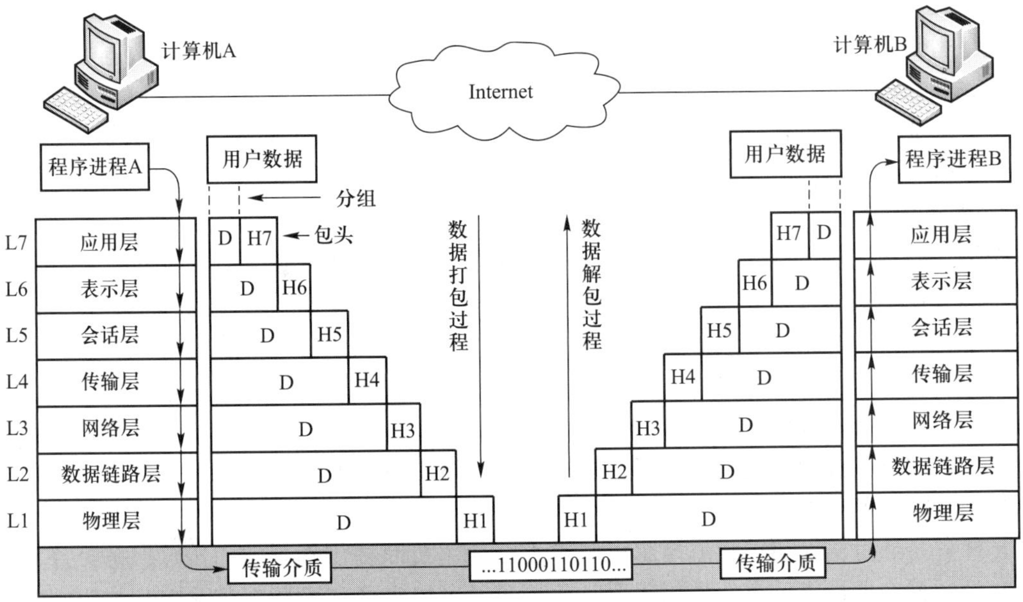

图 8-10 开放系统互连参考模型

同一系统体系结构中的各个相邻层间的关系是，下层为上层提供服务，上层利用下层提供的服务完成本层的功能，同时向更上层提供服务。上层可看作下层的用户，下层是上层的服务提供者。系统的顶层执行用户要求做的工作，可以是用户编写的程序或发出的命令。系统的底层直接与物理介质接触，通过物理介质来实现不同系统、不同进程间的沟通。整个层次结构中各个层次相互独立，每一层的实现细节对其上层是完全屏蔽的，每一层可以通过层间接口调用其下层的服务，而不需要了解下层服务是怎样实现的。

开放系统互连参考模型 7 层结构的主要功能如下。

**1. 物理层**

其任务是为上一个数据链路层提供一个物理连接，以便透明地传送比特信息流。物理层解决包括传输介质、信道类型、数据与信号之间的转换、信号传输中的衰减和噪声等在内的一系列问题。物理层协议关注的是使用什么样的物理信号来表示数据"1"和"0"；数据传输是否可同时在两个方向上进行；最初的连接如何建立和完成通信后的连接如何终止；物理接口（插头和插座）有多少针以及各针的用处。另外，物理层标准要给出关于物理接口的机械、电气、功能和规程特性，以便于不同的制造厂家既能够根据公认的标准各自独立地制造设备，又能使各厂家的产品能够相互兼容。物理层的设计还涉及通信工程领域内的一些问题。典型的物理层协议有 RS-232-C 及 RS-449 等。

**2. 数据链路层**

其任务是负责在网络上两个相邻节点间的线路上无差错地传送以帧为单位的数据。数据链路层的发送节点需要将网络层的数据单元分组，加上帧头和帧尾构成帧（打包）后向接收节点发送。接收节点根据帧头和帧尾的信息完成数据帧的接收，然后将帧头、帧尾的这些信息去除，还原回分组交给网络层（解包），所以打包和解包是数据链路层的功能之一。数据链路层的另一个功能为链路管理。链路管理就是建立、维持和拆除数据链路的操作。由于噪声干扰等因素，在传输比特流时可能发生差错。所以数据链路层要通过纠错、重发等手段使接收端最终得到无差错的数据帧。另外相邻节点之间的数据传输还要防止发送数据过快导致来不及接收和处理数据帧，从而发生数据丢失，所以数据链路层要采取流量控制，保证数据的可靠接收。典型的数据链路层协议有 HDLC（high-level data link control，高级数据链路控制规程）和 PPP 等。

**3. 网络层**

网络层是通信子网的最高层。其任务是选择合适的路由和交换节点，使传输层传来的报文能正确无误地按地址找到目标节点，并交给目标节点的传输层。网络层传输的信息以报文分组为单位，将整个报文分成若干较短的报文分组，每个报文分组都含有控制信息、目的地址和分组编号。各报文分组可在不同的路径传输，最后再重新组装成报文。网络层协议用于解决在传输中涉及的数据分组和数据组块、中继节点路由选择、子网内的信息流量控制以及差错处理等问题。典型的网络层协议有 IP 协议和 ICMP 协议等。

**4. 传输层**

其任务是通过错误纠正和流控制机制等手段为主机间提供端到端的传输服务，并为不同进程间的数据交换提供可靠的传输手段。传输层及其以上各层的数据传输单位均为报文。该层使其上方各层不必关心数据传输的技术细节，为双方主机通信提供了透明的数据通道。典型的传输层协议有 TCP（transmission control protocol，传输控制协议）和 UDP（user datagram protocol，用户数据报协议）等。TCP 是一个面向连接的可靠协议，通过差错检查和握手确认可保证数据完整地到达目的地；UDP 是一个不可靠的、无连接协议，它提供尽最大努力的数据传输服务（不保证数据传输的可靠性），适用于快速递交比准确递交更重要的应用程序，如传输语音或影像。

**5. 会话层**

网络中把两个应用进程彼此进行的通信称为会话，会话层向表示层或会话用户提供会话服务，其主要任务是为两个进程间会话提供建立会话（会话连接）、结束会话（释放连接）、数据传输、会话控制（允许双工或半双工进行，解决会话中进程间谁传输、谁接收、谁开始、谁结束等问题）、会话同步、活动管理（会话层之间的通信可以划分为不同的逻辑单位，每一个逻辑单位为一个活动）和异常处理等服务，实现对进程通信的组织和管理，使得进程通信能有序进行。

**6. 表示层**

表示层为应用程序之间传输的信息提供表示方法的服务，关心的只是信息的语法和语义。通信双方一般都有各自不同的数据表示方式，表示层把发送方具有的内部模式结构编码成适于传输的信息，然后在目的端将其解码为原信息。它为应用层进程提供能解释交换信息的一组服务，如代码转换、文本压缩、文本加密和解密等。

**7. 应用层**

应用层是直接面向用户的一层，是计算机网络与最终用户之间的界面。计算机网络通过应用层向网络用户提供多种网络服务。下面 6 层解决了支持网络服务功能所需的通信和表示问题，应用层则提供了完成特定网络服务功能的各种协议。应用层协议规范了通信双方端系统上的应用程序之间信息交换的格式和操作规则，包括通信双方如何请求、响应、管理一个网络应用。常用的应用层协议很多，如 HTTP、FTP 和 SMTP 等。

OSI 参考模型是在其协议开发之前设计出来的。这意味着它不是基于某个特定的协议集而设计，因而更具有通用性。但另一方面，也意味着它在协议实现方面存在某些不足。由于 OSI 标准制定周期太长，协议实现过分复杂及层次划分不太合理等原因，到 20 世纪 90 年代初期，虽然整套的 OSI 标准都已制定出来，但由于 Internet 已抢先在全世界覆盖了相当大的范围，因此得到广泛应用的并不是 OSI，而是在 Internet 上应用的 TCP/IP 体系结构。因此，TCP/IP 就成为事实上的国际标准。

TCP/IP 采用 4 层结构，如图 8-11 所示。模型最底层为网络接口层，它负责接收 IP 数据包并通过网络发送，或者从网络上接收物理帧，抽出 IP 数据包，交给网络层。网络接口层使采用不同技术和网络硬件的通信网络之间可以互联。网络层是整个 TCP/IP 体系结构的关键部分，它主要处理寻址、路由选择、流量控制和拥塞控制等。该层的主要协议是 IP（Internet protocol）协议。它负责将信息从源地址送到目标地址。传输层主要负责在源节点和目标节点的两个进程之间提供可靠的端对端的数据

| 应用层<br>SMTP、FTP、HTTP、DNS、NFS、<br>Telnet等 |
| 传输层<br>TCP、UDP |
| 网络层<br>IP、ICMP、IGMP、ARP、RARP |
| 网络接口层<br>Ethernet 802.3、X.25、HDLC、PPP等 |

图 8-11　TCP/IP 体系结构

传输。该层的主要协议是 TCP 和 UDP。最上层为应用层，为用户使用网络提供支撑服务。该层常见的协议有 SMTP（simple mail transfer protocol，简单邮件传输协议）、FTP（file transfer protocol，文件传输协议）、HTTP（hypertext transfer protocol，超文本传输协议）、DNS（domain name service，域名服务）、Telnet 等。

## 8.1.6　计算机网络的传输设备和通信设备

**1. 网络传输设备**

网络传输设备是网络中发送方与接收方之间的物理通路，它对网络的数据通信具有一定的影响。常用的传输设备有双绞线、同轴电缆、光纤、无线通信媒介。

（1）双绞线

双绞线由两根绝缘导线相互缠绕而成，一对或多对（常见的是 4 对）双绞线放在一个保

护套中便成了双绞线电缆。它既可传输模拟信号，也可传输数字信号，一般应用在局域网中。双绞线的最大传输距离可达 100 m，目前广泛应用的五类线最大传输速率可达 100 Mbps，而为了适应万兆位以太网技术的七类双绞线传输速率可达 10 Gbps。图 8-12 显示的是一种非屏蔽的双绞线。

（2）同轴电缆

同轴电缆从用途上可分为基带同轴电缆和宽带同轴电缆（即网络同轴电缆和视频同轴电缆）。同轴电缆由里到外分为 4 层：中心铜线（单股的实心线或多股绞合线）、塑料绝缘体、网状导电层和电线外皮，如图 8-13 所示。它因中心铜线和网状导电层为同轴关系而得名。同轴电缆的优点是可以在相对长的无中继器的线路上支持高带宽通信，但由于体积大，不能承受缠结，压力和严重的弯曲，成本高等缺点，在局域网环境中正逐步被双绞线和光纤所取代。

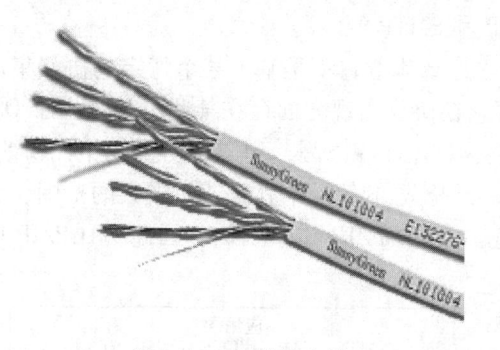

图 8-12　双绞线电缆

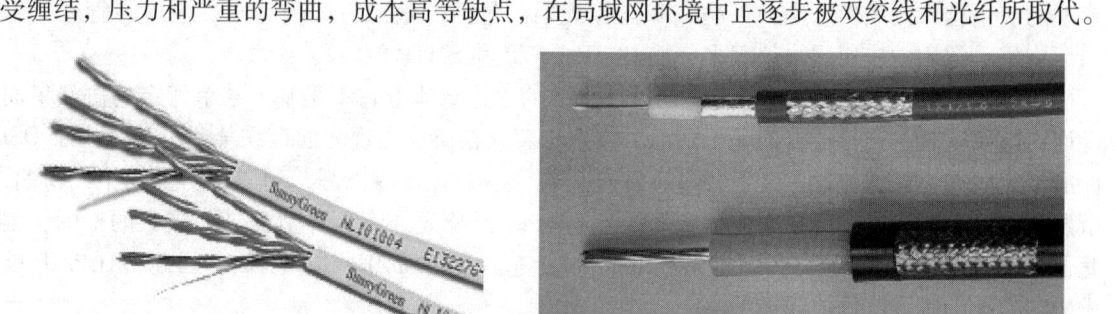

图 8-13　同轴电缆

（3）光纤

光纤是光导纤维的简写，是一种利用光在玻璃或塑料制成的纤维中的全反射原理而制成的光传导工具。光纤由纤芯、包层、涂层和表皮构成，如图 8-14 所示。光纤可以由单根光纤组成，但通常是将多股光纤捆在一起组成光缆，如图 8-15 所示。光纤分多模和单模两种。单模光纤具有更大的容量，但它的造价比多模光纤高，光纤本身只能传输光信号，为了使光纤能传输电信号，光纤两端必须配有光发射机和光接收机，光发射机完成从电信号到光信号的转换，光接收机完成从光信号到电信号的转换。光纤的优点是传送信号的频带宽度极高，衰减极低，不会泄露信号，不受电磁波干扰，高频失真小，并且无须地线，适合于在各种恶劣环境下应用。相对于双绞线，光纤能够支持较长的传输距离，在 100 Mbps 的以太网中，多模光纤最长可支持 2 km 的传输距离，而单模光纤最长可支持 10 km～20 km 的传输距离。2015 年 6 月，加州大学圣地亚哥分校的研究人员打破了在无中继器情况下光信号传播距离的障碍，在仅使用标准放大器的情况下，使得信息在光纤中的传输距离突破了 12 000 km。

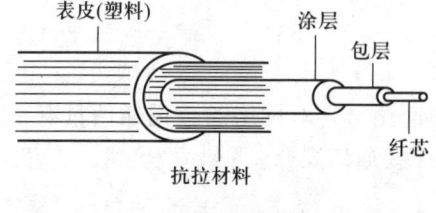

图 8-14　光纤结构

图 8-15　光缆

（4）无线通信媒介

无线通信媒介通常是指微波（包括卫星通信）、红外线和激光。微波数据通信系统有两种形式：地面系统和卫星系统。由于微波是直线传播（地球表面为曲面），所以它的传播距离受限，一般为 50 km 左右，因此必须在两个通信终端之间增加若干中继站；红外线传输数据采用光发射二极管、激光二极管或光电二极管进行站点之间的数据交换，既可以进行点到点通信，也可以用广播方式通信。无线激光通信是以激光作为信息载体，直接进行语音、数据、图像信息双向传送的一种技术，早期的研究主要应用在军用和航天上，近年来随着技术的发展和完善，开始逐渐应用于商用的地面通信中。

**2. 网络通信设备**

网络通信设备一般包括网络适配器、调制解调器、集线器、中继器、网关、交换机和路由器等，主要用于控制和实现网络信息的正确传输。

（1）网络适配器

网络适配器也称网卡，是计算机之间相互通信的接口，也是计算机和网络之间的逻辑链路，是使计算机具有网络服务功能的基本条件之一。目前常用的网卡类型有 10 Mbps、100 Mbps、10/100 Mbps 自适应网卡等几种。图 8-16 显示的就是一种普通的网卡。

（2）调制解调器

调制解调器即 Modem（modulator-demodulator），是将计算机通过电话线连接到另一台计算机或一个计算机网络的装置。它的作用是将计算机的数字信号转换为能够以电话线路传输的模拟信号，通过网络传递到另外的计算机或服务器上；而对于接收到的模拟信号，则由它解调为数字信号，以便计算机能够识别。一般的商用或个人用调制解调器从形式上划分成三种：外置式、内置式和 PCMCIA 卡式调制解调器。图 8-17 就是普通的内置式调制解调器。

图 8-16　网卡

图 8-17　调制解调器

（3）集线器（Hub）

集线器是一个多端口的信号放大设备，在工作中当一个端口接收到数据信号时，由于信号在从源端口到 Hub 的传输过程中已有了衰减，集线器便将该信号进行整形放大，使被衰减的信号再生（恢复）到发送时的状态，紧接着转发到其他所有处于工作状态的端口上。从集线器的工作方式可以看出，它在网络中只起到信号放大和重发作用，其目的是扩大网络的传输范围。它工作于 OSI 参考模型的第一层，即"物理层"，属于局域网中的基础设备，这种连接设备可以提供多个连接端口，常见的有 5 口、8 口、16 口、24 口等。图 8-18 就是一个 16口的集线器。由于集线器是一个多端口的转发器，当网络中某条线路产生故障时，并不影响其他线路的工作，所以集线器在局域网中应用广泛，常用在星形和树形的网络拓扑结构中。

图 8-18　集线器

（4）其他网络通信设备

中继器：只起信号放大作用，当信号衰减到一定程度时必须进行放大，否则就会失真。中继器属于物理层设备，用中继器连接起来的仍是一个网络。

网桥：是广泛用于局域网互连的一种设备，一般在计算机上安装多块网卡，加装支持的软件来构成，属于数据链路层互连设备。

网关：多用软件实现，工作在传输层及以上各层，实现不同类型网络的互连。网关没有通用产品，必须是具体的某两种网络互连的网关。

路由器：是连接因特网中各局域网、广域网的设备，路由器是互联网的主要节点设备，应用于 OSI 的第三层即网络层，它会根据信道的情况自动选择和设定路由，以最佳路径，按前后顺序发送信号。

交换机：是一种基于 MAC 地址识别，能完成封装转发数据包功能的网络设备，应用于 OSI 的第二层即数据链路层。

# 8.2　Internet 服务和配置

Internet，即国际互联网，中文译名为因特网。它的前身是美国国防部资助建立的 ARPA-NET，是目前世界上最大的计算机互联网。

Internet 是一个全球性的开放网络，它将位于世界各地数以万计的计算机及网络相互连接在一起，构成一个可以相互通信的计算机网络系统。同时，Internet 也是一个集各种信息资源为一体，供网上用户共享的信息资源网，而且网络上的用户也可以把自己的资源发布在网上。利用 Internet 人们可以访问到世界上最著名大学的图书馆，搜索并获取存储在全球计算机中的海量资料文档，下载所需要的各种软件资源，发布最新的实时信息，实现网上购物，与位于不同地理位置的人讨论感兴趣的话题。Internet 改变了人们的生活方式，加快了社会向信息化发展的步伐。

## 8.2.1　IP 和域名

众所周知，在电话通信中，电话用户是靠电话号码来识别的。同样，在 Internet 中为了区别不同的计算机，也需要给计算机指定一个号码，这就是"IP 地址"。

事实上，Internet 上的每台计算机同时需要一个 IP 地址和一个物理地址。物理地址又称为 MAC 地址，固化在计算机的网卡中，其具有全球唯一性。MAC 地址由 6 个字节的数字串组成，例如：FC-AA-14-23-18-5F。其中，前 3 个字节是由 IEEE 的注册管理机构给不同厂家分配的代码，用于区分不同的厂家；后 3 个字节是由厂家自己分配的，称为扩展标识符。

IP 地址是 Internet 协议地址（Internet protocol address）的简称，是 IP 协议提供的一种统一的地址格式，它是为每个连接在 Internet 上的主机分配的唯一逻辑地址。IP 地址屏蔽了物理网络的差异，是 Internet 能够运行的基础。

IP 地址和 MAC 地址的相同点是它们都是唯一的，不同点主要有以下几点。

（1）对于网络上的某一设备，如一台计算机或一台路由器，其 IP 地址是基于网络拓扑结构设计的，同一台设备或计算机上，改动 IP 地址是很容易的（但必须唯一），而 MAC 则是生产厂商烧录好的，任一网络设备（如网卡、路由器）一旦生产出来以后，其 MAC 地址便不可修改。如果一个计算机的网卡坏了，在更换网卡之后，该计算机的 MAC 地址就变了。

（2）长度不同。IP 地址为 32 位，MAC 地址为 48 位。

（3）分配依据不同。IP 地址的分配基于网络拓扑，MAC 地址的分配基于制造商。

（4）寻址协议层不同。IP 地址应用于 OSI 第三层，即网络层，而 MAC 地址应用于 OSI 第二层，即数据链路层。数据链路层协议可以使数据从一个节点传递到相同链路的另一个节点上（通过 MAC 地址），而网络层协议使数据可以从一个网络传递到另一个网络上（ARP 根据目的 IP 地址，找到中间节点的 MAC 地址，通过中间节点传送，从而最终到达目的网络）。

为了防止 IP 地址被盗用，很多单位的内部网络，尤其是学校校园网都采用了 MAC 地址与 IP 地址的绑定技术，这在一定程度上强化了网络资源的管理和利用，保障了局域网内的网络安全。

**1. IP 地址**

目前，IP 地址存在两个版本，IPv4（Internet protocol version 4）和 IPv6（Internet protocol version 6）。目前绝大多数主机使用的都是 IPv4 地址，IPv6 是 IETF（互联网工程任务组，Internet Engineering Task Force）设计的用于替代 IPv4、解决 IP 地址的紧缺和网络安全问题的下一代 IP 协议。

（1）IPv4 地址

IPv4 地址由 32 位二进制数组成，为了表示方便，将 32 位二进制数分成 4 个字节（1 个字节 8 个二进制位），每个字节单独用一个十进制数表示，中间用点分隔。例如一个 32 位二进制的 IP 地址 00111101 10100111 01111000 10010110，可以表示为 61.167.120.150。

IP 地址由两部分组成：网络号（又称为网络地址）和主机号。网络号用于标识网络，由 ICANN（The Internet corporation for assigned names and numbers，互联网名称与数字地址分配机构）或者它的分支机构统一分配。任何一个网络想加入 Internet，必须申请一个网络号。主机号用于标识网络内的主机，主机号的分配由网络管理员自行决定，只要保证网络内任何两台主机的主机号不重复即可。网络号+主机号构成一个完整的 IP，唯一地标识 Internet 上的一台主机。

IP 地址的设计者将 IP 地址空间划分为 A、B、C、D、E 5 种类型，目前常用的为前 3 类，具体划分如图 8-19 所示。

| A类地址 | 0 | 网络号 | 主机号（24位） | |
|---|---|---|---|---|
| B类地址 | 10 | 网络号 | 主机号（16位） | |
| C类地址 | 110 | 网络号 | 主机号（8位） | |
| D类地址 | 1110 | 多点广播地址（28位） | | |
| E类地址 | 11110 | 用于实验和将来使用 | | |

图 8-19　IPv4 地址的划分方法

A 类 IP 地址高 8 位代表网络号，后 3 个 8 位代表主机号，其地址范围为 0.0.0.0 ~ 127.255.255.255。由于数字 0 和 127 不作为主机的 IP 地址，所以，A 类地址最多只有 126 个地址，一般用于有大量主机的大型网络。

B 类 IP 地址一般用于中等规模的各地区网管中心，前两个 8 位代表网络号，后两个 8 位代表主机号。IP 地址范围为 128.0.0.0 ~ 191.255.255.255。

C 类地址一般用于规模较小的本地网络，如校园网等。前 3 个 8 位代表网络号，低 8 位代表主机号。IP 地址范围为 192.0.0.0 ~ 223.255.255.255。一个 C 类地址段可容纳 254 台主机（0 是网络号不可用，255 是广播地址，除去这 2 个，可用的就是 254 个地址）。

（2）子网掩码

子网掩码是一个 32 位的二进制数，它不能单独存在，必须结合 IP 地址一起使用。它的主要作用有两个，一是用于区分 IP 地址中的网络号和主机号，二是用于将一个大的 IP 网络划分为若干小的子网络。子网掩码由 1 和 0 组成，且 1 和 0 分别连续。子网掩码的左边是网络位，用二进制数字"1"表示，1 的数目等于网络位的长度；右边是主机位，用二进制数字"0"表示，0 的数目等于主机位的长度。这样做的目的是让掩码与 IP 地址做按位与运算时用 0 遮住原主机号数，而不改变原网络号的数字，而且很容易通过 0 的位数确定子网的主机数（$2^{主机位数}-2$，因为主机号全为 1 时表示该网络广播地址，全为 0 时表示该网络的网络号，这是两个特殊地址）。

当网络中的主机进行通信时，它们利用子网掩码得出双方 IP 地址的网络部分，进而得知彼此是否在同一个网段内，如是则进行直接通信，否则进行转发。通过计算机的子网掩码判断两台计算机是否属于同一网段的方法是，将计算机十进制的 IP 地址和子网掩码均转换为二进制的形式，然后进行二进制的"与"计算，如果得出的结果是相同的，那么这两台计算机就属于同一网段。

例如：

IP 地址为 192.168.0.1，子网掩码为 255.255.255.0。

IP 地址：11000000.10101000.00000000.00000001

子网掩码：11111111.11111111.11111111.00000000

与运算：11000000.10101000.00000000.00000000

转化为十进制后为 192.168.0.0。

IP 地址为 192.168.0.254，子网掩码为 255.255.255.0。

IP 地址：11000000.10101000.00000000.11111110

子网掩码：11111111.11111111.11111111.00000000

与运算：11000000. 10101000. 00000000. 00000000

转化为十进制后为 192. 168. 0. 0。

IP 地址为 192. 168. 1. 1，子网掩码为 255. 255. 255. 0。

IP 地址：11000000. 10101000. 00000001. 00000000

子网掩码：11111111. 11111111. 11111111. 00000000

与运算：11000000. 10101000. 00000001. 00000000

转化为十进制后为 192. 168. 1. 0。

在三组计算机的 IP 地址中，前两组 IP 地址与子网掩码与运算后，结果均为 192. 168. 0. 0，所以它们是同一子网，而 192. 168. 1. 1 与子网掩码与运算后，运算结果为 192. 168. 1. 0，与前两组不同，因此与前两组 IP 不属于同一子网。

另一方面，32 位 IP 地址中的网络地址是有限的，为了节约 IP 地址，避免浪费，同时减小广播带来的负面影响，可以采用划分子网的技术。"子网划分"就是把一个单个的网络划分为若干较小的网络，它是通过借用 IP 地址的若干位主机位来充当子网地址从而将原网络划分为若干子网而实现的。

例如，一个公司有 5 个工作相对独立的部门，每个部门有 20 台左右的计算机，如果为每个部门申请一个 C 类网络地址，显然非常浪费（因为一个 C 类网络地址可支持 254 台主机联网），而且还会增加路由器的负担，这时就可以借助子网掩码，将网络进一步划分成若干子网。

假设公司的 C 类网络地址为 202. 1. 10. 0/24（在 IP 地址后面加一个斜线"/"，然后写上网络前缀所占的比特数，表示在这个 32 bit 的 IP 地址中，前 24 bit 表示网络前缀，而后面的 8 bit 为主机号），由于要划分为 5 个子网，5 对应的二进制数为 101，所以把 C 类 IP 地址最后一个字节的前 3 位借给网络 ID，用后面的 5 位来表示主机 ID，这样就会产生 $2^3 = 8$ 个子网，子网 ID 分别为 000、001、010、011、100、101、110、111，在 RFC950 标准中只能使用中间的 6 个子网 ID（当主机 ID 为全 0 时表示网络 ID，全 1 时表示广播地址，因此在 RFC950 标准中，不建议使用全 0 和全 1 的子网 ID）。划分后子网主机号为 5 位，每个子网容纳主机数量为 $2^5-2$，即 30 台，正好能满足公司的需求。此时，子网掩码为 255. 255. 255. 224。6 个子网可分配主机 IP 范围为 202. 1. 10. 33 ~ 202. 1. 10. 62、202. 1. 10. 65 ~ 202. 1. 10. 94、202. 1. 10. 97 ~ 202. 1. 10. 126、202. 1. 10. 129 ~ 202. 1. 10. 158、202. 1. 10. 161 ~ 202. 1. 10. 190、202. 1. 10. 193 ~ 202. 1. 10. 222。

由于其 IP 地址的网络部分相同，所以外部的路由器就将这些子网看成是同一个网络，而单位内部的路由器则能区分不同的子网。

（3）网关

网关实质上是一个网络通向其他网络的 IP 地址。比如有网络 A 和网络 B，网络 A 的 IP 地址范围为 192. 168. 1. 1 ~ 192. 168. 1. 254，子网掩码为 255. 255. 255. 0；网络 B 的 IP 地址范围为 192. 168. 2. 1 ~ 192. 168. 2. 254，子网掩码为 255. 255. 255. 0。在没有路由器的情况下，两个网络之间是不能进行 TCP/IP 通信的。而要实现这两个网络之间的通信，则必须通过网关。网络 A 中的主机发现数据包的目的主机不在本地网络中，就把数据包转发给它自己的网关，再由网关转发给网络 B 的网关，网络 B 的网关再转发给网络 B 的某个主机。网络 B 向网络 A 转发数据包的过程也是如此。因此，只有设置好网关的 IP 地址，TCP/IP 协议才能实现不同网络之间的相互通信。网关的 IP 地址是具有路由功能的设备的 IP 地址，具有路由功能的设备有路由器、启用了路由协议的服务器（实质上相当于一台路由器）和代理服务器（也相当于一台路由器）。

（4）IPv6 地址

由于 IPv4 的网络地址资源有限，严重制约了互联网的发展。1992 年年初，一些关于互联网地址系统的建议在 IETF（互联网工程任务组）上提出，并于 1992 年年底形成白皮书。在 1993 年 9 月，IETF 建立了一个临时的 ad-hoc 下一代 IP（IPng）领域来专门解决下一代 IP 的问题。IETF 于 1994 年 7 月 25 日采纳了 IPng 模型，并形成几个 IPng 工作组。从 1996 年开始，一系列用于定义 IPv6 的 RFC 发表出来。2003 年 1 月 22 日，IETF 发布了 IPv6 测试性网络，即 6bone 网络。从 2011 年开始，用在个人计算机和服务器系统上的操作系统基本上都支持高质量 IPv6 配置产品。2012 年 6 月 6 日，国际互联网协会举行了世界 IPv6 启动纪念日，这一天全球 IPv6 网络正式启动。多家知名网站，如 Google、Facebook 和 Yahoo 等，于当天全球标准时间 0 点（北京时间 8 点整）开始永久性支持 IPv6 访问。

IPv6 采用 128 位的二进制数表示一个 IP 地址，其表示形式一般为 n:n:n:n:n:n:n:n，其中每个 n 都表示一个 16 位地址的十六进制值形式。例如：

```
3FFE:FFFF:7654:FEDA:1245:BA98:3210:4562
```

就是一个 IPv6 的 IP 地址表示形式。

由于地址长度要求，地址包含由零组成的长字符串的情况十分常见。为了简化对这些地址的写入，可以使用压缩形式，在这一压缩形式中，多个 0 块的单个连续序列由双冒号符号（::）表示，此符号只能在地址中出现一次。例如，多路广播地址 FFED:0:0:0:0:BA98:3210:4562 的压缩形式为 FFED::BA98:3210:4562。

IPv6 具有巨大的地址空间，甚至可以说具有取之不尽用之不竭的空间，专家们畅想以后各种家电以及其他设备都可以有自己的 IP 地址。另外在安全性、服务质量、配置等方面也有很大的优势。

**2. 域名**

由于 IP 地址是数字标识，在使用时难以记忆和书写，因此，在 IP 地址的基础上又发展出一种符号化的地址方案，每个符号化的地址都与特定的 IP 地址一一对应。这种与数字型 IP 地址相对应的字符型地址，被称为域名。

一个完整的域名由两个或两个以上部分组成，各部分之间用英文的点号"."来分隔，倒数第一个"."的右边部分称为顶级域名，顶级域名的左边部分字符串到下个"."为止称为二级域名，二级域名的左边部分称为三级域名，以此类推，每一级的域名控制它下一级域名的分配。在域名中大小写是没有区分的，域名在整个 Internet 中是唯一的，当高级子域名相同时，低级子域名不允许重复。一台服务器只能有一个 IP 地址，但是却可以有多个域名。

顶级域名又分为两类，一是国家顶级域名，目前 200 多个国家分配了顶级域名，例如中国是 cn，美国是 us，法国为 fr 等；二是国际顶级域名，例如表示商业组织的 com，表示网络服务机构的 net，表示非营利组织的 org 等。二级域名是指在顶级域名之下的域名，在国际顶级域名下，它是指域名注册人的网上名称，例如 ibm、yahoo、microsoft 等；在国家顶级域名下，它是表示注册企业类别的符号，例如 com、edu、gov、net 等。

以百度域名为例，"baidu" 是域名的主体，是注册域名；"com" 则代表这是一个 com 国际域名，是顶级域名，前面的 www 表示这是一个 Web 服务器。

用域名方式表示 Internet 上的网络设备，方便了人的记忆，但计算机处理的其实还是 IP 地址。因此，在 Internet 上需要有一个实现 IP 地址和域名的转换设备，这个设备就是域名服务器（domain name system，DNS）。它的作用就是把网站的域名地址转换成网络中可以识别的 IP 地址。

### 8.2.2　Internet 服务

**1. WWW**

WWW（world wide web）是环球信息网的缩写，中文名字为万维网，常简称为 Web。万维网是一个运行在 Internet 上的融合了信息检索技术、超文本技术而形成的具有全球性、交互性的分布式、跨平台、超文本信息系统。在这个系统中，每个信息资源都有一个唯一的 URL（uniform resource locator，统一资源定位器）。这些资源通过超文本传输协议 HTTP 传送给用户，用户通过单击链接就可以获得信息。在 Internet 上使用万维网服务需要专门的浏览器软件，常用的有 Microsoft 公司的 IE（Internet Explorer）、Google 公司的 Chrome 浏览器、QQ 浏览器、搜狗浏览器、360 浏览器和 Firefox 浏览器等。

（1）URL

统一资源定位器 URL 是对 Internet 上可以获取的信息资源的位置及访问方法的一种简洁表示。它给资源的位置提供了一种抽象的识别方法，并用这种方法给资源定位。因此 URL 是指向与 Internet 相连的机器上的任何可访问对象的一个指针。

URL 由三部分组成：协议、主机地址和路径名及文件名，通常格式如下：

协议://主机地址:[端口号]/路径

① 协议。这里的协议是指使用的传输协议，最常用的是 HTTP，它也是目前 WWW 中应用最广的协议，其次是 FTP。

② 主机地址。主机地址是存放资源的计算机在 Internet 上的 IP 地址或域名地址。端口号是 0~65 535 之间的一个整数，可选，当省略时使用方案的默认端口。各种传输协议都有默认的端口号，如 HTTP 的默认端口号为 80，FTP 默认端口号为 21。有时出于安全或其他考虑，可以在服务器上对端口进行重定义，即采用非标准端口号，此时，URL 中就不能省略端口号这一项。

③ 路径。路径通常是由多个 "/" 符号隔开的字符串，用来表示主机上的目录（文件夹）和文件地址，有时可省略。

例如：http://www. nepu. edu. cn，表示通过 HTTP 协议访问东北石油大学的主页。

（2）HTTP

HTTP 协议是用于从 WWW 服务器传输超文本到本地浏览器的传送协议，是一个客户端和服务端请求和应答的标准，是互联网上应用最为广泛的一种网络协议。在浏览器的地址栏内输入网页的 URL 或者单击网页中的一个超链接时，浏览器通过 HTTP 协议，将 Web 服务器上站点的网页代码提取出来，翻译成漂亮的网页。HTTP 协议不仅保证计算机正确快速地传输超文本文档，还可以确定传输文档的哪一部分以及哪部分内容先显示（如文本先于图形）等。

HTTP 的工作过程可分为 4 步。

① 建立连接。当在浏览器的地址栏输入 URL 或单击网页上的某个超链接时，Web 浏览器检查相应的协议，以决定是否需要重新打开一个应用程序，同时对域名进行解析以获得相应的 IP 地址。然后，以该 IP 地址根据相应的应用层协议即 HTTP 所对应的 TCP 端口与服务器建立一个 TCP 连接。

② 发送请求信息。建立连接后，客户端的浏览器使用 HTTP 协议中的 "GET" 功能向 WWW 服务器发出指定的 WWW 页面请求。

③ 发送响应信息。服务器接到请求后，根据客户端要求的路径和文件名，使用 HTTP 协议中的 "PUT" 功能将相应的 HTML 文档回送给客户端。如果客户端没有指明响应的文件名，则由服务器返回一个默认的 HTML 页面在客户端浏览器显示。

④ 关闭连接。页面传送完毕，终止相应的会话连接，TCP 连接被释放。

如果在以上过程中的某一步出现错误，那么产生错误的信息将返回到客户端，由显示屏输出。对于用户来说，这些过程是由 HTTP 自己完成的，用户只要用鼠标单击，等待信息显示就可以了。

（3）HTML

扩展阅读
8-1
HTML

HTML（hypertext markup language，超文本标记语言）是一种在万维网上应用的通用标识语言。所谓标识语言就是格式化的语言，WWW 服务中的网页就是由 HTML 描述的。它使用一些约定的标记对 WWW 上各种信息（比如文字、声音、图形、图像、视频等）、格式以及超链接进行描述。当用户浏览 WWW 上的信息时，浏览器会自动解释这些标识的含义，并将其显示为用户在屏幕上所看到的网页。HTML 4.01 是常见的版本，最新版本是 2014 年推出的 HTML 5。

一个 HTML 文件包括头部（head）和主体（body）两部分，其中头部提供关于网页的信息，主体提供网页的具体内容。其结构如下所示：

```html
<html>
  <head>
  …
  </head>
  <body>
  …
  </body>
</html>
```

HTML 的标识符有很多，有兴趣的读者可以查看有关网页制作方法的书籍。

**2. 搜索引擎**

随着信息化、网络化进程的推进，Internet 上的各种信息呈指数级膨胀，面对大量、无序、繁杂的信息，信息检索系统应运而生。其核心思想是用一种简单的方法，按照一定的策略，运用特定的计算机程序从互联网中搜集、发现信息，并对信息

扩展阅读
8-2
搜索引擎

进行理解、提取、组织和处理，帮助人们快速找到想要的内容。这种为用户提供检索服务、起到信息导航作用的系统就称为搜索引擎。从 1994 年雅虎的创建开始，搜索引擎迅速发展，目前网络上的搜索引擎已达数千个。通过搜索引擎，人们可以在海量的网络信息中查找有用的信息。搜索引擎正成为互联网上访问全球信息资源的最重要的检索工具。

　　一个搜索引擎由搜索器、索引器、检索器和用户接口 4 个部分组成。搜索器的功能是在互联网中漫游，发现和搜集信息。索引器的功能是理解搜索器所搜索的信息，从中抽取出索引项，用于表示文档以及生成文档库的索引表。检索器的功能是根据用户的查询在索引库中快速检出文档，进行文档与查询的相关度评价，对将要输出的结果进行排序，并实现某种用户相关性反馈机制。用户接口的作用是输入用户查询、显示查询结果、提供用户相关性反馈机制。搜索引擎分为全文索引（例如 Google、百度）、目录索引（例如 Yahoo、新浪分类目录搜索）、元搜索引擎（例如 InfoSpace、Dogpile、Vivisimo、搜星搜索引擎）、垂直搜索引擎、集合式搜索引擎、门户搜索引擎与免费链接列表等。

　　搜索引擎的工作原理如下。

　　（1）抓取网页。每个独立的搜索引擎都有自己的网页抓取程序——爬虫（spider）。爬虫顺着网页中的超链接，从一个网站爬到另一个网站，通过超链接分析连续访问抓取网页。被抓取的网页被称为网页快照。由于互联网中超链接的应用很普遍，理论上，从一定范围的网页出发，就能搜集到绝大多数的网页。

　　（2）处理网页。搜索引擎抓到网页后，还要做大量的预处理工作，才能提供检索服务。其中，最重要的就是提取关键词，建立索引库和索引。其他还包括去除重复网页、分词（中文）、判断网页类型、分析超链接、计算网页的重要度/丰富度等。

　　（3）提供检索服务。用户输入关键词进行检索，搜索引擎从索引数据库中找到匹配该关键词的网页；为了便于用户判断，除了网页标题和 URL 外，还会提供一段来自网页的摘要以及其他信息。

　　目前世界上最大的搜索引擎是 Google，而百度则是全球最大的中文搜索引擎。百度除网页搜索外，还提供 MP3、文档、地图、影视等多样化的搜索服务，率先创造了以贴吧、知道、百科为代表的搜索社区。百度搜索包括基本搜索和高级搜索两种。

　　（1）基本搜索

　　① 逻辑"与"操作。用空格来表示逻辑"与"。例如，以"迪士尼 动画"为关键字，就可以查出同时包含"迪士尼"和"动画"两个关键字的全部文档。

　　② 逻辑"或"操作。使用"A|B"来搜索"或者包含词语 A，或者包含词语 B"的网页。例如，要查询"物联网"或"云计算"相关资料，只需在搜索框输入"物联网|云计算"既可。

　　③ 逻辑"非"操作。用英文字符"−"表示逻辑"非"操作。例如查询包含"物联网"，但不包含"云计算"的相关资料，只需输入"物联网 −云计算"即可，注意前一个关键词和减号之间必须有空格。

　　④ 精确搜索：双引号和书名号。如果输入的查询词很长，给出的搜索结果中的查询词可能是拆分的。为了不拆分查询词，可以给它加上双引号。例如，搜索"电话传真"，如果不加双引号，搜索结果被拆分，效果不是很好，但加上双引号后，获得的结果就基本符合要求了。书名号是百度独有的一个特殊查询语法。加上书名号的查询词，有两层特殊功能，一是书名

号会出现在搜索结果中；二是被书名号扩起来的内容，不会被拆分。书名号在某些情况下特别有效果，比如查电影"手机"，如果不加书名号，查出来的基本都是通信工具手机，而加上书名号后，查询结果就都是关于电影方面的了。

（2）特殊搜索

① site：检索指定网站的文件。site 对检索的网站进行限制，它表示检索结果局限于某个具体网站或者某个域名，从而大大缩小检索范围，提高检索效率。例如查找教育科研机构的图书馆，检索表达式可以为"图书馆 site：edu. cn"。

② filetype：检索指定类型的文件。filetype 检索主要用于查询某一类文件（往往带有同一扩展名）。可检索的文件类型包括 ppt、xls、doc、rtf、pdf、txt 等。例如，查找关于"计算机网络"的 ppt 文档，检索表达式为"计算机网络 filetype:ppt"。

③ inurl：检索的关键字包含在 url 链接中。inurl 要求返回的网页链接中包含第一个关键字，后面的关键字则出现在链接中或网页文档中。有很多网站把某一类具有相同属性的资源名称显示在目录名称或网页名称中，如 mp3、photo 等。于是，就可以用 inurl 找到相关的资源。例如，查找关于祖国的 mp3 音频文件，检索表达式为"inurl:mp3 祖国"。

④ intitle：检索的关键词包含在页面的标题之中。intitle 的标准搜索语法是"intitle:关键字"或"关键字 intitle:关键字"。例如："intitle:流星雨"和"10 月 intitle:流星雨"。前者可以查找在页面的标题中包含"流星雨"的资源，后者返回在页面标题里有"流星雨"的网页中出现了"10 月"这个关键词的资源。

特殊搜索指令还可以组合使用，例如"intitle:圆明园 site:edu. cn"。

### 3. 电子邮件

E-mail（electronic mail，电子邮件）是 Internet 上的重要信息服务方式。它为世界各地的 Internet 用户提供了一种极为快速、简单和经济的通信和交换信息的方法。与常规信函相比，E-mail 非常迅速，即写即发，传输几乎是免费的（只需负担网费即可）。正是由于这些优点，Internet 上数以亿计的用户都有自己的 E-mail 地址，E-mail 也成为 Internet 上利用率最高的应用。

在 Internet 上有很多类似邮局的计算机用来转发和处理电子邮件，称为邮件服务器。邮件服务器包括发送邮件服务器和接收邮件服务器。发送邮件服务器采用简单邮件传输协议（simple message transfer protocol，SMTP）将用户编写的邮件转交给收件人手中。接收邮件服务器采用邮局协议（post office protocol-version 3，POP3），用于将他人发来的邮件暂存，直到邮件接收者运行相应的电子邮件软件进行阅读。

收发电子邮件要拥有一个属于自己的"邮箱"，也就是 E-mail 账号，即邮件服务器提供机构在服务器的硬盘上为用户开辟的一个专用存储空间。电子邮箱分收费和免费两种，具体邮箱大小由各网站自定，申请时可自行选择适合的网站，例如网易、腾讯、新浪等。电子邮件地址格式为 username@ hostname。其中，username 是邮箱用户名，hostname 是邮件服务器名。例如邮箱地址 textbook@ 126. com，标识了在域名为 126. com 的计算机上账号为 textbook 的一个用户。

电子邮件的收发过程如图 8-20 所示，图中为 liming@ 163. com 账户向 zhaogang@ qq. com 账户发送邮件和 zhaogang@ qq. com 收取邮件的过程，各步的具体含义如下。

（1）liming@ 163. com 通过邮件客户端程序，将写好的邮件发送到 163 的 SMTP 服务器。

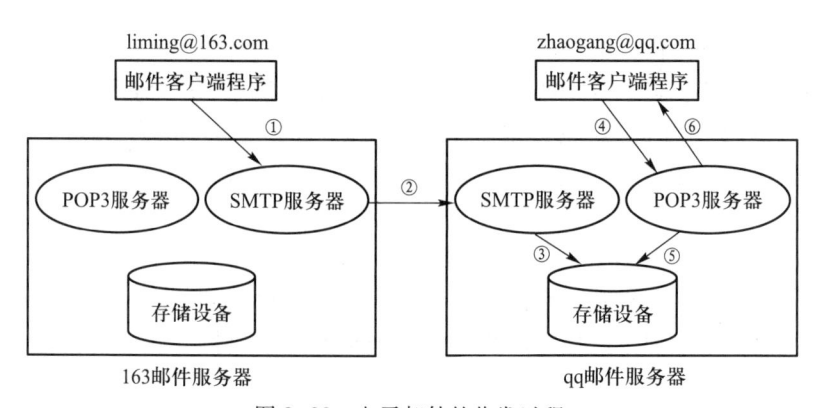

图 8-20　电子邮件的收发过程

（2）163 的 SMTP 服务器处理 liming@ 163. com 的请求，如果收件人的地址是自己管辖的用户，就直接将 E-mail 存放到为该收件人分配的邮箱存储空间中。由于 zhaogang@ qq. com 归腾讯的 QQ 邮件服务器管理，于是将该 E-mail 转发给腾讯的 SMTP 服务器。

（3）QQ 的 SMTP 服务器处理接收到的邮件，查看收件人的地址，发现是自己管辖的用户，于是将该 E-mail 存放到为 zhaogang@ qq. com 分配的邮箱空间中。

（4）zhaogang@ qq. com 登录邮件客户端程序，连接到 QQ 的 POP3 服务器收取邮件。

（5）POP3 服务器从 zhaogang@ qq. com 的邮件空间中取出 E-mail。

（6）POP3 服务器将取出的 E-mail 发送给 zhaogang@ qq. com。

与 POP3 协议类似，IMAP（Internet message access protocol）也是向用户提供邮件收取服务的协议，常用的版本是 IMAP4。IMAP4 改进了 POP3 的不足，用户可以通过浏览信件头来决定是否收取、删除和检索邮件的特定部分，还可以在服务器上创建或更改文件夹或者邮箱。它除了支持 POP3 协议的脱机操作模式外，还支持联机操作和断连接操作。它为用户提供了有选择的从邮件服务器接收邮件的功能、基于服务器的信息处理功能和共享信箱功能。IMAP4 的脱机模式不同于 POP3，它不会自动删除在邮件服务器上已取出的邮件，其联机模式和断连接模式也是将邮件服务器作为"远程文件服务器"进行访问，非常灵活方便。IMAP4 非常适合在不同的计算机或终端之间操作邮件的用户（例如你可以用手机、平板电脑或 PC 上的邮件代理程序操作同一个邮箱）以及那些同时使用多个邮箱的用户。

**4. 文件传输**

在计算机之间进行文件传输，是 Internet 的一个非常重要的功能。文件传输使用的是文件传输协议 FTP（files transfer protocol），用于文件的上传和下载。"上传"文件指将本地计算机中的文件复制到远程服务器上；"下载"文件指将远程服务器上的文件复制到本地计算机中。FTP 协议是 TCP/IP 应用层中的一个协议，它负责将文件从一台计算机传输到另一台计算机，并保证文件传输的可靠性。

与大多数 Internet 服务一样，FTP 也是一个客户机/服务器系统。用户通过一个支持 FTP 协议的客户端程序连接到远程的 FTP 服务器，并向服务器程序发出命令，服务器程序执行用户所发出的命令，并将执行的结果返回到客户机。例如 WS-FTP 和 CuteFTP 等，通过输入用户名和口令与远程 FTP 服务器建立连接，一旦登录成功，用户可查看该服务器上的文件目录，发送上传或下载命令，进行文件搜索和传输等操作。通过 FTP 几乎可以传输任何类型的文件，例如文本文件、二进制可执行文件、图像和声音文件、数据压缩文件等。

使用普通的 FTP 服务器时，需事先申请用户名和口令，通过身份验证后才能使用该服务器提供的各种服务。匿名 FTP 服务器是对公众开放的 FTP 服务器，任何人都可以使用"Anonymous"作为用户名，电子邮件地址作为口令登录，在公共目录中查找和下载文件，但不能上传文件。

### 5. Telnet

Telnet 是进行远程登录的标准协议和主要方式，它允许用户从一台计算机连接到远程的另一台计算机上，并建立一个交互的登录连接。登录后，用户的每一次敲击按键或鼠标操作都将传递到远程主机，由远程主机处理后将字符回送给本地的机器，看起来就像是用户直接在对远程主机进行操作一样，因此，远程终端协议 Telnet 又称为终端仿真协议。

使用 Telnet 协议进行远程登录时需要满足以下条件：在本地计算机上装有包含 Telnet 协议的客户程序；知道远程主机的 IP 地址或域名；知道登录标识与口令。启动 Telnet 应用程序进行登录时，首先要给出远程计算机的 IP 地址或域名，系统开始建立本地计算机与远程计算机的连接。建立连接后在登录远程计算机的过程中，用户需要正确输入自己的用户名和口令密码，登录成功后用户的键盘和计算机显示器就好像与远程计算机直接相连一样，可以直接输入该系统的命令或执行该机器上的应用程序。工作完成后可以退出登录，通知结束 Telnet 的联机过程，返回到自己的计算机系统中。

远程登录有两种形式：① 在远程主机上拥有合法账户的用户可以用自己的账户和口令直接访问远程主机；② 匿名登录方式，由 Telnet 主机为公众提供一个公共账户，不设口令。比如输入 guest 即可登录到远程计算机上，但这种登录方式会使用户在使用权限上受到一定限制。

Telnet 的命令格式如下：

```
telnet <IP 地址/主机域名><端口号>
```

一般情况下 Telnet 服务使用的 TCP 端口号默认值为 23，对于直接使用默认值的用户可以不输入端口号。

Telnet 服务的客户端软件有很多，比如常用的有 CTerm、NetTerm 等。此外 Windows 操作系统中也有内置的 Telnet 客户端软件。选择"开始"菜单中的"运行"命令，在打开的运行框中输入 Telnet 即可运行这个程序，也可以直接在运行框中输入整个 Telnet 命令，即可连接到想要登录的主机。

### 6. 网上的其他服务

（1）网上聊天

网上聊天就是在 Internet 上专门提供的一个场所，为大家提供即时的信息交流功能，有文字、语音、视频等多种方式。目前主要的网络聊天工具有微信、ICQ、MSN Messenger、Skype、QQ 等。如今，在许多门户网站上都提供了一些相对简易的聊天室，用户不需经过学习，就能够很好地使用。

（2）网上购物

网上购物就是通过互联网检索商品信息，并通过电子订购单发出购物请求，然后填上私人支票账号或信用卡的号码，厂商通过邮购的方式发货，或者通过快递公司送货上门。我国的网上购物，一般付款方式是款到发货（直接银行转账、在线汇款）、担保交易（淘宝支付宝、百度百付宝、腾讯财付通、eBay 公司的 PayPal 等）、货到付款等。由于网上购物不受时间地点限制，获得商品的信息量比较大以及价格比较低廉等特点，因此受到越来越多人的喜爱，截至 2017 年 12 月，我国网络购物用户规模达到 5.33 亿。但是网上购物也存在一些不足，例如实物与照片有差距，服装不能试穿，网络支付的安全问题，配送服务质量，网店诚信问题，退货不方便等。

（3）网上银行

网上银行又称网络银行、在线银行或电子银行，它是各银行在互联网中设立的虚拟柜台，银行利用 Internet 技术，通过 Internet 向客户提供开户、销户、查询、对账、行内转账、跨行转账、信贷、网上证券、投资理财等传统服务项目，使客户足不出户就能够安全便捷地管理活期和定期存款、支票、信用卡及个人投资等。网上银行又被称为"3A 银行"，能够在任何时间（anytime）、任何地点（anywhere）、以任何方式（anyhow）为客户提供金融服务。

（4）网络游戏

网络游戏又称在线游戏（online game），简称"网游"，是指以互联网为传输媒介，以游戏运营商服务器和用户计算机为处理终端，以游戏客户端软件为信息交互窗口，旨在实现娱乐、休闲、交流和取得虚拟成就的具有相当可持续性的个体化多人在线游戏。

（5）博客（微博）

博客（Blog）又称为网络日志，是以网络为载体，迅速便捷地发布自己的心得，及时有效轻松地与他人进行交流，集丰富多彩的个性化展示于一体的综合性平台。在博客中最受欢迎的是微型博客，简称微博，博主不需要撰写很复杂的文章，只需抒写 140 字内的心情文字即可（如 Twitter、网易微博、新浪微博、腾讯微博等）。截至 2016 年 6 月，中国的微博用户已经达到了 2.42 亿。

除了以上功能外，Internet 还提供了一些其他的服务，如网络新闻服务、电子公告板（BBS）等。

### 8.2.3 Internet 的接入

要访问 Internet 上的资源，首先要将本地计算机连接到 Internet 上，使其成为 Internet 的一部分。本地计算机接入 Internet 可以有多种方式，企业用户多以局域网或广域网方式接入 Internet，如果要求更高的传输速率、不间断的网络连接和更高的服务质量，则多采用专线入网。对于个人家庭用户，ADSL、Cable-Modem、手机上网都是可选择的接入方式。

**1. 通过局域网接入 Internet**

（1）配制网卡

配置网卡是组建局域网的关键一步，这决定了局域网是否能够成功使用。网卡一般使用 PCI 插槽（或直接集成到主板上），将网卡安装在相应的插槽上，然后接上网线，启动计算机。大多数情况下，安装完操作系统后，系统会自动配置各种网卡的驱动程序，不用手动配置。若所安装的网卡不是操作系统默认包含的网卡，这时需要另外安装驱动程序。

检测网卡是否正确安装的方法是选择"开始"→"运行"命令或者选择"开始"→"所有程序"→"附件"→"命令提示符"命令，在打开的"命令提示符"对话框中输入如下命令：ping 127.0.0.1，如果回应"来自 127.0.0.1 的回复：字节 = 32 时间 < 1 ms TTL = 64"，则

说明网卡已正确安装（不同操作系统的 TTL 值会有所不同）。

（2）配置网络 IP 地址

假设申请到了一个 C 类 IP 地址 192.168.198.194，下面是配置网络 IP 地址的步骤。

① 选择"开始"→"控制面板"命令（查看方式选择"小图标"），单击"网络和共享中心"项，会弹出图 8-21 所示的"网络和共享中心"窗口（网线处于连接状态下），单击鼠标指向的"本地连接"超链接，弹出图 8-22 所示的"本地连接 状态"对话框，如果要查看当前已经连接的网络信息，可以单击"详细信息"按钮。

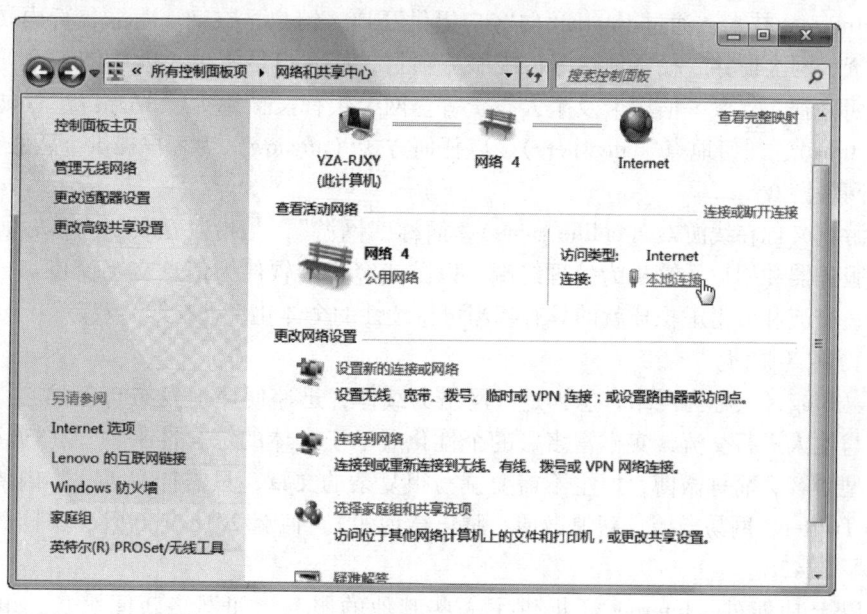

图 8-21 "网络和共享中心"窗口

② 如果要配置网络的 IP 地址等信息，则单击鼠标指向的"属性"按钮，弹出图 8-23 所示的"本地连接 属性"对话框，在项目列表中勾选"Internet 协议版本 4（TCP/IPv4）"复选框，然后单击鼠标指向的"属性"按钮，弹出"Internet 协议版本 4（TCP/IPv4）属性"对话框。

③ 在对话框中选择"使用下面的 IP 地址"单选按钮，然后按照图 8-24 中给定的信息配置 IP 地址、子网掩码、默认网关和首选 DNS 服务器，然后单击"确定"按钮就完成了局域网 IP 地址的设置过程。该过程比早期 Windows 版本稍复杂一些，但是总体的思路是一致的。

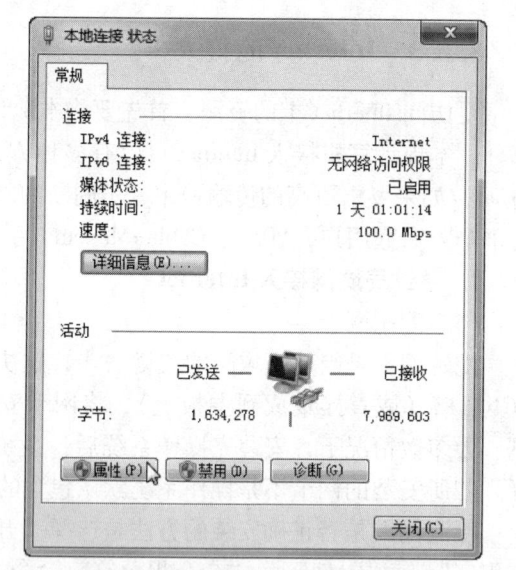

图 8-22 "本地连接 状态"对话框

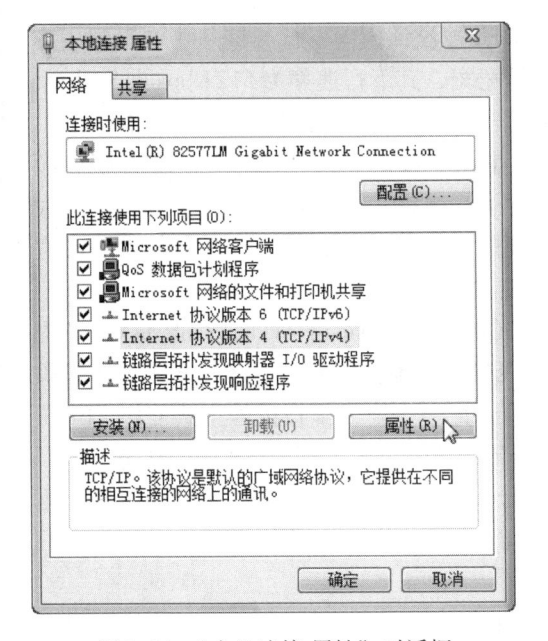
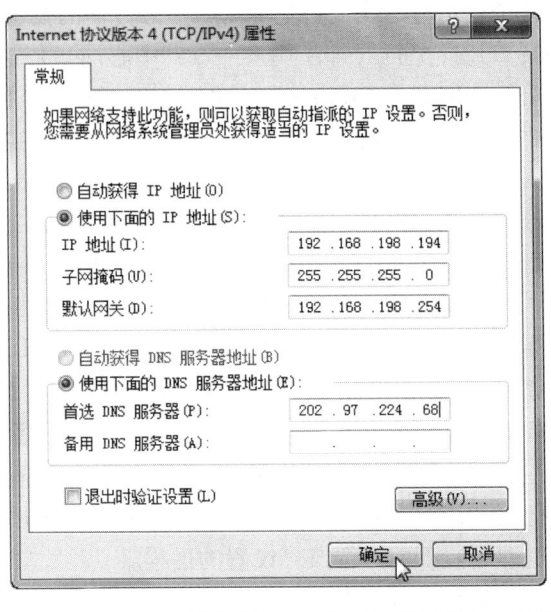

图 8-23　"本地连接 属性"对话框　　　图 8-24　"Internet 协议版本 4(TCP/IPv4)属性"对话框

④ 完成 IP 地址设置后，计算机通过网线接入墙壁的网络接口就可以实现上网。局域网接入示意图如图 8-25 所示。

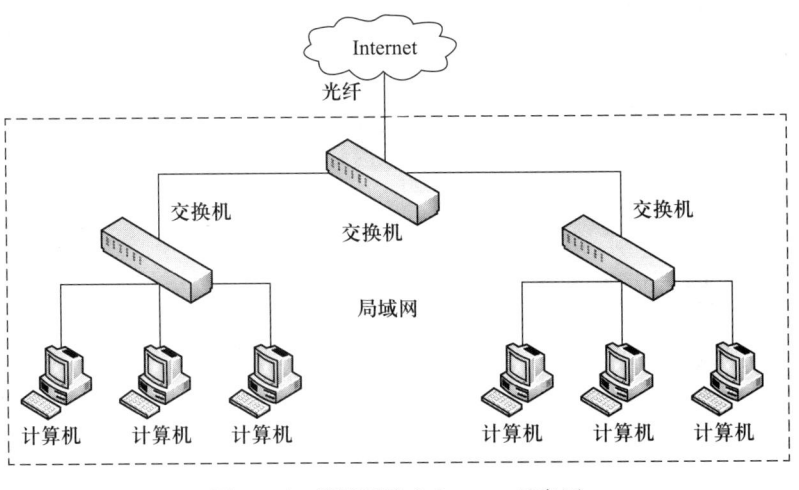

图 8-25　局域网接入 Internet 示意图

### 2. 通过 ADSL 接入 Internet

据第 41 次《中国互联网发展状况统计报告》统计，截至 2017 年 12 月底，中国网民规模达 7.72 亿，而网民在家里接入互联网的比例为 85.6%。在这些网民中，使用 CABLE MODEM、光纤接入、移动互联网等接入方式的都有，但是综合网络传输速率、价格等因素，家庭用户使用 ADSL 进行 Internet 接入具有很高的比例。

ADSL（asymmetric digital subscriber line）是非对称数字用户专线，属于 DSL（数字用户专线）的一种。数字用户专线技术就是利用数字技术来扩大现有电话线传输频带宽度的技术，也就是利用电话线进行宽带高频信号传输的技术。ADSL 被设计成向下行（即从中心局到用户一端）比向上行（即从用户一端到中心局）传送的带宽宽，其下行速率为 512 Kbps 到 8 Mbps，而上行速率则为 64 Kbps 到 640 Kbps。ADSL 的上下行不对称的方式正好满足了目前宽带接入的主流需求——由于宽带高速接入应用实际上主要集中在如数据下载、实现 Web 上的视音频点播、动画等高带宽应用，而这些应用的特点就是上下行数据传输量不平衡，下行要传送大量的视音频数据流，需要高带宽，而上行只是传送简单的检索及控制信息，需要很少的带宽就可以了。

如果用户采用 ADSL 接入 Internet，必须要向 ISP（Internet service provider，Internet 服务提供商）提出申请。ADSL 接入互联网有两种方式：专线接入和虚拟拨号。专线接入由 ISP 提供静态的 IP 地址、主机名称、DNS 等入网信息。目前主要针对企业。虚拟拨号方式使用 PPPoE（point to point protocol over Ethernet）协议，然后按照传统拨号方式上网，ISP 分配动态 IP。

申请 ADSL 上网时，ISP 会为用户提供相应的 ADSL Modem，同时提供用户名和密码。用户把电话线插入到 ADSL Modem 的输入端，再用一根网线把 Modem 和计算机相连，给 Modem 通电即可。下面介绍拨号设置的过程。

（1）在"控制面板"窗口中打开"网络和共享中心"窗口（如图 8-21），然后单击"设置新的连接或网络"链接可以打开图 8-26 所示的"设置连接或网络"对话框。

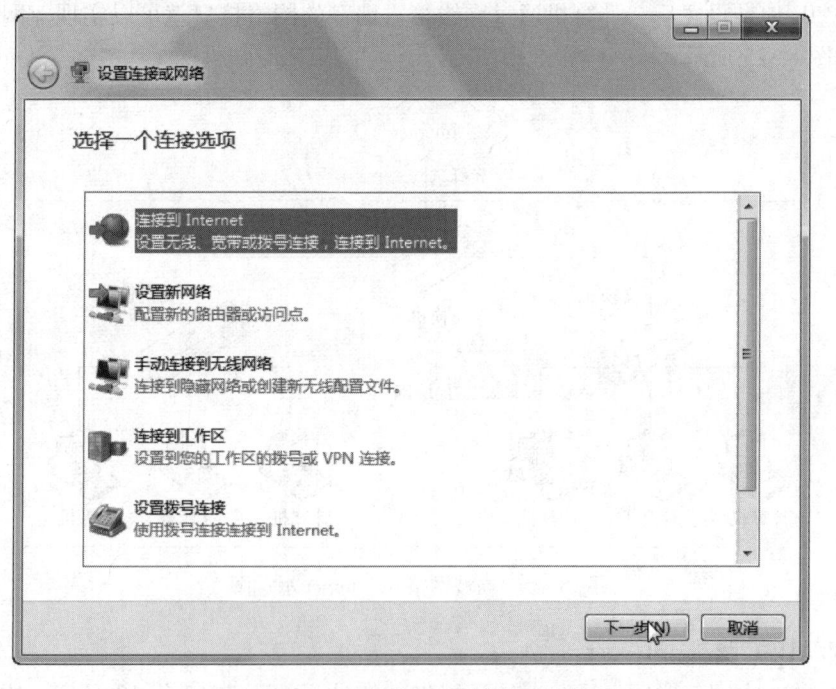

图 8-26 "设置连接或网络"对话框

（2）在"设置连接或网络"对话框中单击其中的"连接到 Internet"命令，打开图 8-27 所示的"连接到 Internet"对话框。

（3）在"连接到 Internet"对话框中单击鼠标指向的"宽带"链接可以打开图 8-28 所示的输入用户名和密码的界面。在对话框中输入 ISP 提供的用户名和密码，在"连接名称"文本框中输入宽带连接的名称（本例中用的是"我的宽带连接"）。

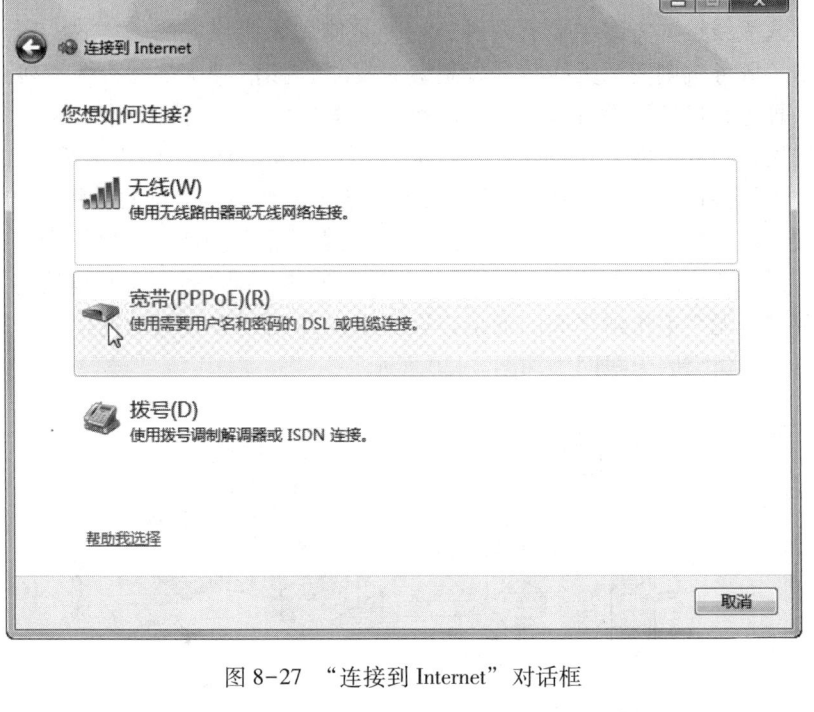

图 8-27　"连接到 Internet"对话框

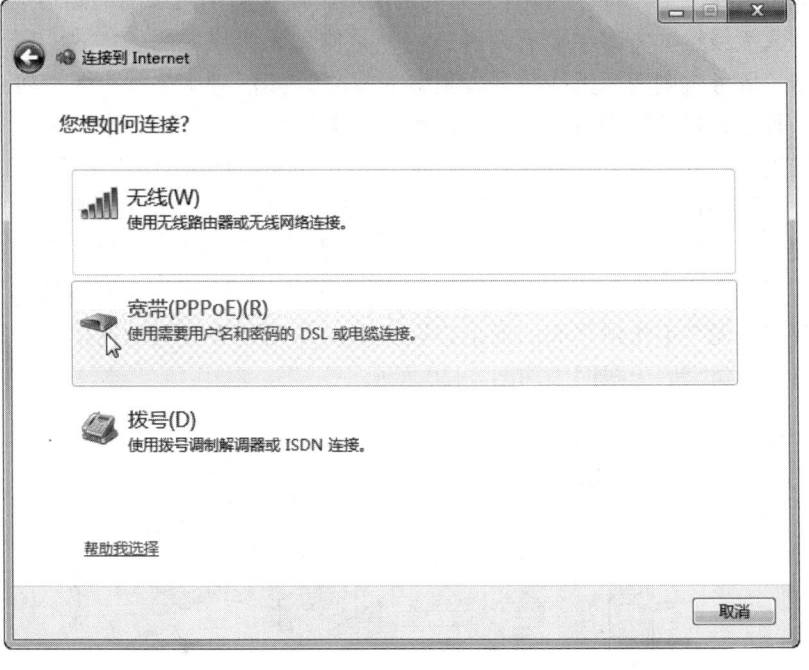

图 8-28　输入宽带用户名、密码对话框

（4）单击"连接"按钮即可。

### 3. 无线接入 Internet

通过无线方式接入 Internet 可以省去布线的麻烦，而且用户可以随时随地上网，不受线路束缚。目前个人无线接入方案主要有两种：一种是使用无线局域网的方式，用户端使用计算机和无线网卡，服务端则使用无线信号发射装置提供连接信号。这种方式连接方便并且传输速率快。另一种是直接使用手机卡，通过移动通信来上网。

目前无线局域网的组网方式主要有 Ad hoc 模式、Infrastructure 模式（基础结构模式）、无线漫游模式、无线桥接模式等。其中 Infrastructure 模式是目前最常见的一种，如图 8-29 所示。这种组网模式包含一个 AP（access point，无线接入点，俗称热点）、多个无线工作站 STA 以及有线网络。无线 AP 通常使用网线与有线网络建立连接，同时通过无线电波与无线工作站连接，从而实现多个无线工作站之间的通信以及无线工作站与有线网的通信。在家庭中，一般也采用这种模式构建家庭无线网，如图 8-30 所示。

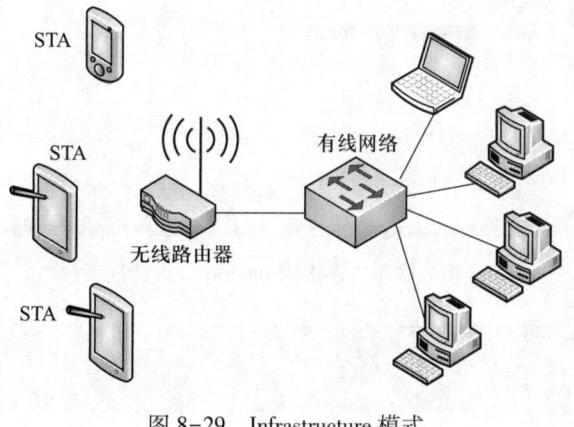

图 8-29　Infrastructure 模式

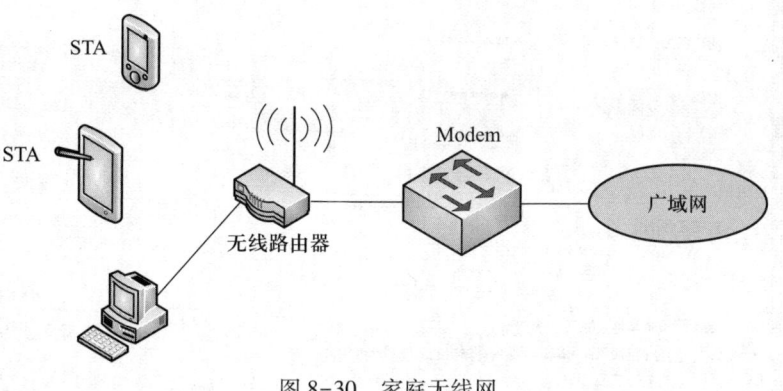

图 8-30　家庭无线网

## 8.3　网络安全技术

随着计算机网络覆盖面的不断延伸，网上业务的不断增加，人们对计算机网络的依赖程度日渐加深，计算机网络安全问题也日益突出。面对计算机网络上的新挑战，保护单位或个人的机密信息不被透露，抵御网络攻击，使网络不受干扰，维护网络的安全，已经成为信息化系统建设中的重要方面。

### 8.3.1　网络安全的概述

**1. 网络安全概念**

网络安全是指网络系统的硬件、软件及其系统中的数据受到保护，不因偶然的或者恶意的原因而遭到破坏、更改、泄露，系统可以连续、可靠、正常地运行，网络服务不被中断。从本质上讲，计算机网络安全就是网络系统上的信息安全，是一门涉及计算机科学、网络技术、通信技术、密码技术、信息安全技术、应用数学、数论以及信息论等多种学科的综合性学科。

网络安全的具体含义会随着"角度"的变化而变化。从用户（个人或者企业等）的角度来说，他们希望涉及个人隐私或商业利益的信息在网络上传输时可以受到机密性、完整性和真实性的保护，能够避免他人或对手利用窃听、冒充、篡改、抵赖等手段侵犯个人的利益和隐私。从网络运行与管理者的角度来说，他们希望对本地网络信息的访问、读写等操作能够受到保护和控制，可以避免出现陷门、病毒、非法存取、拒绝服务、网络资源被非法占用或非法控制等威胁，可以制止和防御网络黑客的攻击。对安全保密部门来说，他们则希望能够对非法、有害或涉及国家机密的信息进行过滤和防堵，可以避免机要信息泄露对国家造成巨大损失以及有害信息对社会产生危害。而从社会教育和意识形态角度来讲，则希望能够对网络上不健康的内容以及会对社会稳定和人类发展造成阻碍的内容加以控制。一般来说，网络安全应具有以下 5 个方面的特征。

（1）保密性：是指信息不泄露给未经授权的用户、实体或过程，或供其利用。

（2）完整性：是指数据未经授权不能进行改变，即信息在存储或传输过程中保持不被修改、不被破坏和丢失。

（3）可用性：是指可被授权实体访问并按需使用。

（4）可控性：是指对网络信息的传播及内容具有控制能力。

（5）可审查性：是指当网络出现安全问题时，能够提供调查的依据和手段。

**2. 网络安全的威胁**

网络安全的威胁既有内部因素引起的，也有外部因素引起的。内部因素引起的安全威胁是由于网络设计、系统设计本身存在缺陷而导致的安全问题。这些缺陷可能导致信息泄露、系统资源耗尽、非法访问、资源被盗、系统或数据被破坏等。外部因素引起的安全威胁主要来自"黑客"恶意的攻击，攻击者对信息进行篡改、删除等破坏活动，使信息的真实性、完整性和可用性受到破坏。攻击者伪造身份、建立新的连接、无限复制数据包，造成服务器拒绝报文服务、网络链路拥塞，无法实现正常网络和服务访问。

从网络连通性角度看，网络安全的威胁包括非授权访问、拒绝访问、信息泄露等；从计算机系统角度来看，恶意程序是威胁的主要形式，主要包括计算机病毒、计算机蠕虫、特洛伊木马、逻辑炸弹等；从通信系统的角度看，面临的威胁主要有截获、中断、篡改和伪造等。

### 3. 网络安全策略

网络安全策略是指在一个特定的环境里，为保证提供一定安全级别的网络而采取的网络安全措施。网络安全策略主要有技术手段和管理措施两个方面。

从技术的角度，网络安全的主要策略包含以下几个方面。

（1）物理措施：例如，保护网络关键设备（如交换机、大型计算机等），制定严格的网络安全规章制度，采取防辐射、防火措施以及安装不间断电源（UPS）等。

（2）访问控制：对用户访问网络资源的权限进行严格的认证和控制。例如，进行用户身份认证，对口令加密、更新和鉴别，设置用户访问目录和文件的权限，控制网络设备配置的权限，等等。

（3）数据加密：加密是保护数据安全的重要手段。加密的作用是保障信息被人截获后不能读懂其含义，从而防止非法用户截获后盗用信息。

（4）网络隔离：网络隔离有两种方式，一种是采用隔离卡，另一种是采用网络安全隔离网闸。隔离卡主要用于对单台机器的隔离，网闸主要用于对整个网络的隔离。

（5）其他措施：其他措施包括信息过滤、容错、数据镜像、数据备份和审计等。

## 8.3.2 网络安全关键技术

数据加密技术、防病毒技术与防火墙技术是网络安全的关键技术。口令可以加密，以防止密码被人偷看，文件也可以加密，防止在网上传输的文件被看到或劫持。数字签名这样的加密技术可以防止身份假冒。防病毒技术和防火墙技术可以保证一个相对安全的网络应用环境。

### 1. 数据加密技术

数据加密的目的是防止机密信息的泄露，同时还可以验证传输信息的真实性，验证收到数据的完整性。

任何一个加密系统至少包括下面 4 个组成部分。

（1）未加密的报文，也称明文。

（2）加密后的报文，也称密文。

（3）加密解密设备或算法。

（4）加密解密的密钥。

发送方用加密密钥，通过加密设备或算法，将信息加密后发送出去。接收方在收到密文后，用解密密钥将密文解密，恢复为明文。如果传输中有人窃取，他只能得到无法理解的密文，从而对信息起到保密作用。

信息加密算法种类繁多，经历了古典密码、对称密钥密码和公开密钥密码阶段。古典密码算法有代替加密、置换加密；对称加密算法包括 DES 和 AES；公开密钥加密也称为非对称密钥加密，其典型算法包括 RSA、背包密码、McEliece 密码、Rabin、椭圆曲线等。目前在数据通信中使用最普遍的算法是 DES 算法、RSA 算法等。

DES 是一种对二元数据信息进行加密的算法，数据分组长度为 64 位，密文分组长度也是64 位，使用的密钥为 64 位，有效密钥长度为 56 位，有 8 位用于奇偶检验，解密时的过程和加密时相似，但密钥的顺序正好相反。DES 算法的弱点是不能提供足够的安全性，因为其密钥容量只有 56 位。由于这个原因，后来又提出了三重 DES 或 3DES 系统，使用 3 个不同的密钥对数据块进行 2 次（或 3 次）的加密，该方法比进行 3 次普通加密快，其强度大约和 112 比特的密钥强度相当。

RSA 的理论依据为，寻找两个大素数比较简单，而将它们的乘积分解开的过程则异常困难。在 RSA 算法中，包含两个密钥：加密密钥 PK 和解密密钥 SK，加密密钥是公开的。RSA 的算法涉及三个参数：$n$、$e1$、$e2$。其中，$n = p \times q$，$p$、$q$ 是两个大质数，$n$ 用二进制表示时所占用的位数，就是所谓的密钥长度。在数论中，对于正整数 $n$，小于或等于 $n$ 且与 $n$ 互质的正整数（包括 1）的个数，记作 $\phi(n)$。$\phi(n) = (p-1) \times (q-1)$。$e1$ 和 $e2$ 是一对相关的值，$e1$ 可以任意取，但要求 $e1$ 与 $\phi(n)$ 互质，且 $e1 < \phi(n)$；再选择 $e2$，要求 $(e2 \times e1) \equiv 1 (\bmod (p-1) \times (q-1))$。$(n,e1)$，$(n,e2)$ 就是密钥对。其中 $(n,e1)$ 为公钥，$(n,e2)$ 为私钥。

RSA 算法的优点是密钥空间大，缺点是加密速度慢，如果 RSA 和 DES 结合使用，则正好弥补 RSA 的缺点，即 DES 用于明文加密，RSA 用于 DES 密钥的加密。由于 DES 加密速度快，适合加密较长的报文；而 RSA 可解决 DES 密钥分配的问题。

**2. 防病毒技术**

计算机病毒（computer virus）是编制者在计算机程序中插入的破坏计算机功能或者数据，影响计算机使用，能自我复制的一组计算机指令或者程序代码。计算机病毒与医学上的"病毒"不同，计算机病毒不是天然存在的，是人利用计算机软件和硬件所固有的脆弱性编制的一组指令集或程序代码。它能潜伏在计算机的存储介质（或程序）里，条件满足时即被激活，通过修改其他程序的方法将自己的精确副本或者可能演化的形式放入其他程序中，从而感染其他程序，对计算机资源进行破坏。

按病毒的传染方式可将其分为引导型病毒、文件型病毒和混合型病毒。引导型病毒是一种在 ROM BIOS 之后，系统引导时出现的病毒，它先于操作系统，依托的环境是 BIOS 中断服务程序。文件型病毒是将自身附着到一个文件中，一般是附着在可执行的应用程序上。文件型病毒通常是不会感染数据文件的，然而数据文件可以包含嵌入的可执行的代码，如宏，它可以被病毒使用或被特洛伊木马的作者使用。混合型病毒既感染引导区又感染文件，因此扩大了这种病毒的传染途径。

按照病毒链接方式分，病毒可分为源码型病毒、嵌入型病毒、操作系统型病毒和外壳型病毒。源码型病毒较为少见，亦难以编写。因为它要攻击高级语言编写的源程序，在源程序编译之前插入其中，并随源程序一起编译、连接成可执行文件。此时刚刚生成的可执行文件便已经带毒了。嵌入型病毒可用自身代替正常程序中的部分模块或堆栈区。因此这类病毒只攻击某些特定程序，针对性强，一般情况下难以被发现，清除起来也较困难。操作系统型病毒可用其自身部分加入或替代操作系统的部分功能，因其间接感染操作系统，这类病毒的危害性也较大。外壳型病毒将其自身包围在主程序的四周，对原来的程序不做修改。这种病毒最为常见，易于编写，也易于发现，一般测试文件的大小即可知。

病毒种类繁多，但都具有以下 5 个共同特征。

（1）传染性：是指计算机病毒通过修改别的程序将自身的复制品或其变体传染到其他无毒的对象上，这些对象可以是一个程序也可以是系统中的某一个部件。

（2）隐蔽性：计算机病毒具有很强的隐蔽性，可以通过病毒软件检查出来少数，隐蔽性计算机病毒时隐时现、变化无常，这类病毒处理起来非常困难。

（3）潜伏性：是指计算机病毒具有可以依附于其他媒体寄生的能力，侵入后的病毒潜伏到条件成熟才发作。

（4）破坏性：计算机中毒后，可能会导致正常的程序无法运行，把计算机内的文件删除或使文件受到不同程度的损坏，破坏引导扇区及 BIOS，破坏硬件环境等。

（5）触发性：编制计算机病毒的人，一般都为病毒程序设定了一些触发条件，例如，系统时钟的某个时间或日期，系统运行了某些程序等。一旦条件满足，计算机病毒就会"发作"，使系统遭到破坏。

病毒在发作前是难以发现的，因此所有的防病毒技术都是在系统后台运行的，先于病毒获得系统的控制权，对系统进行实时监控，一旦发现可疑行为，就阻止非法程序的运行，利用一些专门的技术进行判别，然后加以清除。反病毒技术包括检测病毒和杀病毒两方面，而病毒的清除都是以有效的病毒探测为基础的。目前广泛使用的检测病毒的主要方法有特征代码法、校验和法、行为监测法、感染实验法等。此外，反病毒专家们继续从人工智能领域中汲取养分，各主要的反病毒产品都引入了一定的智能技术。比如，IBM 曾在其反病毒产品中使用了神经元网络技术。除了人工智能技术的深入应用外，网络化也是反病毒技术的必然趋势。据统计，3/4 的病毒传播发生在网上。将战线提前，把病毒挡在半路是反病毒界的积极举措，相关的"病毒防火墙"等技术已经成为热点。

**3. 防火墙技术**

通过数据加密的方法，可以实现数据安全。通过对信道加密的方法，可以实现通信的安全。但是这些方法都没有解决对需要保护的数据主机的安全问题，因此，在内部网络和外部网络之间需要提供一定的安全机制，来实现内部和外部网络的隔离，这就是防火墙（firewall）。

防火墙是指一种逻辑装置，用来保护内部的网络不受来自外界的侵害。它是一种隔离控制技术，它的作用是在某个机构的网络和不安全的网络（如 Internet）之间设置屏障，阻止对信息资源的非法访问，防火墙也可以被用来阻止保密信息从企业的网络上被非法传出。防火墙是在两个网络通信时执行的一种访问控制尺度，它允许网络管理人员"同意"的人和数据进入他的网络，同时将网络管理人员"不同意"的人和数据拒之门外，阻止网络中的黑客来访问企业的网络，防止他们更改、复制、毁坏企业的重要信息。防火墙在内部网与外部网之间构造了一个保护层，并强制所有的连接都必须经过此保护层，在此进行检查和连接。只有被授权的通信才能通过此保护层，从而保护内部网及外部网的访问。防火墙技术已成为实现网络安全策略的最有效的工具之一，并被广泛地应用到网络安全管理上。

从实现原理上分，防火墙可分为网络级防火墙（也叫包过滤型防火墙）、应用级网关、电路级网关和规则检查防火墙。目前在市场上流行的防火墙大多属于规则检查防火墙，因为该防火墙对用户透明，在 OSI 最高层上加密数据，不需要修改客户端的程序，也不用对每个需要在防火墙上运行的服务额外增加一个代理。网络级防火墙能更好地识别通过的信息，而应用级防火墙在目前的功能上则向"透明""低级"方向发展。未来的防火墙将位于网络级防火墙和应用级防火墙之间。最终防火墙将成为一个快速注册稽查系统，可保护数据以加密方式通过，使所有组织可以放心地在节点间传送数据。

　　按组成结构分，防火墙可分为软件防火墙、硬件防火墙和芯片级防火墙。软件防火墙就像其他的软件产品一样，需要先在计算机上安装并做好配置才可以使用。硬件防火墙采用专用的硬件设备，然后集成生产厂商的专用防火墙软件。从功能上看，硬件防火墙内建安全软件，使用专属或强化的操作系统，管理方便，更换容易，效率高。芯片级防火墙基于专门的硬件平台，核心部分就是 ASIC 芯片，所有的功能都集成在芯片上。专有的 ASIC 芯片促使它们比其他种类的防火墙速度更快，处理能力更强，性能更高。

　　按采用的技术分，防火墙可分为包过滤防火墙、代理防火墙和状态监视防火墙。包过滤是第一代防火墙技术。包过滤操作通常在选择路由的同时对数据包进行过滤（通常是对从互联网络到内部网络的包进行过滤）。包过滤这个操作可以在路由器上进行，也可以在网桥，甚至在一个单独的主机上进行。代理防火墙是一种较新型的防火墙技术，它分为应用层网关和电路层网关。代理防火墙通过编程来弄清用户应用层的流量，并能在用户层和应用协议层提供访问控制。而且，还可记录所有应用程序的访问情况，代理防火墙一般是运行代理服务器的主机。状态监视防火墙安全特性非常好，它采用了一个在网关上执行网络安全策略的软件引擎，称为检测模块。检测模块在不影响网络正常工作的前提下，采用抽取相关数据的方法对网络通信的各层实施监测，抽取部分数据，即状态信息，并动态地保存起来作为以后制定安全决策的参考。

# 第 9 章
# 计算机前沿技术

第 9 章电子教案

　　随着计算机技术的发展,计算机已经成为人们学习、工作和生活中不可缺少的一部分。计算机技术的发展和广泛应用,已经从观念上改变了人们对世界的认识,将人类社会带入了信息时代。了解一定的计算机前沿技术将会让我们惊叹科学技术的力量,感受计算机技术给我们生活带来的变化。本章将对近年来比较热门的物联网、大数据、云计算、人工智能和区块链技术进行简要的介绍。

# 9.1 物联网

物联网是新一代信息技术的重要组成部分，也是"信息化"时代的重要发展阶段。顾名思义，物联网就是物物相联的互联网。物联网将是下一个推动世界高速发展的"重要生产力"，是继通信网之后的另一个万亿级市场。

## 9.1.1 物联网概述

### 1. 物联网的发展历程

物联网的概念最早出现在美国麻省理工学院的 Auto-ID 中心 1999 年公开发布的文件中，其创始人之一 Kevin Ashton 描绘了以射频识别技术为基础的物联网，因此被公认为物联网之父。其实早在 20 世纪 80 年代早期，卡内基·梅隆大学就使用智能设备，将可乐售卖机连接至互联网，并远程监控可乐机的状态，比如可乐数量等。1995 年比尔·盖茨在《未来之路》一书中，也提到了物物互联的概念，但由于受限于当时的无线网络、硬件及传感器的发展条件，当时并没有引起太多关注。而物联网真正引起各国政府与产业界的重视是 2005 年在突尼斯举行的信息社会世界峰会（WSIS）之后。会上，国际电信联盟（ITU）发布了《ITU 互联网报告 2005：物联网》，正式提出了"物联网"的概念，介绍了物联网的特征、相关的技术、面临的挑战和未来的市场机遇。2008 年后，为了促进科技发展，寻找经济新的增长点，各国政府开始重视下一代的技术规划，将目光放在了物联网上。2009 年 1 月 28 日，奥巴马就任美国总统后，与美国工商业领袖举行了一次"圆桌会议"，IBM 首席执行官彭明盛首次提出"智慧地球"这一概念，建议新政府投资新一代的智慧型基础设施。当年，美国将新能源和物联网列为振兴经济的两大重点。2009 年 6 月欧盟执委会提出了"Internet of Things—An Action plan for Europe"的物联网行动方案，描绘了物联网技术的应用前景，提出加强物联网管理，保护隐私与个人信息，加强支持物联网相关研究的 10 项建议以及 12 项具体的行动计划。2009 年 8 月 7 日，时任中国国务院总理温家宝视察无锡物联网产业研究院（当时为中科院无锡高新微纳传感网工程技术研发中心）时高度肯定了"感知中国"的战略建议，并决定"感知中国"中心就定在无锡。这一天也成为中国物联网发展进程中一个具有里程碑意义的日子。2010 年 3 月 5 日，在第十一届全国人民代表大会第五次会议上，物联网被首次写入《政府工作报告》。2013 年 2 月国务院专门出台了《关于推进物联网有序健康发展的指导意见》，2014 年 2 月国务院召开了全国物联网工作电视电话会议。由于自上而下对物联网发展的高度重视和政策扶持，物联网发展驶入了快车道，中国物联网产业发展迎来前所未有的机遇。

### 2. 物联网的概念

物联网英文为 Internet of Things，缩写为 IoT，物联网的概念从诞生至今，不同的组织机构、不同的专家学者、不同的企业都曾赋予了它不同的含义。物联网之父 Kevin Ashton 认为物联网就是把所有物品通过射频识别等信息传感设备与互联网连接起来，实现智能化识别和管理。欧盟物联网研究项目组发布的《物联网战略研究路线图》中认为物联网是未来互联网的一个组成部分，它是一个动态的全球网络基础设施，它具有基于标准和互操作通信协议的自配置能力，其中物理和虚拟的"物"具有身份标识、物理属性和虚拟特性。物联网使用智能接口，并能与信息网络无缝整合。我国 2010 年的国务院政府工作报告中认为物联网是指通过信息传感设备，按照约定的协议，把任何物品与互联网连接起来，进行信息交换和通信，以实现智能化识别、定位、跟踪、监控和管理的一种网络。它是在互联网基础上延伸和扩展的网络。

结合当前物联网的实际应用，可以认为，物联网是利用感知技术与智能装置对物理世界进行感知识别，通过网络传输互联，进行计算、处理和知识挖掘，实现人与物、物与物信息交互和无缝链接，达到对物理世界实时控制、精确管理和科学决策的目的。

**3. 物联网的技术特征**

物联网是在信息技术基础上发展起来的，现有的传感器、信息通信、信息处理等都是物联网技术的重要组成部分。其主要特征如下。

（1）全面感知

全面感知是指利用无线射频识别（RFID）、传感器、定位器和二维码等手段随时随地对物体进行信息采集和获取。全面感知解决的是人和物理世界的数据获取问题，其主要功能是识别物体、采集信息。在全面感知这一特征中所涉及的技术有物品编码、自动识别和传感器技术。物品编码，即能够唯一地标识该物体的"身份"，正如公民的身份证号码。自动识别，即使用识别装置靠近物品，自动获取被识别物品的相关信息。传感器技术用于感知物品，通过在物品上植入感应芯片使其智能化，可以采集到物品的温度、湿度、压力等各项信息。

（2）可靠传输

可靠传输，是指通过互联网，对接收到的感知信息进行实时远程传送，实现信息的交互和共享，并进行各种有效的处理。可靠传输的主要功能是信息的接入和传输。在传输过程中，有无线接入和有线接入两种网络接入技术。无线接入技术包括短距离无线通信技术（WiFi、ZigBee 技术等）、无线传感器网络技术、移动通信技术等。有线接入主要有现场总线网接入、电力线接入和电话线接入。另外在传输过程中，必须适应各种异构网络和协议，所以异构网络融合技术也是必不可少的。

（3）智能处理

智能处理是指利用数据管理、数据处理、云计算、模糊识别等各种智能计算技术，对随时接收到的跨地域、跨行业、跨部门的海量数据和信息进行分析处理，以便整合和分析海量、复杂的数据信息，提升对物理世界、经济社会的各种活动和人类生活各种活动及变化的洞察力，实现智能化的决策和控制，以更加系统和全面的方式解决问题。智能处理包括网络管理中心、信息中心、智能处理中心等，主要功能是对信息和数据的深入分析和有效处理，解决计算、处理和决策问题。物联网并非仅仅是将物和人连到互联网中，它更重要的意义是交互以及通过交互衍生出的各种可用的特性，因此，智能处理是物联网的核心和灵魂。

## 9.1.2　物联网体系架构

物联网是一个形式多样、涉及社会生活各个领域的复杂系统。尽管其结构复杂，不同物联网应用系统的功能、规模差异很大，但是它们仍然存在着很多内在的共性。从功能的角度分析，物联网由感知层、网络层与应用层组成，如图 9-1 所示。

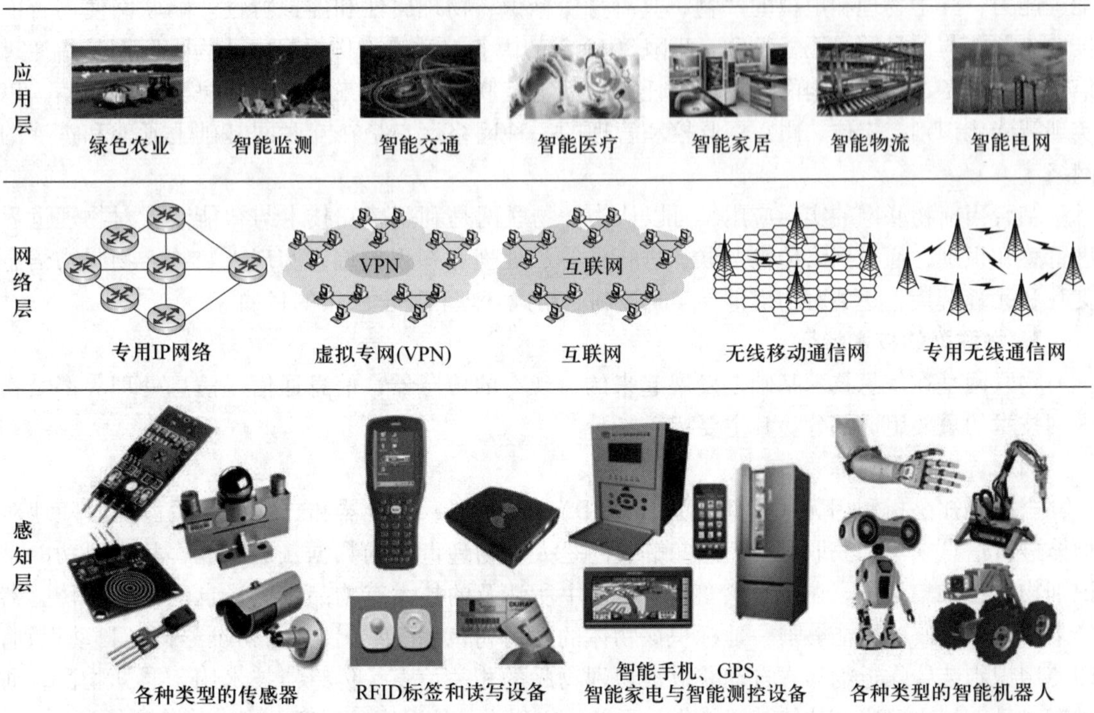

应用层
绿色农业　智能监测　智能交通　智能医疗　智能家居　智能物流　智能电网

网络层
VPN　　互联网
专用IP网络　虚拟专网(VPN)　互联网　无线移动通信网　专用无线通信网

感知层
各种类型的传感器　RFID标签和读写设备　智能手机、GPS、智能家电与智能测控设备　各种类型的智能机器人

图 9-1　物联网体系架构

**1. 感知层**

感知层位于三层架构的底层，是物联网发展和应用的基础，具有全面感知的能力，相当于整个物联网的感觉器官，如同人体的皮肤和四肢。感知层主要负责识别物体和采集信息两项任务。感知层包括二维码标签和识读器、RFID 标签和读写器、摄像头、GPS、传感器、智能家电、智能测控设备等。感知层在实现其感知功能时所用到的主要技术有 RFID、传感器、二维码、GPS 等。

**2. 网络层**

网络层位于物联网三层架构中的第二层，作为连接感知层和应用层的纽带，负责将感知层获取的信息安全可靠地传输到应用层，然后根据不同的应用需求进行信息处理。

对于物联网，无线网络具有特别的吸引力，不仅可以摆脱布线的麻烦和费用，而且对于移动物体可能是唯一的连网选择。无线网络技术丰富多样，根据距离不同，可以组成无线个域网、无线局域网、无线城域网和无线广域网。其中近距离的无线技术是物联网最为活跃的部分，物联网被称作是互联网的最后一公里，也称为末梢网络。

（1）无线个域网

无线个域网（wireless personal area network，WPAN）是为

了实现活动半径小、业务类型丰富、面向特定群体、无线无缝的连接而提出的新兴无线通信网络技术。无线个域网主要解决最后几十米的通信问题，目前主要包括蓝牙技术、ZigBee 技术、UWB 技术、Z-Wave 技术、NFC（近距离通信）和红外通信等技术，具有低成本、低功耗、通信距离短等特点。

（2）无线局域网

无线局域网（wireless local area network，WLAN）是计算机网络与无线通信技术相结合的产物。无线局域网利用电磁波在空气中发送和接收数据，无须线缆介质，具有传统局域网无法比拟的灵活性。

扩展阅读 9-3 无线局域网

（3）无线城域网

自 2004 年美国费城首先提出无线城市发展计划以来，美国、西欧等国家和地区已有一批城市在政府主导下开始进行无线城市的建设，无线城域网技术 WMAN（wireless metropolitan area network）应运而生。无线城域网是指在地域上覆盖城市及其郊区范围的分布节点之间传输信息的本地分配无线网络，能实现语音、数据、图像、多媒体、IP 等多业务的接入服务。其覆盖范围的典型值为 3 km ~ 5 km，点到点链路的覆盖可以高达几十千米，可以提供支持 QoS 的能力和具有一定范围移动性的共享接入能力。MMDS、LMDS 和 WiMAX 等技术都属于城域网范畴。

扩展阅读 9-4 无线城域网

（4）无线广域网

无线广域网络技术 WWAN（wireless wide area network）是一个更大区域的网络，能够覆盖比城市更大的区域，满足更大范围内的无线接入，与无线个域网、无线局域网和无线城域网相比，它更加强调的是快速移动性。典型的无线广域网的例子是 GSM 移动通信系统和卫星通信系统。

扩展阅读 9-5 无线广域网

**3. 应用层**

应用层位于物联网三层结构中的顶层，是物联网发展的驱动力和目的，它可以对感知层采集的数据进行计算、处理和知识挖掘，从而实现对物理世界的实时控制、精确管理和科学决策。物联网的应用层既包括各种行业性应用的应用层协议，又包括支持这些应用实现的各种软件技术，因此，应用层又可分为管理服务层和行业应用层。

扩展阅读 9-6 应用层

管理服务层通过中间件软件实现了感知硬件与应用软件在物理上的隔离与逻辑上的无缝连接，提供海量数据的高效可靠汇聚、整合与存储，并通过数据挖掘、智能数据处理与智能决策计算，为行业应用层提供安全的网络管理和智能服务。行业应用层的主要组成部分是应用层协议，不同的物联网应用系统需要制定不同的应用层协议，例如智能电网的应用层协议与智能交通的协议不可能相同。为了保证物联网中大量的智能物体之间能够有条不紊地交换信息、协同工作，人们必须制定大量的协议，构成一套完整的协议体系。应用层涉及的关键技术有中间件技术、智能数据处理技术和信息安全技术等。

### 9.1.3 物联网应用

目前，全球物联网应用整体上还处于探索和尝试阶段，覆盖面积大、影响范围较广的物联网应用案例从全球来看依然比较有限。虽然我国物联网应用与发达国家尚存在一定距离，但在安防、电力、交通、物流、医疗、环保等领域，我国已开展了广泛的应用，取得了显著效果，且应用模式正日趋成熟。

**1. 智慧医疗**

目前，物联网在医疗领域主要应用于医疗智能化管理、远程医疗服务等方面。世界各国均十分重视物联网在医疗领域的应用，以美国、欧洲、日本为代表的发达国家和地区采取多项措施推动物联网技术在药品管理、电子处方、远程医疗等方面的应用。

在医院智能化管理方面，随着物联网"十二五"规划的实施以及各省市智慧医疗的规划和落实，北京、上海、武汉等地相继提出了利用物联网加强医疗信息化建设的理念和方案。其中，上海市制定了覆盖医疗保障、公共卫生、医疗服务、药品保障的智慧医疗蓝图；北京市建立了覆盖急救指挥中心、急救车辆、医护人员以及接诊医院的全方位、立体化急救医疗信息协同平台系统。

在远程医疗方面，我国发展速度较快。由于远程医疗在信息标准、传输介质和技术要求上有其自身特点，各三级医院在该领域大都有一定的尝试和成果。截至目前，我国已有卫星、光缆、电话线等多种媒体的远程医疗投入使用，该项技术在对老少边穷地区进行医疗对口支援和培训过程中起到了一定作用。

**2. 智慧物流**

随着国家对物流行业重视程度的提高、物联网的兴起、现代信息化水平的提升与普及，物流业实现向"智慧物流"的转型升级已势不可挡。目前，在物流领域，物联网技术在物流供应链管理和电子口岸方面的应用正在开展。

在物流供应链管理方面，基于 GIS 技术、RFID 技术、传感技术等实现了货物、车辆追踪、识别、查询、信息采集和监管等功能。

在电子口岸方面，运用物联网技术，借助国家电信公网，将各类进出口业务电子底账数据集中存放到公共数据中心，国家职能管理部门可以进行跨部门、跨行业的联网数据核查，企业可以在网上办理各种进出口业务。

**3. 智能家居**

目前，物联网在家居领域的应用主要采取三种形式，一是基于楼宇对讲系统技术的智能家居系统，二是基于现场总线技术的家庭自动化系统，三是基于智能手机的智能家居系统。

在基于楼宇对讲系统技术的智能家居系统方面，由于楼宇保安对讲系统产业化比较成熟，目前单纯的楼宇对讲系统正逐渐向家庭自动化系统过渡，产品基于楼宇对讲系统技术（及可视化对讲系统结构和传输系统），在各户室内分机增添功能终端设备（防盗、防火、照明、家用电器等）。

基于现场总线技术的家庭自动化系统技术含量高、功能强，实施容易，多与工程配套，智能灯光控制系统大都采用总线技术，用户可以通过无线面板对建筑物内的每一个房间的相关设备进行逐一设定与控制。

基于智能手机的智能家居系统利用人们随身携带的智能手机与中央控制器进行会话，并在中央控制器的控制下，通过相应的硬件和执行机构，实现对家电的远程控制和家庭内部状况的实时监测，是当前业内发展的重点。

**4. 智慧农业**

目前，物联网在农业领域的应用主要集中在食品溯源、生产环境监测和农业精细化管理等方面。

自 2011 年起，农业部结合国家物联网示范工程，在北京、黑龙江、江苏开展了农业物联网应用示范，在天津、上海、安徽组织了农业物联网区域试验。物联网技术在农业领域的应用已经取得明显成效，涌现出一批比较成熟的软硬件产品和应用模式。

在大田种植方面，通过综合运用 3S 技术、智能化农机装备、作物生产管理专家决策系统等，实现了生产管理的定量化、精确化，亩均减少农药、化肥施用量 10% 以上，单产提高 5%~10%。在园艺设施方面，通过对光、热、水、气、肥等环境因子的实时监控，创造植物生长的最佳环境，使得温室和大棚的产量和效益平均提高 10% 以上。在畜禽养殖方面，运用自动调控畜舍环境和智能化变量饲养技术，实现养殖环境因子远程调控和预警预报，平均减少劳动用工 30% 以上，养殖和疫病防控水平显著提高。在水产养殖方面，推广应用以调控水体溶解氧为主要目标的智能控制系统，实现了养殖环境自动调控和水体环境闭环控制，水产品产量和质量明显提高，节本增效 10% 以上，同时水体环境污染也得到了有效控制。

**5. 智能电网**

物联网技术已经"渗入"电网的各个环节，被广泛用于信息采集、状态监测、回馈控制等，从而全方位提高电网各环节的信息感知深度和广度，打造智能电网。

物联网技术可以实现智能用电管理。利用物联网技术实现用电高峰期及非用电高峰期的分布式管理，对用电量超过设定限值的用户，实行阶梯电价，可兼顾单个用户用电情况，结合峰谷时段进行分时分类收费，使电能计量收费更科学合理。

物联网技术可以实现电力设备状态的实时监测。利用物联网技术可以在常规机组内部重要控制点布置相应的传感监测，实时了解机组运行的实际状况，包括各种技术指标与参数，提高常规机组的状态监测水平，及时处理异常指标和潜在问题。

物联网技术可以帮助电力企业提高生产安全管理水平。由于电力生产管理的复杂性，电力现场作业管理难度较大，常有误操作、误进入等安全隐患。利用物联网技术可以进行身份识别、环境信息监测、远程监控等，实现调度指挥中心与现场作业人员的实时互动。

物联网技术可以提高对输电线路运行状况的监控能力，可监测的主要内容包括气象条件、覆冰、导地线微风振动、导线温度等。同时可以通过在塔基下、杆塔上及输电线路上安装地埋振动传感器、壁挂振动传感器、倾斜传感器、距离传感器等物联网设备，实现输电线路状态的实时监测，很好地完成对重要杆塔的实时监测和防护。

**6. 智能交通**

智能交通是在交通领域中充分运用物联网、云计算、互联网、人工智能、自动控制、移动互联网等技术，通过高新技术汇集交通信息，对交通管理、交通运输、公众出行等交通领域全方面以及交通建设管理全过程进行管控支撑，使交通系统在区域、城市甚至更大的时空范围内具备感知、互联、分析、预测、控制等能力，以充分保障交通安全、发挥交通基础设施效能、提升交通系统运行效率和管理水平，为通畅的公众出行和可持续的经济发展服务。

物联网在道路交通信息采集、交通安全管理、交通指挥与控制领域、交通信息服务领域、电子收费管理领域、道路交通基础设施管理领域都有广泛应用。

道路交通信息采集主要包括动态和静态信息的采集。在动态信息采集方面，RFID（电子标签）为路面车辆信息的采集提供了有效保障。通过给机动车安装电子标签，相当于给每辆汽车配备了一个电子身份证，当这类汽车通过装有射频扫描器的交通流信息采集设备时，可以采集到车速、车道占有率、车流量以及车辆的详细信息。在静态信息采集方面，通过对交通标志、交通防护设施、交通安全设施等各种静态交通设施安装电子标签，有效地解决了设备信息的采集问题。

在交通安全管理领域，物联网主要应用于自动驾驶，安全车速、车距控制，电子标志、标线和电子车牌等方面。无线通信可以使行驶中的车辆互相确认对方的位置，自动控制车辆行驶，避免事故并缓解城市道路拥堵。通过车身的电子标签和短距离无线通信技术，可以即时检测行驶中的汽车之间的相对距离和速度，当车距小于安全距离时，立即自动降低车速，避免交通事故。在交通标志、交通标线上安装电子标签，通过车载接收检测设备，驾驶员可以自动获取车辆经过路段的标志、标线信息以及其他重要信息。通过安装设置了电子标签的汽车电子牌照，有效杜绝假牌、套牌车辆上路行驶，降低交通安全隐患。

在交通指挥与控制领域，物联网主要用于公交优先和现场交通控制。利用运营公交车辆的空间位置信息，可以判断城市道路交通流的运行状态并预估下一车辆的到达时间，为乘客选择出行方式和安排出行计划提供信息，并为公交车辆的运营调度提供帮助。通过短程无线通信技术，路面的民警能够在路口、路段控制现场的各类交通设备、设施，直接干预交通信号控制，协调交通流，缓解交通拥堵。

在交通信息服务领域，物联网主要为不同受众提供个性化交通信息服务。通过物联网，各种物体（机动车、非机动车、驾驶人、交通信息发布设备）被识别并相互联通，在大范围发布公共交通信息的同时，也可以对特定地理范围、特定类型物体或者指定个体，提供对应的交通信息服务，做到有的放矢，提高交通信息服务的针对性和有效性。

在电子收费管理领域，物联网主要用于公路收费、停车收费、拥堵收费、缴纳罚款等。当装有电子标签的车辆通过装有射频扫描器的专用隧道、停车场、高速公路路口、拥堵区域时，无须停车缴费，大大提高了行车速度，提高了通行效率。

在道路交通基础设施管理领域，通过给每个设备安装电子标签，并连接物联网，从而实现远程、动态、实时的设备资产数据采集，替换了传统资产管理方式的前台人工数据采集，可以更好地与后台计算机数据库结合，形成全智能化的设备资产管理系统，从而大大提高了设备利用率，降低了管理成本。

### 7. 智能工业

目前，在工业领域，物联网技术在生产过程控制、生产环境监测、制造供应链跟踪、产品全生命周期检测、安全生产和节能减排等方面的应用正在开展。

生产过程控制方面，物联网技术的应用提高了生产线过程检测、实时参数采集、生产设备监控和材料消耗监测的能力和水平，生产过程的智能监控、智能控制、智能诊断、智能决策、智能维护水平不断提高。如钢铁企业应用各种传感器和通信网络，在生产过程中实现对加工产品的宽度、厚度、温度实时监控，提高了产品质量，优化了生产流程。

生产环境监测方面，将各种传感技术与制造技术融合，实现了对产品设备操作使用记录、设备故障诊断的远程监控。

制造业供应链跟踪方面，物联网应用于企业原材料采购、库存、销售等领域，通过完善和优化供应链管理体系，提高了供应链效率，降低了成本。如空中客车通过在供应链体系中应用传感网络技术，构建了全球制造业中规模最大、效率最高的供应链体系。

安全生产方面，把感应器嵌入和装配到矿山设备、油气管道、矿工设备中，可以感知危险环境中工作人员、设备机器、周边环境等方面的安全状态信息，将现有的网络监管平台提升为系统、开放、多元的综合网络监管平台，实现实时感知、准确辨识、快捷响应及有效控制。

节能减排方面，物联网与环保设备的融合实现了对工业生产过程中产生的各种污染源及污染治理各环节关键指标的实时监控。在重点排污企业排污口安装无线传感设备，不仅可以实时监测企业排污数据，而且可以远程关闭排污口，防止突发性环境污染事故发生。电信运营商已开始推广基于物联网的污染治理实时监测解决方案。

**8. 智能安防**

随着物联网技术的快速发展，物联网在安防领域应用程度不断加深，主要集中在社会治安监控、危化品运输监控以及建筑设施安全监控等方面。

在社会治安监控领域，物联网技术的兴起和发展打破了传统视频监控固守的狭窄领域，使安防监控系统上升到更为智能化的层面，无论是视频的采集、管理还是应用，都通过智能技术更有效地进行处理。物联网概念的发展将使得视频监控朝着智能化、数字化、信息化的方向迈进。

在危化品运输监控领域，物联网技术与互联网、通信、定位等技术结合，可实现全球范围内的物资跟踪与信息共享，使危化品运输得到全面监控，为危化品物流提供安全保障。

在建筑设施安全监控领域，利用物联网技术对大型桥梁的结构支撑点位、工作负荷运行情况进行健康安全检测，从而有效地掌握桥梁的负荷变化情况，从而分析判断桥梁是否工作在合理的安全设计范围中，保证公众安全。此外，利用物联网技术对大型矿区、水库大坝、重要公路的沿路山体、高速公路、铁路路基、隧道等重大基础设施的重点结构支撑部件进行测量与分析预警，能够有效保障建筑设施的安全。

**9. 环境保护**

环保物联网是物联网技术在环保领域的智能应用。目前，全国各地在污染源自动监测、生态环境监测等相关环保物联网应用建设方面均取得了初步成效，全国环保物联网应用体系初步形成。

污染源监控是在合适点位上安装各种自动监测仪器、仪表和数据采集传输仪，应用物联网海量集成技术，细化污染源监控系统全方位架构，并通过各种通信信道与监控中心连接，实现在线实时通信，从而使监管部门可以对排污口的排污情况进行实时分析、监测和管理。

在生态环境监测方面，通过物联网新型传感及感知节点技术、感知节点组网与网络通信技术、数据融合以及智能应用等技术，实时采集并测定监测对象，快速反馈到数据处理平台，从而将环境污染问题由事后监管转向事先预防，提高环境保护的能力。

# 9.2 云计算

云计算是一种新兴的计算模式，通过网络将应用、数据及 IT 资源通过服务的方式提供给用户。云计算是近几年信息技术领域受关注较多的主题之一。

## 9.2.1 云计算概述

### 1. 云计算的定义

云计算的定义有很多种说法，现阶段广为接受的是美国国家标准与技术研究院（NIST）在 2009 年给出的定义：云计算是一种能够通过网络以便利地、按需付费的方式获取计算资源（包括网络、服务器、存储、应用和服务等）并提高其可用性的模式。这些资源来自一个共享的、可配置的资源池，并能够以最省力和无人干预的方式提供和释放。这种模式具有 5 个基本特征，还包括 3 种服务模式和 4 种部署方式。

### 2. 云计算的特征

（1）按需自助服务

用户可以单方面按照需要自动规定计算能力，例如服务器时间和网络存储，而不需要同每一个服务提供商进行交互。例如 WebEx 公司推出的在线会议系统，用户自助挑选会议类型、设定参会人数、上传会议资料，然后单击"确定"按钮即可。WebEx 的后台服务器会在指定时间将与会人员连接到一个虚拟在线会议室中。云服务提供商不需要人工干预这个流程，所有的细节都由用户自己选择决定。

（2）广泛的网络访问

用户通过网络的标准机制获取和访问计算能力。这些标准机制提倡使用各种异构的胖/瘦客户端（例如移动电话、平板电脑、笔记本电脑和工作站）。

（3）资源池化

服务提供商将各种计算资源汇集到资源池中，通过多租户模式给多个消费者提供服务，根据用户的需求对不同的物理资源和虚拟资源进行动态分配和重分配。资源具有位置无关性，即用户通常不能控制，也不知道资源的确切位置，但可以在更高级别的抽象中指定位置（例如国家、省或数据中心）。资源包括存储、处理、内存和网络带宽。

（4）快速灵活的资源调度

能灵活地提供和释放计算能力。在某些情况下，能自动快速地伸缩以匹配用户的需求。由于计算资源已经被池化，云计算供应商可以快速地将新设备添加到资源池中，满足不断增长的需求。对用户来说，这种可分配的计算能力是无限的。在 WebEx 平台上，已经召开过上千人同时参与的全球视频会议，而 WebEx 表示人数仍然没有达到上限。

（5）可计量的服务

一个完整的云计算平台会对存储、CPU、带宽等资源保持实时跟踪，并将这些信息以可量化的指标反映出来。云计算平台可以监控、控制和报告资源的使用情况，服务的使用对于服务提供者和用户都是透明的。

这 5 个特征非常形象地体现出了不同云计算模式的共性。在绝大多数云服务中，都能轻易找到这 5 个特征。

### 3. 云计算的服务模式

（1）SaaS

SaaS（software-as-a-service，软件即服务）模式是一种给用户提供运行在云基础设施上的应用程序的服务。SaaS 服务提供商将应用程序统一部署在自己的服务器上，用户通过互联网向厂商订购应用软件服务。这种服务模式的优势是由服务提供商维护和管理软件、提供软件运行的硬件设施，用户只需拥有能接入互联网的终端即可随时随地地使用软件，支出一定的租赁服务费用即可。在计算机上使用 Office 办公软件时，需要在本地安装才能使用；而在 Google Docs、Microsoft Office Online 网站，打开浏览器，注册账号后，可以随时随地通过网络来使用这些软件编辑、保存、阅读自己的文档。对于用户只需要自由自在地使用，不需要自己去升级软件、维护软件等。

（2）PaaS

PaaS（platform-as-a-service，平台即服务）模式是指将软件研发的平台作为一种服务，以 SaaS 的模式提交给用户。因此，PaaS 是 SaaS 模式的一种应用。PaaS 将用户创建或获取的应用程序，利用资源提供者支持的编程语言、库、服务和工具部署到云的基础设施上。用户掌控运作应用程序的环境，但不掌控包括网络、服务器、运行系统或存储在内的底层云基础设施。Google App Engine 允许用户在 Google 的基础架构上运行自己的网络应用程序，并可根据用户的访问量和数据存储需要的增长轻松扩展。用户不再需要维护服务器，只需上传应用程序即可。

（3）IaaS

IaaS（infrastructure-as-a-service，基础设施即服务）模式是指用户可以通过网络从完善的计算机基础设施获得服务。在这种模式中，云计算为用户提供处理、存储、网络和其他基本的计算资源。用户能够在上面部署和运行任意软件，包括操作系统和应用程序。用户不必管理或控制云中的基础设施，但可以控制操作系统、存储以及部署的应用，也可对网络组件（例如防火墙）选择进行有限的控制。Amazon EC2 利用其全球性的数据中心网络，为客户提供虚拟主机服务，让使用者可以租用云计算机运行所需应用的系统；Google Compute Engine（GCE）使用户可以在这个平台上运行 Linux 虚拟机、获得云计算资源、高效的本地存储，得到更强大的数据运算能力。

### 4. 云计算的部署方式

（1）私有云（private cloud）

云设施为由多用户（例如不同的业务部门）组成的一个组织所独享。此类云可以由该组织、第三方或者两者的联合体所拥有、管理和运作。该组织拥有基础设施，并可以控制在此基础设施上部署应用程序的方式。私有云可部署在企业数据中心的防火墙内，也可以部署在一个安全的主机托管场所，私有云的核心属性是专有资源。3A Cloud 就是包含软件开发、思维导图、企业建模、项目计划以及其他常用工具的私有云平台。

（2）公共云（public cloud）

云设施向公众开放使用。它可由商业机构、学术机构、政府机构或者他们的联合体所拥有、管理和运作。公共云服务的模式可以是免费或按量付费。由于服务商支付了硬件、应用和带宽费用，对于用户来说，只需为使用服务付费，没有资源浪费。Amazon EC2、Google App Engine 和 Windows 的 Azure 都是典型的公共云平台。

（3）社区云（community cloud）

云设施由具有共同关注点（比如共同目标、安全要求、政策和行业性考虑）的特定社区所独享。社区云可以由社区中的一个或者多个组织或者第三方或者他们的混合体所拥有、管理和运作。社区云是大的云计算世界里非常有活力的组成部分，可把它理解为"云朵"。每一个云朵都基于云计算技术实现，但同时每个云朵都有自己鲜明的特色，比如区域特色，也可能是行业特点。"深圳大学城云计算公共服务平台"是国内第一个依照"社区云"模式建立的云计算服务平台，已于 2011 年 9 月投入运行，服务对象为大学城园区内的各高校、研究单位、服务机构等单位以及教师、学生、各单位职工等个人。

（4）混合云（hybrid cloud）

私有云的安全性比公有云高，而公有云的计算资源又是私有云无法企及的，混合云完美地解决了这个问题，它既可以利用私有云的安全，将内部重要数据保存在本地数据中心；同时也可以使用公有云的计算资源，更高效快捷地完成工作。混合云是私有云、公共云和社区云的两种或多种的混合体，是近年来云计算的主要模式和发展方向。

### 9.2.2 云计算的关键技术

各行业各领域云计算解决方案的具体实现都需要相应的关键技术支撑，云计算的关键技术主要包括虚拟化技术、数据存储技术、数据管理技术、编程模型等。

**1. 虚拟化技术**

虚拟化是实现云计算必要的前提，这里援引 IBM 对虚拟化的定义：虚拟化是资源的逻辑表示，它不受物理限制的约束。在这个定义中，资源可以是各种硬件资源，如 CPU、网络、内存及存储；也可以是各种软件环境，如操作系统、文件系统、应用程序等。虚拟化的主要目标是对这些资源的表示、访问和管理进行简化，并为其提供标准的接口来接收输入和提供输出。通过标准接口，可在 IT 基础设施发生变化时将对使用者的影响降到最低，即使底层资源的实现方式发生了改变，用户也不会受到影响。虚拟化技术降低了使用者和计算资源的耦合程度，从而实现了资源的动态调度和弹性扩展。

从被虚拟的资源类型来看，一般可以将虚拟化技术分成软件虚拟化、系统虚拟化和基础设施虚拟化。

（1）软件虚拟化

软件虚拟化是针对软件环境的虚拟化技术，目前，业界公认的这类虚拟化技术主要包括应用虚拟化和高级语言虚拟化。

应用虚拟化将应用程序与操作系统解耦合，为应用程序提供一个虚拟的运行环境。当用户要访问被虚拟化的应用程序时，应用虚拟服务器可以实时地将用户所需的程序组件推送到客户端的应用虚拟化运行环境，使用户获得像在本地运行应用程序一样的使用感受。

高级语言虚拟化解决的是可执行程序在不同体系结构计算机间迁移的问题。例如，被广泛应用的 Java 虚拟机，它解除了下层的系统平台与上层的可执行代码之间的耦合，实现了代码的跨平台执行。

（2）系统虚拟化

系统虚拟化是被广泛接受和认识的一种虚拟化技术，它实现了操作系统与物理计算机的分离，使用虚拟软件可以在一台物理主机上虚拟出一台或多台相互独立的虚拟机（virtue machine，VM），各个虚拟机之间相互隔离，并能同时运行相互独立的操作系统。系统虚拟化技术有很多种，如应用于 IBM z 系列大型机的系统虚拟化、应用于基于 Power 架构的 IBM p 系列服务器的系统虚拟化和应用于 x86 架构的个人计算机的系统虚拟化。对于这些不同类型的系统虚拟化，虚拟机运行环境的设计和实现不尽相同，但都需要为运行的虚拟机提供一套虚拟的硬件环境，包括虚拟的处理器、内存、设备与 I/O、网络接口等。服务器虚拟化就属于系统虚拟化。

（3）基础设施虚拟化

一般包括存储虚拟化和网络虚拟化等。存储虚拟化是指为物理的存储设备提供一个抽象的逻辑视图，用户可以通过这个视图中的统一逻辑接口来访问被整合的存储资源。存储虚拟化主要有基于存储设备的存储虚拟化和基于网络的存储虚拟化两种形式。磁盘阵列技术（redundant array of inexpensive disks，RAID）是基于存储设备虚拟化的典型代表，网络附加存储（network attached storage，NAS）和存储区域网（storage area network，SAN）则是基于网络的存储虚拟化的典型代表。网络虚拟化是指将网络的硬件和软件资源整合，向用户提供虚拟网络连接的虚拟化技术。网络虚拟化可以分为局域网络虚拟化和广域网络虚拟化两种形式。网络虚拟化的典型代表有虚拟局域网（virtual LAN，VLAN）和虚拟专用网（virtual private network，VPN）。

相对于传统的方式而言，基于虚拟化技术搭建的云平台能够通过对虚拟机资源的适度调整来实现系统的可伸缩性；能够借助虚拟机的快速部署和实时迁移等优点，方便和快捷地提高系统的可用性；能够将高负载节点上的部分虚拟机实时迁移到低负载节点上去；使整个系统的负载达到均衡；能够将多个低负载的虚拟机合并至同一个物理节点上去，并且关闭其他空闲的物理节点，大大提高了资源的利用率，减少了系统能耗。

**2. 数据存储技术**

为保证高可用、高可靠和经济性，云计算采用分布式存储的方式来存储数据，采用冗余存储的方式来保证存储数据的可靠性，即为同一份数据存储多个副本。另外，云计算系统需要同时满足大量用户的需求，并行地为大量用户提供服务。因此，云计算的数据存储技术必须具有高吞吐率和高传输率的特点。云计算系统中广泛使用的数据存储系统是 Google 的非开源 GFS（Google file system）和 Hadoop 团队开发的 GFS 的开源实现 HDFS（Hadoop distributed file system）。

GFS 是一个可扩展的分布式文件系统，用于大型的、分布式的、对大量数据进行访问的应用。GFS 系统由一个主服务器 Master 和大量的块服务器构成。Master 存储文件系统所有的元数据，包括名字空间、存取控制、文件分块信息以及文件块的位置信息等。它也控制系统范围的活动，如块租约管理，孤儿块的垃圾收集，块服务器间的块迁移。Master 定期通过 Heart-beat 消息与每一个块服务器通信，给块服务器传递指令并收集它的状态从而让元数据保持最新状态。GFS 中的文件被切分为 64 MB 的块并冗余存储，每份数据在系统中保存 3 个以上备份。客户与主服务器的交换只限于对元数据的操作，所有数据方面的通信都直接和块服务器联系，这大大提高了系统的效率，防止主服务器负载过重。

云计算的数据存储技术在未来的发展将集中在超大规模的数据存储、数据加密和安全性保证以及继续提高 I/O 速率等方面。

**3. 数据管理技术**

云计算需要对分布式的、海量的数据进行处理和分析，因此云计算必须有相应的数据管理技术实现对大数据集的高效管理。其次，如何在规模巨大的数据中找到特定的数据，也是云计算数据管理技术所必须解决的问题。

云计算的特点是对海量的数据存储、读取后进行大量的分析，数据的读操作频率远大于数据的更新频率，云中的数据管理是一种读优化的数据管理。因此，云计算的数据管理往往采用数据库领域中列存储的数据管理模式，将表按列划分后存储。由于采用列存储的方式管理数据，因此如何提高数据的更新速率以及进一步提高随机读速率是未来数据管理技术必须解决的问题。云计算系统中的数据管理技术主要有 Google 的 BT（BigTable）数据管理技术和 Hadoop 团队开发的开源数据管理模块 HBase。

BT 是建立在 GFS、Scheduler、Lock Service 和 MapReduce 之上的一个大型的分布式数据库，与传统的关系数据库不同，它把所有数据都作为对象来处理，形成一个巨大的表格，用来分布存储大规模的结构化数据。Google 的很多项目使用 BT 来存储数据，包括网页查询、Google Earth 和 Google 金融。这些应用程序对 BT 的要求各不相同：数据大小（从 URL 到网页到卫星图像）不同，反应速度不同（从后端的大批处理到实时数据服务）。对于不同的要求，BT 都成功地提供了灵活高效的服务。

**4. 编程模型**

为了使用户能更轻松地享受云计算带来的服务，让用户能利用编程模型编写简单的程序来实现特定的目的，云计算上的编程模型必须十分简单，必须保证后台复杂的并行执行和任务调度向用户和编程人员透明。云计算大部分采用 MapReduce 的编程模型。

MapReduce 是 Google 开发的 Java、Python、C++编程模型，它是一种简化的分布式编程模型和高效的任务调度模型，用于大规模数据集（大于 1 TB）的并行运算。严格的编程模型使云计算环境下的编程十分简单。MapReduce 模型的思想是将要执行的问题分解成 Map（映射）和 Reduce（规约）的方式，先通过 Map 程序将数据切割成不相关的区块，分配（调度）给大量计算机处理，达到分布式运算的效果，再通过 Reduce 程序将结果汇整输出。

MapReduce 作为一种较为流行的云计算编程模型，在云计算系统中应用广泛。但是基于它的开发工具 Hadoop 并不完善，特别是其调度算法过于简单，降低了整个系统的性能。改进 MapReduce 的开发工具，包括任务调度器、底层数据存储系统、输入数据切分、监控"云"系统等方面是将来一段时间主要的研究方向。

### 9.2.3 云计算应用

目前，我国的云计算发展属于技术、产业发展与落地应用的起步阶段，云计算的应用正在各行业各领域广泛展开。

**1. 智慧云制造**

以中国工程院李伯虎院士领衔的研究团队于 2009 年提出了"云制造"的理念。"云制造"是云计算向制造业信息化领域延伸与发展后的落地与实现,是一种基于网络的面向服务的智慧化制造新模式。它融合和发展了现有信息化制造(信息化设计、生产、实验、仿真、管理、集成)技术及云计算、物联网、面向服务、智能科学、高效能(性能)计算等新兴信息技术,将各类制造资源和制造能力虚拟化、服务化,构成制造资源和制造能力的服务云池,并进行优化管理和经营,使用户通过网络和终端就能随时按需获取制造资源与能力服务,进而智能地完成其制造全生命周期的各类活动。它将加速推进中国"制造业信息化"向"敏捷化、绿色化、服务化、智能化"方向发展,提高制造企业的市场竞争能力。

智慧云制造是云制造 2.0,其在网络化、服务化的基础上,进一步突出了以人为中心,随时随地按需的个性化、社会化智慧制造。同时智慧云制造环境里的设计、生产、装备、经营管理、仿真实验和增值服务都得变,都得有智慧化的思维方式和技术创新,在原来技术上加了大数据、全生命周期的应用,因此它在应用上更广、更深。

经过近几年的实践,随着有关技术的发展,特别是云计算、大数据、嵌入式仿真、移动互联网、高性能计算、3D 打印等技术的快速发展,为加强云制造的智慧化提供了技术支撑。目前,中国智慧云制造阶段成果应用初见成效,如面向航天复杂产品的集团企业云制造,面向轨道交通装备的集团企业云制造,支持企业业务紧密合作的中小企业云制造,支持产业集群协作的中小企业云制造等均已落地。佛山、襄阳、北京、上海、宁波等在智慧城市建设中也正在实施智慧云制造。工信部已在 16 个省启动"工业云创新行动计划",部分省市正开展云制造应用示范。可以说,中国智慧云制造正催生一批面向制造企业提供云服务的第三方专业服务商以及开发实施云服务技术与系统的软硬件企业。但形成云制造产业链尚需要时间以及各方面的共同努力。

**2. 金融云**

金融云是金融机构融合云计算模型及业务体系所诞生的新产物。从技术上来讲,金融云就是利用云计算机系统模型,将金融机构的数据中心与客户端分散到云里,从而达到提高自身系统运算能力和数据处理能力,改善客户体验评价,降低运营成本的目的。从概念上讲,金融云是利用云计算的模型构成原理,将金融产品、信息、服务分散到庞大分支机构所构成的云网络中,提高金融机构迅速发现问题并解决问题的能力,提升整体工作效率,改善流程,降低运营成本。按照金融系统的业务分类,金融云可分为银行云、保险云和证券云。云计算可以被应用到金融行业价值链的方方面面,包括 IT 基础资源服务管理、BPM 业务流程管理、内容管理、后台处理、CRM 客户关系管理、个人银行服务、支付服务等领域。从某种意义上讲,金融业务的每个细节,都可以采用云计算的方式重新审视和改造其支撑技术和业务模式,比如,被广泛使用的 PayPal 和支付宝等专业网络支付服务,就是一种金融支付的云服务模式,使得大量中小型企业商户可以方便快捷地获得电子支付结算服务。

2015 年国务院印发了《关于积极推进"互联网+"行动的指导意见》(以下简称《意见》)。在"互联网+普惠金融"的推进方向中,《意见》明确指出"探索互联网企业构建互联网金融云服务平台","支持银行、证券、保险企业稳妥实施系统架构转型,鼓励探索利用云服务平台开展金融核心业务"。2016 年 7 月 15 日,中国银监会发布的《中国银行业信息科技"十三五"发展规划监管指导意见（征求意见稿）》中提出，银行业应稳步实施架构迁移，到"十三五"末期，面向互联网场景的主要信息系统尽可能迁移至云计算架构平台，以适应互联网环境下计算资源弹性变化和快速部署等需求。2017 年央行印发《中国金融业信息技术"十三五"发展规划》，明确指出贯彻落实"互联网+"战略，通过政策引导、标准规范，促进金融业合理利用新技术，建设云计算、大数据应用基础平台及互联网公共服务可信平台，研究区块链、人工智能等热点新技术应用，实现新技术对金融业务创新有力支撑和持续驱动。在此趋势下，阿里巴巴、腾讯等互联网企业纷纷整合资源，竞相推出金融云服务及技术，加快对偌大金融市场"跑马圈地"的节奏。阿里金融云是国内典型的由互联网企业构建的金融云服务平台。阿里金融云已经为包括金融、证券、基金、保险等近 2 000 家金融客户提供云计算与大数据服务。各大金融机构也一拥而上，争先恐后跃入"云"端，一面加紧与互联网巨头和高科技企业联姻并接入云技术、云服务；一面加紧开发自己的"云"，比如兴业银行、中信银行等多家银行已开始向外输出各自的金融云技术。尤其是恒丰银行作为全国 12 家股份制银行之一，已经将核心与非核心业务的所有系统都搬迁到了云上，实现了 100% 的"云化"。

**3. 健康医疗云**

随着云计算在医疗卫生领域的广泛应用，健康医疗云随之而诞生。所谓健康医疗云，是指医疗卫生领域在采用云计算、物联网、大数据、4G 通信、移动技术以及多媒体等新技术基础上，结合医疗技术，使用"云计算"的理念来构建医疗健康服务平台；利用云计算技术巩固和发展现代健康管理服务，构建新型卫生服务体系，提高医疗机构的服务效率，降低服务成本，方便居民就医，减轻疾病患者的经济负担。

美国哈佛医学院是最早部署和使用云计算平台的医疗机构之一，它将自己的 IT 平台搭建在 Amazon EC2 之上，形成了自己私有的"健康云"，在所管辖的不同研究机构之间实现共享。除此之外，该机构采用一系列成熟的云环境管理工具，将研究人员从底层的管理实施细节中解放出来，使管理成本降低到原来的 20% 左右。2012 年国务院发布的《"十二五"期间深化医药卫生体制改革规划暨实施方案》中提出：加快推进医疗卫生信息化。利用"云计算"等先进技术，发展专业的信息运营机构。加强区域信息平台建设，推动医疗卫生信息资源共享，逐步实现医疗服务、公共卫生、医疗保障、药品监管和综合管理等应用系统信息互联互通，方便群众就医。2013 年贵州省参考国家发改委、卫计委基层卫生相关规范和标准，结合贵州本地基层卫生现状及合理的个性化需求，在 PaaS 平台上构筑包括基本医疗服务、公共卫生服务、健康门户网站服务、基本药物制度、绩效考核、综合监管等乡村一体化管理的基层医疗卫生信息系统，为基层医疗机构医务人员、基层医疗机构管理者和居民提供统一的服务。2015 年，上海卫计委与第三方公司推出健康管理云平台。"上海健康云"以覆盖市区两级的"上海市健康信息网"健康档案和公共卫生数据成果为基础，整合现有系统，实现社区医生对签约居民健康管理在线服务、专科医生及时了解患者病情、公卫专业机构监测和周期性筛查、专业管理者获得实时可视化数据、慢病患者在线预约挂号和长处方药品的在线购买等服务。

**4. 教育云**

云计算在教育领域中的迁移称为"教育云"，是未来教育信息化的基础架构，包括了教育信息化所必需的一切硬件计算资源，这些资源经虚拟化之后，向教育机构、教育从业人员和学员提供了一个良好的平台，该平台的作用就是为教育领域提供云服务。

2009 年 1 月，美国就有专家在 InfoWorld 杂志上发表致奥巴马总统的公开信，信中称高等教育需要国家级的教育云。2010 年，美国 SIMtone 公司与北卡罗来纳州的格雷汉姆小学合作，开始了学校云计算计划，通过云计算服务，为学校师生带来虚拟计算机桌面。同样是在北卡罗来纳州，州立大学与 IBM 合作推出了为大学和中小学服务的"虚拟计算实验室"云计算平台，实现在线使用教育材料、应用软件、计算和存储。新加坡政府也积极推动创新科技在教育教学中的运用，早在 2009 年，新加坡教育部就对外宣布，将与 NCS 私人有限公司以及 Google 公司合作，把云计算科技引进学校。新加坡 350 所学校 3 万多名教职员在 2009 年底实现了统一使用 Google 的 Google App 平台。该平台对教师之间的沟通与合作具有极大帮助，如分享教案、合作修改电子文档、开视频会议等。新加坡理工学院电力与电子工程云计算中心（SPE3C3）在 2011 年 11 月正式启动，新加坡理工学院成为亚太地区最早使用云计算技术的教育机构。

中国的很多省市也都拥有或计划建设自己的"教育云"。2011 年 9 月，中国基础教育第一个综合云平台——宝安教育云平台开通，是中国第一个区域性基础教育综合云服务平台。2011 年底，由北京初志科技有限公司建设的教育云平台在贵州落地并通过验收，为贵州省教育教学数据资源和应用提供了一个共享的平台，使得优秀师资资源不仅局限在其所在地，而且能够被更多的学生享受到，并且通过交流，有效提升偏远地区师资的整体水平。近年来，深圳市财政投入 1.54 亿元建设深圳教育云，打造面向全市的教育云共享和服务体系。深圳教育云内容主要包括云门户、云空间、云资源和云视频，还可利用大数据及数据挖掘等技术，在智慧校园、师生成长档案等方面进行拓展和深化应用。

同时，各高校也开始与厂商合作，建立云平台，或合建云计算中心。2012 年上半年，华东师范大学实训中心搭建完成协作云平台。在统一的云协作平台上，实训中心已经成功部署了各类厂商的 20 余套应用软件，还建成了 4 个校企共建的联合实验室。依托云架构部署的各类实训软件，学生的动手操作能力得到了进一步增强。国内领先的服务器厂商曙光建成了包括哈尔滨工业大学云计算中心、天津大学云计算中心、同济大学云计算中心和中山大学云计算中心等在内的高校云计算服务平台。

2012 年教育部印发的《教育信息化十年发展规划（2011—2020 年）》明确指出：到 2015 年，初步建成国家教育云基础平台，支持教育云资源平台和管理服务平台的有效部署与应用，可同时为 IPv4 和 IPv6 用户提供教育基础云服务。2016 年教育部印发的《教育信息化"十三五"规划》中提出："十三五"末，要形成覆盖全国、多级分布、互联互通的数字教育资源云服务体系，为学习者享有优质数字教育资源提供方便快捷的服务，提升教育信息化支撑教育教学的水平。此类政府文件的出台必将给教育云的发展带来广阔的前景。

# 9.3　大数据

信息技术的核心三要素是信息处理、信息存储和信息传递。经过几十年的发展，信息技术在这 3 个方面均取得巨大进步，如信息的处理和存储能力

得到了成千上万倍的提升，带宽增长速度突破摩尔定律。基础技术的支撑和应用的推动，不断演化出新的处理技术和应用模型，如物联网、云计算、移动互联和智能终端等。这些新技术和应用正是大数据源源不断产生的源泉，也是大数据分析处理的核心技术基础。云存储技术可用于解决数据获取之后的存储问题，基于云存储的分布式计算技术的出现为大数据的分析预测提供可能，同时网络和通信技术的发展为数据在各网络节点之间的快速传递和共享提供底层的物质基础。所以，大数据的诞生是信息技术发展的必然结果。

### 9.3.1 大数据的定义和特征

#### 1. 大数据的定义

什么是大数据？不同的研究机构基于不同的角度给出了不同的定义。高德纳咨询公司认为"大数据是需要新处理模式才能具有更强的决策力、洞察发现力和流程优化能力的海量、高增长率和多样化的信息资产。"麦肯锡公司认为"大数据是指数据的规模超出传统数据库软件的采集、存储、管理和分析能力的数据集。"国际数据公司（IDC）从 4 个方面描述大数据，即海量的数据规模（volume）、快速的数据流转和动态的数据体系（velocity）、多样的数据类型（variety）、巨大的数据价值（value），具有这些特征的数据集称为大数据。

综上可知，大数据是一个宽泛的概念。人们关心大数据的定义，更关心大数据所具备的功能特征，即能帮助人们做什么。利用大数据，可以分析挖掘出事物发展规律和隐藏的知识，从而准确地对某些事物发展进行预测或决策，例如 Google 公司的流感爆发趋势预测；利用大数据，可以进行个性化特征挖掘，即通过长时间观察，多维度的数据聚集，深度分析出用户的行为规律和偏好，使企业实现精准推送，使用户获得个性化的服务，例如电商平台为用户提供的产品推送；利用大数据，可以在一定程度上实现信息过滤。

#### 2. 大数据的特征

2001 年，麦塔集团（META Group，现被高德纳咨询公司收购）分析员道格·莱尼（Doug Laney）撰写了一份题为《3D 数据管理：控制数据体量、速度和多样性》的报告，指出数据增长的挑战和机遇有三个方向：分别为数据即时处理的速度（velocity）、数据格式的多样化（variety）与数据量的规模（volume），三者统称为 3 V。随着科技不断地推进，数据量的复杂程度越来越高，3 V 已不足以形容新时代的大数据，因此，IBM、IDC 等纷纷对大数据提出新的论述，大家纷纷将 3 V 增加成为 4 V。IBM 在 3 V 的基础上增加了准确性（veracity）的特色，IDC 在 3 V 的基础上增加了价值（value）的特色。综上所述，大数据主要包含 5 大主要特征，简称 5 V。

（1）数据量大（volume）

当前，数据正以前所未有的速度快速地聚集和增长，在电商、社交网络、能源、制造业和服务业等领域都已积累了 TB 级、PB（1 PB = 1 024 TB ≈ 100 万 GB）级甚至 EB（1 EB = 1 024 PB ≈ 10 亿 GB，相当于 13 亿中国人人手 500 本《红楼梦》的信息量总和）级的数据量。2010 年全球数据总量为 1.2 ZB（1 ZB = 1 024 EB ≈ 1 万亿 GB）。根据国际数据公司 2017 年 4 月发布的《数据时代 2025》预测，到 2025 年，全球数据量将扩展至 163 ZB，相当于 2016 年所产生 16.1 ZB 数据的 10 倍。

（2）多样性（variety）

大数据的一个非常重要的特征就是数据类型的多样化，即数据的存在形式包括结构化数据、半结构化数据和非结构化数据。早期的数据类型主要以结构化数据为主，数据存储方便，处理简单，相关技术成熟。随着互联网的深入，特别是社交网络、电子商务、流媒体应用环境中所出现的文本数据、图像、视频和音频等，这些非结构化数据大量涌现加剧了大数据环境中数据存储、检索和分析的难度。到 2012 年末，非结构化数据占有量占整个互联网数据量的 75% 以上。中国信息通信研究院 2017 年 3 月发布的《中国大数据发展调查报告》中指出，66.1% 的受访企业表示非结构化数据的比例在 70% 以上，22% 企业的非结构化数据比例为 50%~70%，且企业新增数据中非结构化数据的增速远高于结构化数据。

（3）速度快（velocity）

在数据处理速度方面，有一个著名的"1 秒定律"，即要在秒级时间范围内给出分析结果，超出这个时间，数据就失去价值了。例如，IBM 有一则广告，讲的是"1 秒，能做什么"？1 秒，能检测出台湾的铁道故障并发布预警；也能发现得克萨斯州的电力中断，避免电网瘫痪；还能帮助一家全球性金融公司锁定行业欺诈，保障客户利益。

英特尔中国研究院首席工程师吴甘沙认为，速度快是大数据处理技术和传统的数据挖掘技术最大的区别。大数据是一种以实时数据处理、实时结果导向为特征的解决方案，它的"快"有两个层面：一是数据产生得快，二是数据处理得快。数据跟新闻一样具有时效性，很多传感器的数据产生几秒之后就失去意义了。越来越多的数据挖掘趋于前端化，即提前感知预测并直接提供服务对象所需要的个性化服务，例如，对绝大多数商品来说，找到顾客"触点"的最佳时机并非在结账以后，而是在顾客还提着篮子逛街时。电子商务网站从点击流、浏览历史和行为（如放入购物车）中实时发现顾客的即时购买意图和兴趣，并据此推送商品，这就是"快"的价值。

（4）价值（value）

价值是大数据的精髓。大数据之"大"，并不仅在于其表面的"大容量"，更在于其潜在的"大价值"。大数据虽然拥有海量的信息，但是真正可用的数据可能只有很小的一部分，即价值密度低，只有通过分析才能实现大数据从数据到价值的转变。如何通过强大的机器算法更迅速地完成数据的价值"提纯"，是大数据时代亟待解决的难题。

（5）准确性（veracity）

数据的重要性就在于对决策的支持，数据的规模并不能决定其能否为决策提供帮助，数据的真实性和质量才是获得真知和思路最重要的因素，是制定成功决策最坚实的基础。追求高质量数据是一项重要的大数据要求和挑战，即使最优秀的数据清理方法也无法消除某些数据固有的不可预测性，例如，人的感情和诚实性、天气形势、经济因素以及未来。然而，尽管存在不确定性，数据仍然包含宝贵的信息。接受大数据的不确定性，并确定如何充分利用这一点，例如，采取数据融合，即通过结合多个可靠性较低的来源创建更准确、更有用的数据点，或者通过鲁棒优化技术和模糊逻辑方法等先进的数学方法。

## 9.3.2　大数据的关键技术

根据大数据处理的生命周期，大数据的技术体系涉及大数据的采集与预处理、大数据存储与管理、大数据分析与挖掘及大数据可视化等几个方面。

**1. 大数据的采集与预处理**

大数据环境下，数据的来源、种类非常多，因此数据处理的高效性和可用性非常重要。为此，必须在数据的源头即数据采集上把好关。

（1）大数据采集

大数据的数据采集是在确定用户目标的基础上，针对该范围内所有结构化、半结构化和非结构化数据的采集。按照数据来源划分，大数据的四大主要来源为商业数据、互联网数据、物联网数据和科学实验数据。商业数据来自于企业的 ERP 系统、各种 POS 终端及网上支付等业务系统；互联网数据来自于智能网络终端、通信记录以及 QQ、微信、微博等社交媒体；物联网数据来自于射频识别装置、全球定位设备、传感器设备、视频监控设备等；科学研究数据来自于各类数字设备、科学实验与观察所采集的数据。

很多互联网企业都有自己的海量数据采集工具，多用于系统日志采集，如 Hadoop 的 Chukwa、Cloudera 的 Flume、Facebook 的 Scribe 等，这些工具均采用分布式架构，能满足每秒数百 MB 的日志数据采集和传输需求。网络数据采集是指通过网络爬虫或网站公开 API 等方式从网站上获取数据信息，从而将半结构化数据从网页中抽取出来，将其存储为统一的本地数据文件，并以结构化的方式存储。它支持图片、音频、视频等文件或附件的采集，附件与正文可以自动关联。除了网络中包含的内容之外，对于网络流量的采集可以使用 DPI（deep packet inspection，深度包检测）或 DFI（deep flow inspection，深度流检测）等带宽管理技术进行处理。物联网数据通过各种信息传感器设备进行采集。科研数据大多通过特定的仪器采集得到，这些仪器往往极其复杂，造价昂贵，例如大型强子对撞机、射电望远镜、电子显微镜等。对于企业生产经营和科学研究等保密性要求较高的数据，可以通过与企业或科研机构合作，使用特定系统接口等方式采集。

（2）大数据预处理

大数据时代的数据以自动产生为主，数据来源呈现多样化，而且集成时是先有数据后有模式，这可能存在多种模式描述相同数据集以及数据在产生过程中由于时间、环境、设备和传输等因素的影响，使所采集的数据呈现低价值密度、数据不完整、可用性不强等问题。因此，在进行大数据分析和数据挖掘之前要进行数据预处理。

目前主要有 4 种数据预处理技术，分别是数据清洗、数据集成、数据变换和数据规约。

数据清洗通过填写缺失的值、平滑噪声数据、识别或删除离群点并解决不一致性来"清理"数据，从而达到数据格式标准化，异常数据清除，错误纠正等目的。根据缺陷数据类型分类，可以将数据清洗分为异常记录检测和重复记录检测两个核心问题。异常记录检测主要解决缺失值、噪声数据、不一致数据的问题。对于缺失值，一般采用估算方法，例如采用均值、最大值、最小值、中位数填充，也可用近似值替换方法、随机回归填补法、神经网络、贝叶斯网络等方法解决。但估值方法会引入误差，如果缺失值较多，会使结果偏离较大。噪声是一个测量变量中的随机错误或偏差，包括错误值或偏离期望的孤立点值。噪声是无法消失的，一般只能采用技术手段对噪声数据进行平滑，降低噪声的影响。目前，针对噪声处理常用的方法有分箱、回归、离群点分析等。分箱是通过考察数据的"近邻"来平滑有序数据；回归是通过函数拟合数据来平滑数据；离群点分析通过聚类检测离群点。对于不一致数据的处理，主要体现为数据不满足完整性约束，例如用 1~7 级量表测量的变量出现了 0 值，体重出现了负数等。可以通过分析数据字典、元数据等，梳理数据之间的关系，并进行修正。重复数据的检测算法可以细分为基于字段匹配的算法、递归的字段匹配算法、Smith Waterman 算法、基于编辑距离的字段匹配算法和改进余弦相似度函数等。

数据集成，狭义上讲是如何合并整合数据，广义上讲，数据的存储、移动、处理等与数据管理有关的活动都称为数据集成。大数据集成一般需要将处理过程分布到源数据上进行并行处理，并仅对结果进行集成。数据集成时应解决的问题包括数据转换、数据迁移、组织内部的数据移动、从非结构化数据中抽取信息以及将数据处理移动到数据端。数据转换是数据集成中最复杂和最困难的问题，解决的是如何将数据转换为统一的格式，即在理解整合前的数据和整合后的数据结构的基础上，将数据转换为通用格式。

数据变换是将数据转换成适合挖掘的形式。数据变换采用线性或非线性的数学变换方法将多维数据压缩成较少维的数据，消除它们在时间、空间、属性及精度等特征表现方面的差异。数据变换涉及数据平滑、数据聚集、数据概化、数据规范化和属性构造等。

数据规约是从数据库或数据仓库中选取感兴趣的数据集合，然后从数据集合中过滤掉一些无关、偏差或重复的数据。数据规约的方法主要有微规约、数据压缩、数值规约、离散化和概念分层等。

数据冗余也是许多数据集的常见问题，它会增加传输开销，浪费存储空间，因此许多数据冗余减少机制，例如冗余检测和数据压缩方法，被用于不同的数据集和应用环境来提升性能。视频压缩技术被用于减少视频数据的冗余，许多重要的标准（如 MPEG-2、MPEG-4、H.263、H.264/AVC）已被应用以减少存储和传输的负担，但同时也带来了一定风险，例如，数据压缩方法在进行数据压缩和解压缩时带来了额外的计算负担，因此需要在冗余减少带来的好处和增加的负担之间进行折中。

除了前面提到的数据预处理方法，还有一些对特定数据对象进行预处理的技术，如特征提取技术，在多媒体搜索和 DNS 分析中起着重要的作用。这些数据对象通常具有高维特征矢量。数据变形技术则通常用于处理分布式数据源产生的异构数据，对处理商业数据非常有用。

然而，没有任何一个统一的数据预处理过程和单一的技术能够用于多样化的数据集，必须考虑数据集的特性、需要解决的问题、性能需求和其他因素选择合适的数据预处理方案。目前，大数据采集及预处理的工具主要有 Cloudera 的 Flume、Logstash、Kibana、Ceilometer、Zipkin、Arachnid、Crawlzilla、GooSeeker 等。

**2. 大数据存储与管理**

同传统数据相比，大数据具有体积大、高度分散、结构松散等特点，因此，对存储硬件和数据管理系统都提出了新的要求。

（1）数据存储介质

数据存储介质分为磁带、磁盘和光盘三大类。目前市场上的存储产品主要有磁盘阵列、磁带机和磁带库、光盘库等。磁盘阵列又称为廉价磁盘冗余阵列（redundant array of inexpensive disks，RAID），是指使用两个或多个同类型、容量、接口的磁盘，在磁盘控制器的管理下按照特定的方式组成特定的磁盘组合，从而能快速、准确和安全地读写磁盘数据。由于简单易用，存储速度快，安全性高，所以磁盘阵列占据了一级存储市场的主要份额，适用于海量数据的即时存取。磁带技术具有高可靠性、低成本等特点，但由于检索、定位时间长，数据存储速度较慢，因此主要用于海量数据的定期备份和长期保存，在二级存储市场占有重要地位。光盘存储技术是一种光学信息存储技术，具有存储密度高、容量大、检索时间短、易于复制、保存时间长等优点，可用于海量数据的在线访问和离线存储。单张光盘的容量对于大数据存储来讲远远不够，所以利用光盘存储大数据的主要形式有光盘塔、光盘库、光盘镜像服务器。

（2）数据存储模式

数据存储需要系统具有良好的数据容错性能和系统稳定性，在发生部分数据错误时，系统可以在线恢复和重建数据。目前，常用的大数据存储方式有以下三种。

① DAS（direct attached storage，直连式存储）：存储设备通过 SCSI（small computer system interface，小型计算机系统接口）线缆或光纤直接连接到服务器上，如图 9-2 所示。在存储过程中，服务器发出 I/O 指令给存储设备，存储设备根据指令进行相应操作，将数据返回给服务器，或者将服务器的数据写入到磁盘。DAS 结构简单，适用于服务器地理分布分散、存储系统必须与应用服务器连接以及存储设备无须与其他服务器共享等场合。

② NAS（network attached storage，网络连接存储）：是文件级别的存储技术，它将存储设备连接到现有的网络上来提供数据和文件服务，如图 9-3 所示。存储设备独立于服务器，分配有 IP 地址，通过 NFS（network file system，网络文件系统）或 CIFS（common internet file system，通用 Internet 文件系统）等标准化的协议提供数据访问服务，从而使数据存储作为独立的网络节点为所有的网络用户共享，而不再是某个应用服务器的附属。NAS 具有即插即用、易于管理、扩展性强、可跨平台使用等优点，但存储数据通过普通数据网络传输，网络带宽成为存储性能的瓶颈；此外通过普通数据网络传输数据，容易产生数据泄漏等安全问题。而且 NAS 存储只能以文件方式访问，而不能像普通文件系统一样直接访问物理数据块，因此适用于较小网络规模或者较低数据流量的网络数据存储。

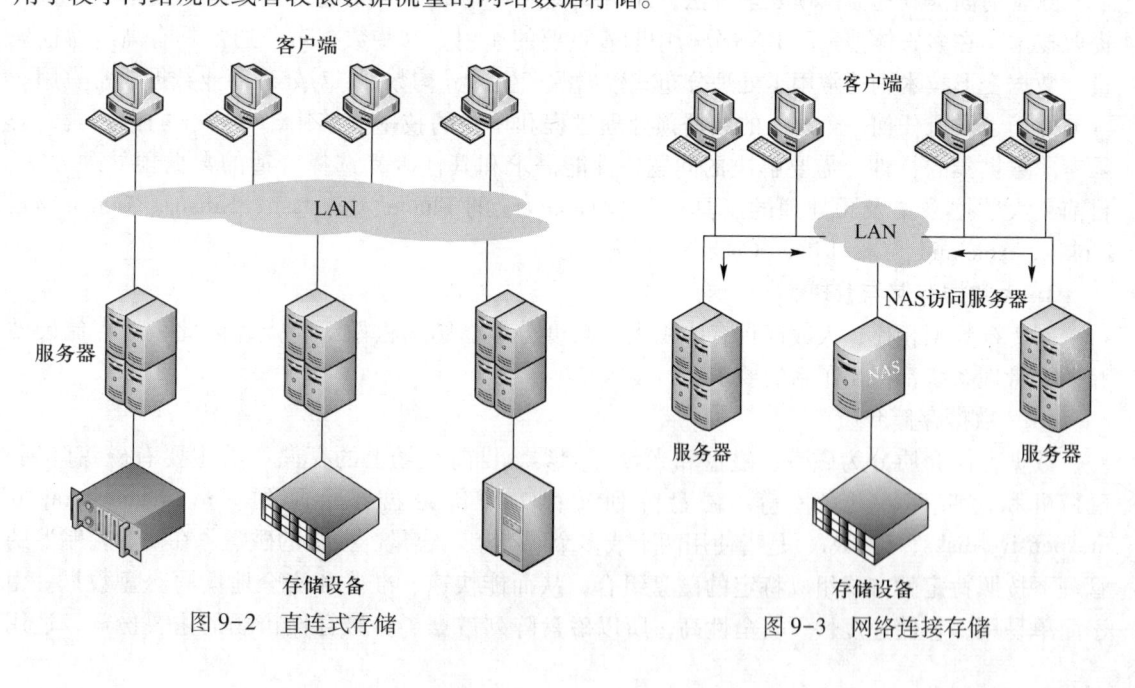

图 9-2　直连式存储　　　　　　　　　　图 9-3　网络连接存储

③ SAN（storage area network，存储区域网络）：是一种以数据存储为中心的计算机网络。SAN 采用可扩展的网络拓扑结构连接服务器和存储设备。将数据的存储和管理集中在相对独立的专用网络中，如图 9-4 所示。SAN 由三个基本组件构成：接口（如 SCSI、光纤通道和 ESCON 等）、连接设备（如交换设备、网关、路由器和集线器等）和通信控制协议（如 IP 和 SCSI 等），这三个基本组件与附加的存储设备和独立的 SAN 服务器共同构成了 SAN 系统。SAN 支持档案数据归档和检索、备份和恢复、存储设备间的数据迁移、磁盘镜像技术和网络服务器间数据共享等功能。SAN 主要用于存储量大的工作环境，如 ISP、银行等。

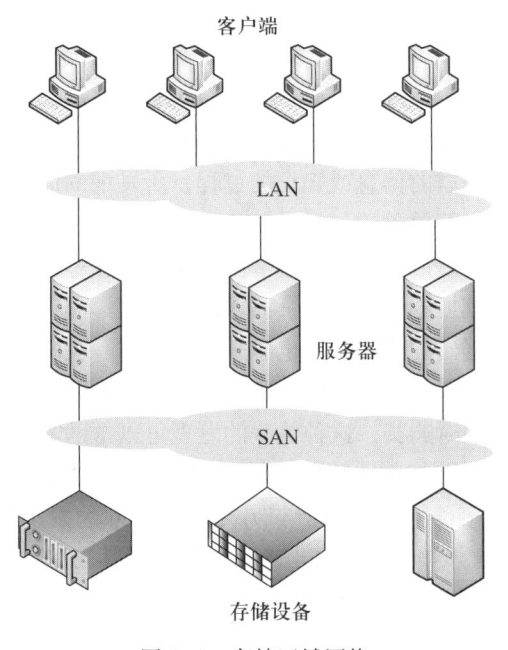

图 9-4　存储区域网络

（3）数据存储和管理系统

面对海量数据的存储，传统的关系型数据库存在着扩展性能差、快速访问能力有限、对非结构化数据的处理能力不足、应用场景局限等缺点，一些新型的数据库模型应运而生，比较典型的有 NoSQL 和 NewSQL。

**3. 大数据分析与挖掘**

数据采集和数据存储技术的不断进步使人们积累了海量的数据，而且这些数据量还在不断地快速增长。大数据应用最根本的目的是探索大量的数据，从中提取到相对有价值的、准确的数据，为未来的行动提供有用的信息或知识。由于数据量太大，并且数据本身具有新的特点，传统的数据分析工

具和技术已无法满足海量信息处理的需求。数据挖掘技术则将传统的统计分析方法与处理大量数据的复杂算法结合起来，为探查和分析新的数据类型以及用新方法分析海量数据提供了契机。

（1）数据挖掘的定义

数据挖掘（data mining）就是从大量的、不完全的、有噪声的、模糊的、随机的实际应用数据中，提取隐含在其中的、人们事先不知道的但又是潜在有用的信息和知识的过程。

数据挖掘是一种决策支持过程，它主要基于人工智能、机器学习、模式识别、统计学、数据库、可视化技术等，高度自动化地分析企业的数据，做出归纳性的推理，从中挖掘出潜在的模式，帮助决策者调整市场策略，减少风险，做出正确的决策。

（2）数据挖掘算法

大数据分析的理论核心就是数据挖掘算法，算法不仅要考虑数据的量，也要考虑处理的速度。目前在许多领域的研究都是在分布式计算框架上对现有的数据挖掘理论加以改进，进行并行化、分布式处理。常用的数据挖掘方法有关联规则、分类、聚类、回归等。

① 关联分析。关联分析就是从有噪声的、模糊的、随机的海量数据中，挖掘出隐藏的、人们事先不知道、但是有潜在关联的信息或知识的过程，所发现的信息或知识通常用关联规则或频繁项集的形式表示。关联分为简单关联、时序关联和因果关联。关联分析的目的是找出数据库中隐藏的关联关系。一般用支持度和可信度两个阈值来度量关联规则的相关性，还不断引入兴趣度、相关性等参数，使得所挖掘的规则更符合需求。随着收集和存储在数据库中的数据规模的增大，人们对从这些数据中挖掘出的关联知识也越来越感兴趣。关联分析的一个典型例子是购物车分析。该过程通过发现顾客放入其购物车中的不同商品之间的联系，分析顾客的购买习惯。通过了解哪些商品频繁地被顾客同时购买，这种关联的发现可以帮助零售商制定营销策略。其他的应用还包括价目表设计、商品促销、商品的摆放和基于购买模式的顾客划分。此外，可从数据库中关联分析出形如"由于某些事件的发生而引起另外一些事件的发生"之类的规则。如"67%的顾客在购买啤酒的同时也会购买尿布"，因此通过合理的啤酒和尿布的货架摆放或捆绑销售可提高超市的服务质量和效益。Apriori 算法是挖掘产生布尔关联规则所需频繁项集的基本算法，也是最著名的关联规则挖掘算法之一。2000 年，Han Jiawei 等人提出了基于频繁模式树（frequent pattern tree，FP-tree）的发现频繁模式的算法 FP-growth。该算法克服了 Apriori 算法中存在的问题，在执行效率上也明显好于 Apriori 算法。

② 分类分析。分类问题是一个普遍存在的问题，有许多不同的应用。例如根据核磁共振扫描的结果区分肿瘤恶性程度，即判断是良性还是恶性；根据电子邮件的标题和内容检查出垃圾邮件等。分类任务是确定对象属于哪个预定义的目标类。数据分类过程包括两个步骤：首先建立一个已知数据集类别或概念的模型，通过分析属性所描述的数据库元组来构造模型，为建立模型而被分析的数据集成为训练数据集，其中的单个元组称为训练样本；其次是使用模型进行分类，先评估模型的预测准确率，当该准确率可以接受时，则可以用其对类标号未知的数据元组或对象进行分类。分类算法有基于规则的决策树算法、基于统计的贝叶斯算法、基于距离的 KNN 算法和基于神经网络的神经网络算法等。

③ 聚类分析。聚类分析是根据"物以类聚"的原理，将本身没有类别的样本聚集成不同的组，这样的一组数据对象的集合称为簇，它的目的是使得属于同一个簇的样本之间尽可能相似，而不同簇的样本尽可能不相似。与分类规则不同，进行聚类前并不知道将要划分成几个组和什么样的组，也不知道根据哪些空间区分规则来定义组。因此，聚类是一个无监督的分类，它没有任何先验知识可用。聚类可以应用于客户群体的分类、客户背景分析、客户购

买趋势预测、市场的细分等。传统的统计聚类分析方法包括系统聚类法、分解法、加入法、动态聚类法、有序样品聚类、有重叠聚类和模糊聚类等。采用 $k$-Means、$k$-Medoids 等算法的聚类分析工具已被加入到许多著名的统计分析软件包中，如 SPSS、SAS 等。

④ 回归分析。分类可以简单地看成由已知数据学习模型来预测离散类别的方法，而回归则是预测连续数值的方法。回归分析是确定两种或两种以上变量间相互依赖的定量关系的一种统计分析方法。回归的主要目的是预测数值型数据，最直接的方法就是根据输入数值写一个计算目标值的公式。这个目标公式被称为回归方程，回归的主要方法是优化回归方程中的参数，从而减少回归预测的误差。在大数据分析中，回归分析是一种预测性的建模技术，它研究的是因变量（目标）和自变量（预测器）之间的关系。这种技术通常用于预测分析、时间序列模型以及发现变量之间的因果关系。例如，司机的鲁莽驾驶与道路交通事故数量之间的关系，最好的研究方法就是回归。

回归分析按照涉及的变量的多少，分为一元回归和多元回归分析；按照因变量的多少，可分为简单回归分析和多重回归分析；按照自变量和因变量之间的关系类型，可分为线性回归分析和非线性回归分析。如果在回归分析中，只包括一个自变量和一个因变量，且两者的关系可用一条直线近似表示，这种回归分析称为一元线性回归分析。如果回归分析中包括两个或两个以上的自变量，且自变量之间存在线性相关，则称为多重线性回归分析。

#### 4. 大数据可视化

人类从外界获得的信息约有 80% 以上来自视觉系统，当大数据以直观的可视化的图形形式展示时，人们往往能够一眼洞悉数据背后隐藏的信息并将其转换为知识和智慧。因此，在大数据技术体系中，数据可视化虽不是核心，但也至关重要。选择恰当的、生动直观的展示形式能帮助人们更好地理解数据的内涵和关联关系，也能够更有效地解释和运用数据，为生产、运营、规划提供决策支持，发挥出大数据的作用。

随着大数据的兴起和发展，催生了几种特征鲜明的信息类型，主要包括文本、网络或图、时空及多维数据等，这些与大数据密切相关的信息类型和多维数据分类模型交叉融合，将成为大数据可视化的主要研究领域。图 9-5 就是 2017 年最受国际媒体关注的城市标签云（word cloud 或 tag cloud），它将关键词根据词频或其他规则进行排序，按照一定规律进行布局排列，用大小、颜色、字体等图形属性对关键词进行可视化。

图 9-5　2017 年最爱国际媒体关注的城市司云图

### 9.3.3　大数据的应用

随着大数据技术的日益成熟，大数据的应用也越来越广泛，已深入到人们生活的方方面面，涵盖工业、金融、旅游、国防、交通、物流、医疗、教育、体育、零售等各行各业。

#### 1. 工业大数据

2013 年 7 月，习近平视察中国科学院时指出：“大数据是工业社会的‘自由’资源，谁掌握了数据，谁就掌握了主动权。”以工业大数据技术为核心，综合利用云计算、人工智能、物联网等新兴工业网络、智能设备、各种传感器、工业控制系统等构建人机物共融协同的互联感知、集成协同、自决策执行的新型交互式工业生产环境，提升工业企业应对需求变化的响应速度，变革企业的研发、生产、运营、营销和管理模式，必将给全球工业带来深刻的变革。

（1）国外应用现状

自 2011 年，美国通用电气公司（GE）已经开始进行工业大数据平台（Predix）的布局。2015 年，GE 公司宣布 Predix 大数据云平台开放计划，为其他厂家的智能机器提供云服务接口接入，其中 GE 利用 Predix 平台为亚洲航空公司部署的飞行效率服务（FES）进行数据分析处理，极大地节省了燃油开支；德国安贝格西门子电子制造工厂，每条生产线拥有超过 1 000 个数据采集点，实现了统一的数据标准和整体集成以及基于此的有效监控和分析管理，其核心是工业大数据的采集、分析和综合应用；英国罗尔斯-罗伊斯公司有超过 29 000 部飞机引擎、25 000 部船用发动机正在服役，罗尔斯-罗伊斯公司在这些交付的发动机中均安装有大量的传感器，通过对这些传感器采集的数据进行分析，不仅可以提前发现故障，还可以根据用户对引擎和发动机的使用状况给出最优的检测、保养、维修计划；丰田公司利用大数据分析为样车试制减少 80% 的缺陷。

（2）国内发展现状

利用大数据技术，基于航天产品机上电缆设计的经验大数据和综合飞行性能数据，建立航天电缆设计工具 E3，实现机上电缆数字化设计生产一体化，在节约 60% 以上研制时间的同时实现了电缆重量减少 15%~30%，差错率降低至千分级，有效提升了产品设计效率，改善了产品性能；青岛红领集团利用大数据技术，将传统手工艺与现代信息化技术充分融合，建立了拥有完全自主知识产权的全球西装高级定制平台 RCMTM（red collar made to measure），与全球潜在客户在线互动，每个客户都可以基于平台在线设计出自己的定制服装。在后续生产过程中，纸样裁剪平台根据各项数据指令绘制纸样，裁剪师再手工裁剪面料，并利用电子标签识别系统，有效解决个性化定制的工艺传递问题；中国商飞为 C919 大飞机装配了航天科工自主研发的故障预测与健康管理系统（PHM），已实现对 3 万多项飞机数据中涉及飞行安全的 4 600 多个关键数据进行实时监控、健康状态评估以及维修品质分析等功能。

#### 2. 金融大数据

大数据在金融业的应用涉及方方面面，大数据这一资源和工具不仅会给金融领域的业务模式带来改变，而且也可能会因此发现新的商业机会和重构新的商业模式。

摩根大通银行利用 Datawatch Panopticon 工具创造了非常直观易懂，且能够实时更新、紧跟市场动态的“信贷市场动态图”。这个工具使得用户能在定制化的面板中，以颜色、大小、近似值等方式呈现和分析数据，帮助用户轻松分析趋势、发现规律、作出决策。通过 Datawatch Panopticon 解决方案，摩根大通用最新、最直观的表现方式呈现出现有的大量数据信息，解决了客户从无数的报表中寻找债券信息，错过难得的投资时机的问题。ZestFinance 是美国金融科技公司，主要做的是将机器学习与大数据分析融合起来，提供更加精准的信用评分。ZestFinance 的核心竞争力在于数据挖掘能力和模型开发能力，在其模型中，往往要用到 3 500 个数据项，从中提取 70 000 个变量，利用 10 个预测分析模型，如欺诈模型、身份验证模型、预付能力模型、还款能力模型、还款意愿模型以及稳定性模型，进行集成学习或者多角度学习，并得到最终的消费者信用评分。2015 年 6 月底，京东集团宣布投资 ZestFinance。2016 年 7 月 18 日，百度也宣布将向 ZestFinance 进行数额不明的投资，作为此次投资的一部分，百度将使用 ZestFinance 的技术来判断其用户的信用。上海保监局面对保险欺诈，依托"机动车辆保险联合平台"、"人身险综合信息平台"和"道路交通事故检验鉴定信息系统"，推行大数据智能化反保险欺诈工作模式，具体包括利用大数据方式进行风险预警、关联排查以及数据串并，通过这些方式有效打击保险欺诈。2014 年 10 月，阿里巴巴成立了"蚂蚁金融服务集团"，涵盖支付宝、余额宝、蚂蚁小贷等业务。作为具有电子商务基因的金融服务中心，蚂蚁金服的数据来源多样，规模巨大。数据处理计算平台能够处理并发金融交易的速度达到 30 000 笔/秒，千万笔支付/天，日数据处理量超过 30 PB，30 分钟内即可完成亿级账户的清算。蚂蚁金服建立了反洗钱中心，通过对黑样本的分析以及线下反洗钱积累的经验，研究人员提取出和洗钱相关的多种犯罪可疑特征，建立数据模型，对高风险账户进行自动预警。在这一体系中，大数据分析采用了大量的实时变量，短时间内完成对海量数据的过滤和处理，在 100 ms 以内形成环路，做出风险决策，从而能够及时发现可疑交易。

### 3. 国防大数据

随着时代的发展，现代战争的特点发生了翻天覆地的变化。现代战场的突发性、毁伤性、立体性、多维交错性大大提高，信息化、网络化、智能化、太空化特点日益突出。在这个过程中，战场的数据量呈现爆炸式增长的态势，因此，对战场数据进行全面开发、高效集成和充分利用，成为把握战场主动权的关键。20 世纪 90 年代以来的两次海湾战争，是一部数据战争的教科书。战前，美国就依靠大数据视觉识别技术，掌握了伊拉克的防空指挥中心、预警雷达、导弹阵地等信息，在战争中，基于对大量信息数据的获取和快速处理，美国成功实现了战场态势同步感知、任务资源动态规划、系统的自适应控制和自主式协同作战。国防大数据在现代战争中应用广泛，主要包括指挥信息系统、军事行动决策与军事训练指导。

指挥信息系统在信息化战争中至关重要，同时兼备指挥控制、侦察情报、预警探测、通信、安全保密、信息对抗等功能。随着作战手段信息化、作战空间多维化、作战形式非接触化，各个战区、各个军种在作战过程中将产生难以想象的大量数据。以空军为例，为了实现对目标的精确实时打击，装备系统需要有强大的目标侦察和监视能力、信息传输和共享能力、指挥控制能力和陆空联合火力打击能力，保障这些能力需要处理大量的数据，无一不需要指挥平台的及时反应处理和指挥反馈。为了适应数据量的指数型爆炸，一体化综合集成的复杂巨型 C4ISR 系统应运而生。

相对于其他数据，战场中产生的数据具有广泛性和时效性，数据分析使得基于大数据的军事行动决策模式正在逐步取代指挥员感性的决策方式。基于数据驱动的决策方法充分利用了战场信息的相关关系，可以及时调动现有军用资源。指挥中心通过整理和分析海量历史数据，建立准确可信的历史数据库，通过对战场数据的实时录入和分析，可以达到对战场的实时透明化分析。根据历史数据库，还可以对敌方指挥员的军事策略和布防特点进行规律探索，科学预测敌方的战斗方案。

大数据对于军事训练的指导不仅仅体现在提高单一军种的作战能力方面，而且能有效提升整个作战体系的联合作战能力。在和平年代，演习即实战，各部队机动能力和作战能力在演习过程中可以得到充分的体现。例如，根据演习数据的分析，可以得到各种复杂地形和敌我态势之下，不同部队的行军效能，可以依此建立各部队机动信息的大数据系统，为实战提供数据依据；根据激光交战系统记录，可以分析出各部队面对敌方时的实际战斗能力，如机枪射击命中率、单位时间摧毁目标能力等。大数据平台的利用，可以充分发掘信息中的有效成分，提高跨区机动的精确性和战场态势分析能力，对以后的训练和实战指挥起到指导作用。

**4. 旅游大数据**

作为大数据的学科分支，旅游大数据的发展也正在改变传统的旅游管理模式、营销模式、需求和消费模式，变革旅游产业的组织方式、旅游市场的驱动方式以及旅游系统要素之间的交互方式，将对旅游信息体系构建、旅游认知方式、旅游决策手段等领域产生全方面的影响。目前我国旅游大数据产业还处在初始发展阶段或认知阶段，大数据应用主要集中在能够掌握海量数据的在线旅行社手中，例如携程、去哪儿、飞猪、途牛、马蜂窝、同程等大型旅游互联网平台。在线企业利用自身强大的数据资源，初步实现了个性化行程订制、门票预订、电子代金券使用、在线促销、社交分享、精准推送、移动支付等，以大数据为支撑的"互联网+个性化旅游定制"模式实现了传统旅游业的创新。同时，通过基于大数据的"云+端"的架构处理，确保旅游监管系统、旅游信息发布系统、景区管理系统数据的统一。旅游大数据还可以通过互联网（例如论坛、博客、微博、微信、电商平台、点评网等）收集有关旅游评论数据，可以通过网评大数据库进行分词、聚类、情感分析，了解游客的消费习惯、价值取向，从而全面掌握旅游目的地的供需状况及市场评价，为政府和涉旅企业做决策提供依据。此外，通过分析区域人口、消费水平、客户消费习惯、市场对产品的认知度、当前的市场供需情况、公众的消费喜好等海量数据，找到旅游行业的热点、淡旺季及不同季节的变化规律和游客的兴趣点，形成旅游行业市场特征报告，供旅游企业及景区进行精准的市场定位。

# 9.4　人工智能

### 9.4.1　人工智能概述

1956 年夏季，在美国的达特茅斯大学，以约翰·麦卡锡（John McCarthy）、马文·明斯基（Marvin Minsky）、纳撒尼尔·罗切斯特（Nathaniel Rochester）和克劳德·香农（Claude Shannon）等为首的一批有远见卓识的年轻科学家聚在一起共同研究了两个月，目标是"精确、全面地描述人类的学习和其他智能，并制造机器来模拟"。在研讨会上，他们第一次正式使用人工智能（artificial intelligence，AI）这一术语，从而开创了人工智能这一研究方向。这次达特茅斯会议被公认为人工智能这一学科的起源。随着人工智能的发展，世界各国有关学者也相继加入这一行列，英国在 20 世纪 60 年代就起步研究人工智能，到 70 年代，在爱丁堡大学成立了"人工智能"系。日本和西欧一些国家虽起步较晚，但发展都较快。我国从 1978 年才开始人工智能课题的研究，主要在定理证明、汉语自然语言理解、机器人及专家系统方面设立课题，并取得一些初步成果。我国也先后成立了中国人工智能学会、中国计算机学会人工智能和模式识别专业委员会和中国自动化学会模式识别与机器智能专业委员会等学术团体，开展这方面的学术交流。此外，国家已建立了若干与人工智能研究有关的国家重点实验室，这些都将促进我国人工智能的研究，为这一学科的发展做出贡献。

**1. 人工智能的定义**

人工智能，又称机器智能，主要研究用人工的方法和技术开发智能机器或智能系统。像其他新兴学科一样，人工智能至今尚无统一的定义。学者们从不同的角度、不同的层面给出了各自的定义。美国数学家 Bellman 认为：人工智能是那些与人的思维相关的活动，诸如决策、问题求解和学习等的自动化；麻省理工学院的计算机科学家帕特里克·亨利·温斯顿（Patrick Henry Winston）在所著的《人工智能》教科书里所下的定义是："人工智能就是研究如何使计算机去做过去只有人才能做的智能工作。"这些说法反映了人工智能学科的基本思想和基本内容，即人工智能是研究人类智能活动的规律，构造具有一定智能的人工系统，研究如何应用计算机的软硬件来模拟人类某些智能行为的基本理论、方法和技术。

**2. 人工智能的研究目标和内容**

一般地，人工智能的研究目标又可分为近期研究目标和远期研究目标两种。人工智能的近期研究目标是建造智能计算机以代替人类的某些智能活动。通俗地说，就是使现有的计算机更聪明和更有用，使它不仅能够进行一般的数值计算和非数值信息的数据处理，而且能够使用知识和计算智能，模拟人类的部分智力功能。人工智能的远期目标是用自动机模仿人类的思维活动和智力功能。也就是说，要建造能够实现人类思维活动和智力功能的智能系统。

人工智能是一门综合性极强的交叉性学科。人工智能的研究涉及计算机科学、心理学、认知科学、语言学、数理科学以及控制论、哲学甚至经济学等众多学科领域，因此有着十分广泛和极其丰富的研究内容，诸多学者共同认为具有普遍意义的人工智能研究内容有认知建模、知识表示、知识推理、知识应用、机器感知、机器思维、机器学习、机器行为以及智能系统构建等。

**3. 人工智能的实现方法**

人工智能在计算机上实现时有两种不同的方式：一种是采用传统的编程技术，使系统呈现智能的效果，而不考虑所用方法是否与人或动物机体所用的方法相同，这种方法叫工程学方法（engineering approach），它已在一些领域内取得了成果，如文字识别、计算机下棋等；另一种是模拟法，它不仅要看效果，还要求实现方法也和人类或生物机体所用的方法相同或相类似。遗传算法（generic algorithm，GA）和人工神经网络（artificial neural network，ANN）均属后一类型。遗传算法模拟人类或生物的遗传-进化机制，人工神经网络则模拟人类或动物大脑中神经细胞的活动方式。为了得到相同智能效果，两种方式通常都可使用。

### 9.4.2 人工智能的应用

人工智能是个高科技、宽领域、多维度、跨学科的集大成者，从立足大数据、围绕互联网的纯计算机应用，逐步衍生到人们日常学习、工作和生活的方方面面，在细微之处改善和改变着我们。

**1. 公共安全领域**

公共安全包括社会治安、交通安全、生活安全、生产安全、食品安全、生态安全等。人工智能在公共安全领域的应用场景主要包括犯罪侦查、交通监控、自然灾害监测、食品安全保障、环境污染监测等。

（1）犯罪侦查

依托安防行业的信息化基础及积累的专业知识，犯罪侦查成为人工智能在公共安全领域最先落地的场景。各大安防巨头和人工智能企业纷纷在该方向上进行智能化布局，相关产品大量涌现，大致可分为三类。

一是身份核验类产品。该类型产品一般安装在各类场所的出入口位置，能够将采集的实时人像图片，与其所持有效身份证件的照片进行比对，不仅可有效核对人、证是否一致，还可将核对的身份信息与后台数据库碰撞比对，实现黑名单的实时报警，从而有效助力公安机关身份核查、刑事侦查、安全检查等工作，极大地提升工作效率，并降低警力投入。代表产品有海康威视的人证访客一体机、商汤科技的视图情报研判系统 SenseTotem、旷视科技的人证核验一体机、海鑫科金的身份核验系列智能设备自助式人员信息采集查控闸机等。

二是智能视频监控类产品。该类型产品一般由分布在飞机场、火车站、公共道路等公共场所的视频监控摄像头以及后台视频数据存储、分析设备组成。可提供人脸抓拍、布控报警、属性识别、统计分析、重点人员轨迹还原等功能。代表产品有商汤科技的人脸布控实战平台 SenseFace、旷视科技的洞鉴人像系统等。

三是视频结构化类产品。该类产品通过对视频内容进行结构化处理，提供基于分析结果的以图搜图、画图搜索、实时轨迹追踪等功能。代表产品有商汤科技的视频结构化解析服务器 SenseVideo-A、旷视科技的视频结构化系统、深醒科技的视频结构化分析管理系统等。

（2）交通监控

人工智能在交通监控的应用主要有两类产品。

一是交通疏导类。该类型产品利用获取的路口路段车流量、饱和度、占有率等交通数据，通过优化灯控路口信号灯时长，以达到缓解交通拥堵的目的。例如，青岛公安交警部门通过布设的 1 200 余台高清摄像机，4 000 处微波、超声波、电子警察检测点，组建智能交通系统，实时优化城市主干道、高速公路及国省道的红绿灯时长，使得整体路网平均速度提高 9.71%，通行时间缩短 25%，高峰持续时间减少 11.08%。

二是违法行为监测类。一些智能交通系统可利用视频检测、跟踪、识别等技术，根据车辆特征、驾乘人员姿态等图像数据，有效识别违法行为。特别是针对"假牌"、"套牌"、"车内不系安全带"、"开车打电话"等需要人工甄别的违法行为，这些智能交通系统极大减少人工投入，大大提升工作效率。如苏州通过布设科达自主研发的"海燕车辆二次分析系统"，对交通卡口电警抓拍的图片进行二次识别，实现对交通违法行为的有效取证。该系统上线仅一周时间就抓拍到近 3 000 起违章行为和近 20 起假牌、套牌事件。

（3）自然灾害监测

在风暴、泥石流、洪水等自然灾害的智能化监测预警方面，国外已经有比较成熟的应用探索。风暴灾害方面，IBM 为美国安大略省 Hydro One 电力公司开发的风暴智能预测工具，可以通过分析气象实时数据，预测风暴灾害的严重程度和严重区域，从而帮助该电力公司提前布置电工，以帮助受灾城市快速地恢复供电。泥石流灾害方面，日本大阪大学的研究人员针对日本全国 50 多万处的泥石流侵害点的现实情况，开发出了一款能够预测泥石流发生的 AI 系统。该系统主要利用天气预报信息，分析降水量和降水时间，再结合安置在山体、河流中的传感器采集的数据，从而计算出泥石流发生的概率并预警。相比传统的监测预警方式，这种 AI 系统能将泥石流灾害的预报时间从提前几分钟大大提升到提前几个小时。

此外，在火灾预警、大型活动管理、环境污染监测等公共安全场景，国内研究机构、科技公司已经研发出或正在研究智能火灾监测预警、人群异常监测、大气污染跟踪预警等应用，力求利用人工智能技术手段，减少人工投入和资源消耗，提升预警时效，为及时有效处置提供强力支持。

**2. 智能医疗**

如今，全球许多国家都在如火如荼地进行智慧医院建设，人工智能在医疗基础领域开始应用，使人们得到更好的医疗服务。

贝斯以色列女执事医疗中心（BIDMC）与哈佛医学院合作研发的人工智能系统，对乳腺癌病理图片中癌细胞的识别准确率能达到 92%。美国企业 Enlitic 则将深度学习运用到了癌症等恶性肿瘤的检测中，该公司开发的系统的癌症检出率超越了 4 位顶级的放射科医生，诊断出了人类医生无法诊断出的 7% 的癌症。Greg Corrado 领导的研究糖尿病并发症的研究团队，通过训练机器学习系统让它们学会识别糖尿病患者视网膜眼底扫描的图片，从而分辨出病人是否有失明的风险。

在智能诊疗的应用中，IBM Watson 是目前最成熟的案例。Watson 是融合了自然语言处理、认知技术、自动推理、机器学习、信息检索等技术，并给予假设认知和大规模的证据搜集、分析、评价的人工智能系统。2012 年 Watson 通过了美国职业医师资格考试，并部署在美国多家医院提供辅助诊疗服务。目前，Watson 提供诊治服务的病种包括乳腺癌、肺癌、结肠癌、前列腺癌、膀胱癌、卵巢癌、子宫癌等多种癌症。

随着全球机器人产业的爆发，精准医疗概念的兴起以及全球老龄化趋势加大，医疗机器人技术被许多国家纳入国家规划并得到迅速发展。目前，微创手术、配药、物流、就医指导、智能问诊等机器人技术及设备已成功在许多医院应用。随着人工智能技术快速突破，具备复杂人机感知能力、自然人机交互及柔顺协作控制技术的医疗服务机器人将在患者康复、居家养老、个人护理、医养结合层面得到普及。

世界上最有代表性的做手术的机器人就是达·芬奇手术系统。该手术系统让医生可以在远程操控手术台的终端。手术台是一个有 3 个机械手臂的机器人，它负责对病人进行手术，每一个机械手臂的灵活性都远远超过人的手臂，并带有摄像机可以进入人体内监测，因此不仅手术的创口非常小，而且能够实现一些人类此前很难完成的手术。在控制终端上，计算机可以通过几台摄像机拍摄的二维图像还原出人体内的高清晰度的三维图像，以便监控整个手术过程。目前，全世界共装配了 3 000 多台达·芬奇机器人，完成了 300 万例手术。

在智能药物研发方面，美国硅谷公司 Atomwise 通过 IBM 超级计算机，在分子结构数据库中筛选治疗方法，评估出 820 万种药物研发的候选化合物。2015 年，Atomwise 基于现有的候选药物，应用人工智能算法，在不到一天时间内就成功地寻找出能控制埃博拉病毒的两种候选药物。

除挖掘化合物研制新药外，美国 Berg 生物医药公司通过研究生物数据研发新型药物。据美国媒体报道，通过其开发的 Interrogative Biology 人工智能平台，Berg 研究人体健康组织，探究人体分子和细胞自身防御组织以及发病原理机制，利用人工智能和大数据推算人体自身分子潜在的药物化合物。这种利用人体自身的分子来医治类似糖尿病和癌症等疑难杂症，时间成本与资金要比研究新药的少一半。

**3. 智能机器人**

智能机器人是一种自动化的机器，具有相当发达的"大脑"，具备一些与人或生物相似的智能能力，如感知能力、规划能力、动作能力和协同能力，是一种具有高度灵活性的自动化机器。图 9-6 即为 2018 年风靡电视和网络的小度机器人。智能机器人根据其用途来划分，可以大致分为工业机器人、服务机器人、军用机器人等。

图 9-6 机器人小度

目前工业机器人主要在工业生产中代替人从事某些单调、频繁和重复的长时间工作，或是在危险、恶劣环境下的作业以及完成对人体有害物料的搬运或者工艺操作。例如采矿机器人能很好地代替工人在各种有毒、有害及危险环境下采掘。服务机器人又可分为家用服务机器人、娱乐机器人、医疗服务机器人等。家用服务机器人能够代替人完成家庭服务工作，如扫地机器人。娱乐机器人以供人观赏、娱乐为目的，有一定的感知能力，如舞蹈机器人、玩具机器人、足球机器人等。医疗服务机器人包括外科手术机器人和康复机器人。军用机器人则可以代替士兵完成各种极限条件下的危险任务，其中飞行机器人、无人机的研究和应用在近年得到越来越多的重视。

除了上述应用之外，人工智能技术肯定会朝着越来越多的分支领域发展，在教育、金融、衣食住行等涉及人类生活的各个方面都会有所渗透。

# 9.5 区块链

扩展阅读
9-12
区块链

## 9.5.1 区块链概述

区块链技术起源于 2008 年由化名为中山聪（Satoshi Nakamoto）的学者在秘密讨论群"密码学邮件组"发表的论文《Bitcoin：a peer-to-peer electronic cash system》，目前尚未形成行业公认的区块链定义。狭义来讲，区块链是一种按照时间顺序将数据区块以链条的方式组合成特定数据结构，并以密码学方式保证的不可篡改和不可伪造的去中心化共享总账（decentralized shared ledger），能够安全存储简单的、有先后关系的、能在系统内验证的数据。广义的区块链技术则是利用加密链式区块结构来验证与存储数据，利用分布式节点共识算法来生成和更新数据，利用自动化脚本代码（智能合约）来编程和操作数据的一种全新的去中心化基础架构与分布式计算范式。按照目前区块链技术的发展脉络，区块链技术将会经历以可编程数字加密货币体系为主要特征的区块链 1.0 模式、以可编程金融系统为主要特征的区块链 2.0 模式和以可编程社会为主要特征的区块链 3.0 模式。

区块链技术的核心优势是去中心化，能够通过运用数据加密、时间戳、分布式共识和经济激励等手段，在节点无须互相信任的分布式系统中实现基于去中心化信用的点对点交易、协调与协作，从而为解决中心化机构普遍存在的高成本、低效率和数据存储不安全等问题提供了解决方案。随着比特币近年来的快速发展与普及，区块链技术的研究与应用也呈现出爆发式增长态势，被认为是继大型机、个人计算机、互联网、移动/社交网络之后计算范式的第五次颠覆式创新，是人类信用进化史上继血亲信用、贵金属信用、央行纸币信用之后的第四个里程碑。区块链技术是下一代云计算的雏形，有望像互联网一样彻底重塑人类社会活动形态，并实现从目前的信息互联网向价值互联网的转变。

**1. 区块链的本质**

从技术的角度简单理解区块链，区块链是一种特殊的分布式数据库。首先，区块链的主要作用是存储信息。任何需要保存的信息，都可以写入区块链，也可以从里面读取。其次，任何人都可以架设服务器，加入区块链网络，成为一个节点。区块链的世界里面，没有中心节点（去中心化），每个节点都是平等的，都保存着整个数据库。你可以向任何一个节点写入/读取数据，因为所有节点最后都会同步，保证区块链的一致。区块链的本质是一个分布式的公共账本，任何人都可以对这个账本进行核查，但不存在单一的用户可以对它控制。区块链系统中的参与者共同维持账本的更新，它只能按照严格的规则和共识进行修改。

**2. 区块链的特点和工作原理**

区块链的最大特点是没有管理员，它是彻底无中心的。如果有人想对区块链添加审核，也实现不了，因为它的设计目标就是防止出现居于中心地位的管理当局。没有了管理员，人人都可以往里面写入数据，怎么才能保证数据是可信的呢，这就是区块链奇妙的地方。

区块链由一个个相连的区块（block）组成。区块很像数据库的记录，每次写入数据，就是创建一个区块。每个区块包含两个部分：区块头（Head）和区块体（Body）。Head 记录了当前区块的 Hash、上一个区块的 Hash、生成时间等多项元信息；Body 记录实际数据。Hash 就是计算机对任意内容计算出的一个长度相同的特征值。区块链的 Hash 长度是 256 位，不管原始内容是什么，最后都会计算出一个 256 位的二进制数字，而且可以保证，只要原始内容不同，对应的 Hash 一定是不同的。区块与 Hash 是一一对应的，每个区块的 Hash 都是针对"区块头"（Head）计算的。这意味着如果当前区块的内容变了，或者上一个区块的 Hash 变了，一定会引起当前区块的 Hash 改变。如果有人修改了一个区块，该区块的 Hash 就变了。为了让后面的区块还能连到它，必须同时修改后面所有的区块，否则被改掉的区块就脱离区块链了。Hash 的计算很耗时，同时修改多个区块的情况几乎不可能发生，除非有人掌握了全网 51%以上的计算能力。正是通过这种联动机制，区块链保证了自身的可靠性，数据一旦写入，就无法被篡改。这就像历史一样，发生了就是发生了，从此再无法改变。

为了保证节点之间的同步，新区块的添加速度不能太快。试想一下，你刚刚同步了一个区块，准备基于它生成下一个区块，但这时别的节点又有新区块生成，你不得不放弃做了一半的计算，再次去同步。因为每个区块的后面，只能跟着一个区块，你永远只能在最新区块的后面，生成下一个区块。为此，区块链的发明者中山聪故意让添加新区块变得很困难。他的设计思路是平均每 10 分钟，全网才能生成一个新区块，一小时也就 6 个。这种产出速度不是通过命令达成的，而是故意设置了海量的计算。也就是说，只有通过极其大量的计算，才能得到当前区块的有效 Hash，从而把新区块添加到区块链，这个过程称为采矿（mining），因为计算有效 Hash 的难度，好比在全世界的沙子里面，找到一粒符合条件的沙子。计算 Hash 的机器就称为矿机，操作矿机的人就称为矿工。

即使区块链是可靠的，现在还有一个问题没有解决：如果两个人同时向区块链写入数据，也就是说，同时有两个区块加入，因为它们都连着前一个区块，就形成了分叉。这时应该采纳哪一个区块呢？现在的规则是，新节点总是采用最长的那条区块链。如果区块链有分叉，将看哪个分支在分叉点后面先达到 6 个新区块（称为"六次确认"）。按照 10 分钟一个区块计算，一小时就可以确认。由于新区块的生成速度由计算能力决定，所以这条规则就是说，拥有大多数计算能力的那条分支，就是正宗的区块链。

### 9.5.2 区块链举例

如何简单通俗地理解区块链呢？下面用一个比较通俗易懂的例子来进行说明。

如果 A 借给了 B 100 块钱，这个时候，A 在人群中大喊"我是 A，我借给了 B 100 块钱！"，B 也在人群中大喊"我是 B，A 借给了我 100 块！"此时路人甲乙丙丁都听到了这些消息，因此所有人都在心中默默记下了"A 借给了 B 100 块钱"。在这个系统中不需要银行，也不需要借贷协议和收据，严格来说，甚至不需要人与人长久的信任关系（比如 B 突然又改口说"我不欠 A 钱！"这个时候人民群众就会站出来说"不对，我的小本本上记录了你某天向 A 借了 100 块钱！"）。

在上述的模型中，所谓的"100 块钱"其实不重要。换句话说，任何东西都可以在这个模型中交换，甚至你可以凭空杜撰一个东西，只要大家承认，你就可以让你杜撰的东西流通。比如：A 在人群中高喊一声"我创造了 10 个查克拉！"，A 甚至不需要知道查克拉是什么，也不需要关心世界上是不是真的有查克拉，只要大家都听到，然后在自己的小本本上记下"A 有 10 个查克拉"，于是 A 就真的有 10 个查克拉了。从此以后，A 便可以声称我给了某人 1 个查克拉，只要路人甲乙丙丁都收到并且承认了这一信息，那 A 就算完成了这次交易，哪怕世界上没有查克拉。

然而存在这样一个问题，假设过了很长一段时间，凭空创造的查克拉已经在这个系统中流通了起来，大家都开始认可了查克拉。但是这个系统中一共就只有 10 个查克拉，于是有人动了坏心思，他在人群中高呼"我有 10 个查克拉！"怎么办？大家是直接在本本上记下他有 10 个查克拉吗，这样不是人人都可以伪造查克拉了吗？

为了防止这种现象发生，在 A 创造查克拉时要给 A 的查克拉打上标记（更准确地说，是给 A 喊的那句 "A 创造了 10 个查克拉" 打上标记，比如标记为 001），以后在每一笔交易时，A 在高喊 "我给了某某 1 个查克拉！" 时，会附加上额外的一句话："这 1 个查克拉的来源是记为 001 的那条记录，我的这句话标记为 002！"。再抽象一点，某人喊话的内容的格式就变成了："这句话编号 xxx，上一句话的编号是 yyy，我给了某某 1 个查克拉！"，这样就解决了伪造的问题。其实上述模型就变成一个简化的中本聪第一版比特币区块链协议。

看到这里基本上已经能够生动形象地解释区块链了。但是仍然存在以下疑问，"凭啥你喊一句话我就帮你记？"。为了激励大家帮 A 传话和记账，A 决定给第一个听到他喊话并且记录在小本本上的人一些奖励，第一个听到 A 喊话并记录下来的人，就可以得到 1 个查克拉，这个查克拉是整个系统对他辛苦记账的报酬，而这个人记录了这句话之后，要马上告诉其他人他已经记录好了，让别人放弃继续记录这句话，并给出自己的记录编号让别人有据可查，然后他再把 A 的话加上他的记录编号一起喊出来，供下一个人记账。

当这个规则定下以后，这个系统中一定会出现一批人，他们开始竖着耳朵监听周围发出的声音，以抢占第一个记账的权利。比如 "比特币挖矿"。比特币挖矿机，就是用于赚取比特币的计算机，这类计算机一般有专业的挖矿芯片，多采用烧显卡的方式工作，耗电量较大。用户用个人计算机下载软件然后运行特定算法，与远方服务器通信后可得到相应的比特币，是获取比特币的方式之一。

在这个系统中，如果 A 和 B 几乎同时喊出一句："厉害了，我的国！"。由于听众所处的位置不同，一定会有人先听到 A 说的那句话，而另外一些人则先听到 B 的那句话，如果规定只能有一个人说出这句话，那到底这句话是谁说的呢？如果不加任何条件，一部分人会认为这句话是 A 说的，在听到这句话之后开始记账，之后他们所做的所有事情都是基于这个事实，并且随着这个信息一次次地传下去，这条信息链会越来越深；而另外一部分人则认为 B 是先说这句话的人，也会按照相同的趋势发展。这样，原本是一条唯一的信息链，在 A 和 B 喊出 "厉害了，我的国！" 这句话之后分叉了。按照设想，应该每个人的小本本上记录的东西都是一样的，都是一条可以把所有信息串联起来的链条。但是在这一刻，他们小本本上记录的东西不一样了。以后还怎么确定交易和信息的真实性？为了解决这个问题，又追加了新的规则，增加记录编码的难度，即比特币挖矿难度，保证记录的唯一性（保证节点之间的同步）。

### 9.5.3　区块链技术的应用

众所周知，区块链技术是伴随着比特币的诞生而诞生的，虽然至今已有 10 年的时间，但区块链真正走进群众视野，成为全球 "趋势"，也仅仅是在最近几年才正式开始的。区块链技术是具有普适性的底层技术框架，各行各业中都能结合区块链技术进行完善。结合区块链技术特性及各行业现有状况，未来区块链技术将会在以下领域得到应用。

**1. 金融**

区块链应用于金融领域的核心价值是促进反洗钱和顾客身份审查。在区块链的创新和应用探索中，金融是最主要的领域，区块链技术在数字货币、支付清算、智能合约、金融交易、物联网金融等多个方面存在广阔的应用前景。就拿淘宝购物来说，支付环节需要通过支付宝实现可信任担保交易，但由于淘宝和支付宝同属一支，这种信用基础就被操纵在阿里自己手里。如果把支付宝担保平台换成一个 "可信任的超级系统"，让交易变得直观而安全，也就不需要第三方担保了。区块链的出现恰好可以让这个想法变成现实。

比特币是目前区块链技术最广泛、最成功的运用，由于其具有不可篡改的时间戳和全网公开的特性，得到了银行、证券、保险等金融行业的广泛信赖。

### 2. 游戏

区块链应用于游戏领域的核心价值是把游戏权利交还给游戏玩家。区块链技术去中心化、智能合约、资产交易等技术特点，能很好地解决目前游戏行业游戏数据和用户数据隐私泄漏的问题，促进游戏中虚拟数字货币的保值，实现用户与游戏开发平台公平的价值共享。在国外，区块链技术已广泛应用在游戏货币支付环节，如 800 万玩家的游戏 Fragoria 已启动 GameCredits 的区块链支付网关，为游戏行业提供首个加密货币支付方案。

### 3. 社交

区块链应用于社交领域的核心价值是让用户自己控制数据，杜绝隐私泄露。想想为什么刚刚浏览完某个购物网站，总会在其他社交平台上收到类似的广告弹窗，因为数据隐私被垄断的大数据平台进行了贩卖。区块链技术在社交领域的应用目的，就是让社交网络的控制权从中心化的公司转向个人，实现中心化向去中心化的改变，让数据的控制权牢牢掌握在用户自己手里。以色列创业公司 Synereo，借助匿名化的区块链网络及其内嵌代币机制，充分保证用户隐私安全。

### 4. 版权

区块链应用于版权领域的核心价值是重塑对知识产权的保护。区块链的技术将所有的交易都记录在区块中，且形成记录不可被篡改，因此所有交易都可以被追踪和查询到，保障了区块链上的交易透明性，避免网络中的用户非法使用具有知识产权保护的内容。对原创者来说，这是一种更便捷、更安全、更低廉的版权保护方式。目前区块链技术多应用于数字音乐的版权保护，在线音乐平台 PledgeMusic 公布了一个全球分散式账簿和公平贸易音乐数据库的综合蓝图，可以充分解决所有权、付款和透明度问题。

### 5. 云计算

区块链应用于云计算领域的核心价值是推动公共信任基础设施建设进程。中国信息通信研究院认为，区块链与云的结合是必然趋势。区块链与云的结合，有两种模式，一种是区块链在云上，一种是区块链在云里。后一种，也就是 BaaS，backend-as-a-service，是指云服务商直接把区块链作为服务提供给用户。未来，云服务企业会越来越多地将区块链技术整合至云计算的生态环境中，通过提供 BaaS 功能，有效降低企业应用区块链的部署成本，降低创新创业的初始门槛。

### 6. 共享经济

区块链应用于共享经济领域的核心价值是为平台构建用户信任。区块链是基于分布式和一致性的存储系统，实现 P2P 商业模式下透明真实的信用管理体系。核心是去中心化和去信任化，破解共享经济的信任痛点。P2P 网贷、二手车交易、住宿分享等共享经济细分领域都已经开始尝试。区块链通过借助智能合约技术，能够自动执行满足某项条件下的操作，也能够使得更多商品"共享"，大幅降低契约建立和执行的成本。腾讯正在把智能合约运用于自行车租赁、房屋共享等领域，如果这种智能合约运用于共享单车领域，也许会给整个行业带来全新的改变。

**7. 医疗**

区块链应用于医疗领域的核心价值是实现数据共享、更精确的诊断、更有效的治疗。一直以来，医疗机构都要忍受无法在各平台上安全地共享数据。数据提供商之间更好的数据合作意味着更精确的诊断、更有效的治疗以及提升医疗系统提供经济划算的医疗服务的整体能力。区块链技术可以让医院、患者和医疗利益链上的各方在区块链网络里共享数据，而不必担心数据的安全性和完整性。初创公司 Gem 发布了 Gem 健康网络——专注于优化供应链和优化医疗数据管理，致力于通过区块链技术使医疗行业以便捷的方式保护病人数据并使得其能够在各个部门间实时共享。

**8. 慈善**

区块链应用于慈善领域的核心价值是实现所有数据公开透明。对于慈善捐助，区块链可以让人们准确跟踪其捐款流向、捐款何时到账、最终捐款到了谁的手里。由此，区块链可以解决慈善捐赠过程中长期存在的透明度不高和问责不清等问题。

# ○ 参考文献

[1] 溪利亚，彭文艺，等．计算机网络教程［M］．北京：北京邮电大学出版社，2015.
[2] 张思卿，王海文，等．计算机网络技术［M］．武汉：华中科技大学出版社，2013.
[3] 张胜，赵珏．计算机网络基础［M］．成都：电子科技大学出版社，2014.
[4] 王雷，魏焕新，等．计算机网络原理基础教程［M］．北京：北京理工大学出版社，2016.
[5] 邓世昆．计算机网络［M］．昆明：云南大学出版社，2015.
[6] 谭建中．计算机网络技术［M］．成都：电子科技大学出版社，2008.
[7] 董吉文，徐龙玺，等．计算机网络技术与应用［M］．3 版．北京：电子工业出版社，2017.
[8] 李凤霞，陈宇峰，史树民．大学计算机［M］．北京：高等教育出版社，2014.
[9] 王巍，杜振宁．计算机网络技术［M］．北京：北京理工大学出版社，2016.
[10] 董卫军，索琦，刑为民，等．大学计算机应用技术［M］．2 版．北京：科学出版社，2017.
[11] 苏万益．物联网概论［M］．郑州：郑州大学出版社，2014.
[12] 吴功益，吴英．计算机网络高级教程［M］．2 版．北京：清华大学出版社，2015.
[13] 汤兵勇，等．云计算概论：基础、技术、商务、应用［M］．北京：化学工业出版社，2016.
[14] 周鸣争，刘三民，等．互联网+导论［M］．北京：中国铁道出版社，2016.
[15] 胡鸣，聂刚，等．计算机网络：原理及应用［M］．北京：科学出版社，2016.
[16] 陈红松．云计算与物联网信息融合［M］．北京：清华大学出版社，2017.
[17] 工业和信息化部电子科学技术情报研究所．中国物联网发展报告（2014-2015）［M］．
     北京：电子工业出版社，2015.
[18] 中国物品编码中心，中国自动识别技术协会．条码技术基础［M］．武汉：武汉大学出版
     社，2008.
[19] 罗汉江，高爱国，黄林峰，等．物联网应用技术导论［M］．大连：东软电子出版
     社，2014.
[20] 陈勇，罗俊海，朱玉全，等．物联网技术概论及产业应用［M］．南京：东南大学出版
     社，2013.
[21] 物联网产业技术创新战略联盟．中国物联网产业发展概况［M］．北京：北京邮电大学
     出版社，2016.
[22] 俞春俊，邱红桐，张雷元．物联网技术在智能交通管理中的应用展望［J］．公安交通科
     技窗，2010(2)：25-28.
[23] 唐良荣，唐建湘，范丰仙，等．计算机导论——计算思维和应用技术［M］．北京：清
     华大学出版社，2015.
[24] Mell P，Grance T．SP 800-145．The NIST Definition of Cloud Computing［M］．National In-
     stitute of Standards & Technology，2011.

［25］虚拟化与云计算小组．云计算宝典：技术与实践［M］．北京：电子工业出版社，2011．

［26］陈全，邓倩妮．云计算及其关键技术［J］．计算机应用，2009，29(9)：2562-2567．

［27］佚名．云计算技术的产生、概念、原理、应用和前景［J］．呼和浩特经济，2012(2)：29-34．

［28］杜积西，严小芳．云教育：开启学习的 3A 时代［M］．北京：北京理工大学出版社，2013．

［29］黄明燕，蔡祖锐．云计算教育应用研究综述［J］．软件导刊（教育技术），2014，13(01)：6-11．

［30］宁兆龙，孔祥杰，杨卓，等．大数据导论［M］．北京：科学出版社，2017．

［31］李联宁．大数据技术及应用教程［M］．北京：清华大学出版社，2016．

［32］娄岩，徐东雨．大数据技术概论［M］．北京：清华大学出版社，2017．

［33］深圳国泰安教育技术股份有限公司大数据事业部群，等．大数据导论：关键技术与行业应用最佳实践［M］．北京：清华大学出版社，2015．

［34］赵勇．架构大数据：大数据技术及算法解析［M］．北京：电子工业出版社，2015．

［35］任磊，杜一，马帅，等．大数据可视分析综述［J］．软件学报，2014，25(9)：1909-1930．

［36］陈海滢，郭佳肃．大数据应用启示录［M］．北京：机械工业出版社，2016．

［37］陈军君，张晓波，端木凌．中国大数据应用发展报告 No.1（2017）［M］．北京：社会科学文献出版社，2017．

［38］刘韩．人工智能简史［M］．北京：人民邮电出版社，2018．

［39］罗兵，李华嵩，李敬民．人工智能原理及应用［M］．北京：机械工业出版社，2011．

［40］蔡自兴，徐光祐．人工智能机器应用［M］．北京：清华大学出版社，2012．

［41］柴玉梅，张坤丽．人工智能［M］．北京：机械工业出版社，2012．

［42］Mat Buckland．游戏编程中的人工智能技术［M］．吴祖增，沙鹰，译．北京：清华大学出版社，2006．

［43］史忠植．人工智能［M］．北京：机械工业出版社，2016．

［44］颜媚，张涛，石霖．人工智能在公共安全领域应用探析［N］．中国信息产业网-人民邮电报，2018-10-11..

［45］朱福喜．人工智能［M］．3 版．北京：清华大学出版社，2016．

［46］李伟．中国区块链发展报告（2017）［M］．北京：社会科学文献出版社，2017．

［47］何蒲，于戈，张岩峰，等．区块链技术与应用前瞻综述［J］．计算机科学，2017，44(04)：1-7．

［48］袁勇，王飞跃．区块链技术发展现状与展望［J］．自动化学报，2016，42(04)：481-494．